JN207031

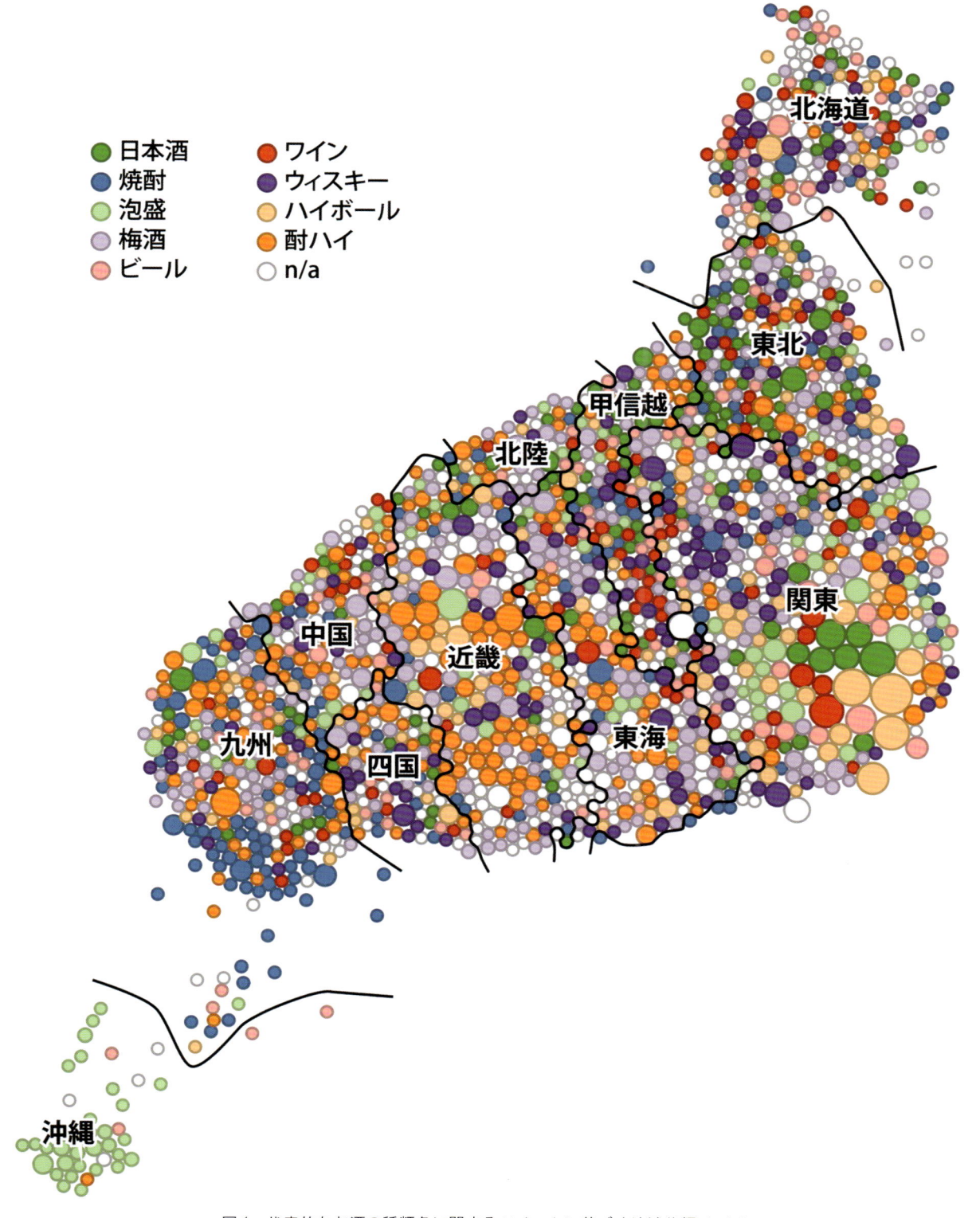

図1　代表的なお酒の種類名に関するツイートに基づく地域分類（p. ix）

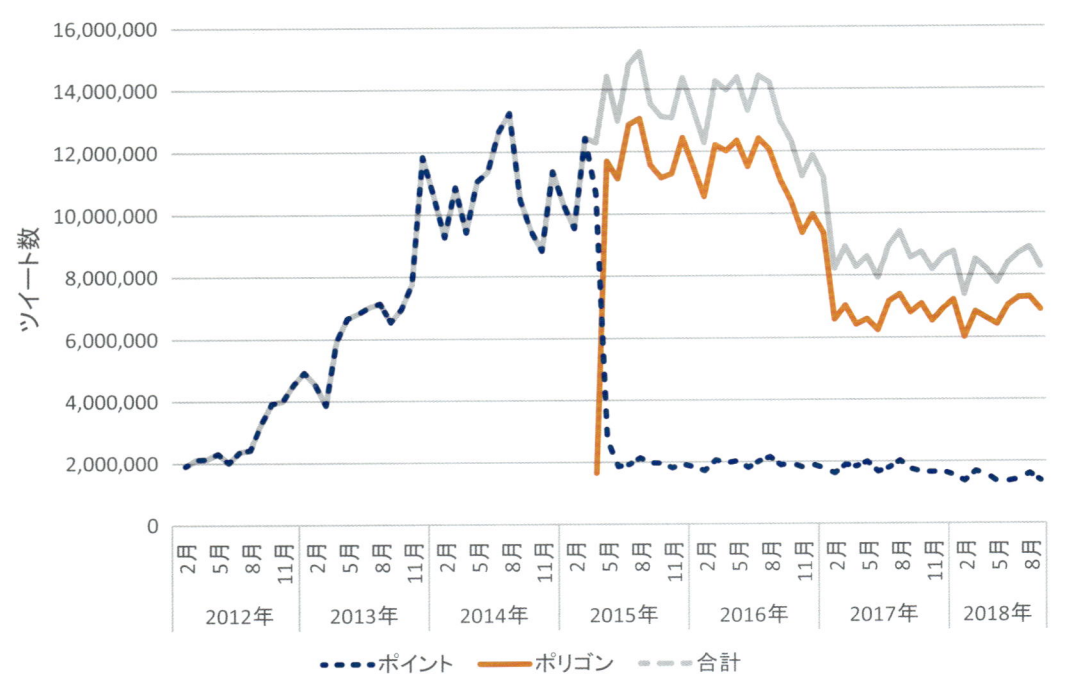

図 3.3 ジオタグの種類別ツイート数の推移（p. 23）

図 5.1 千代田区におけるすべての地名によるワードクラウド（p. 38）

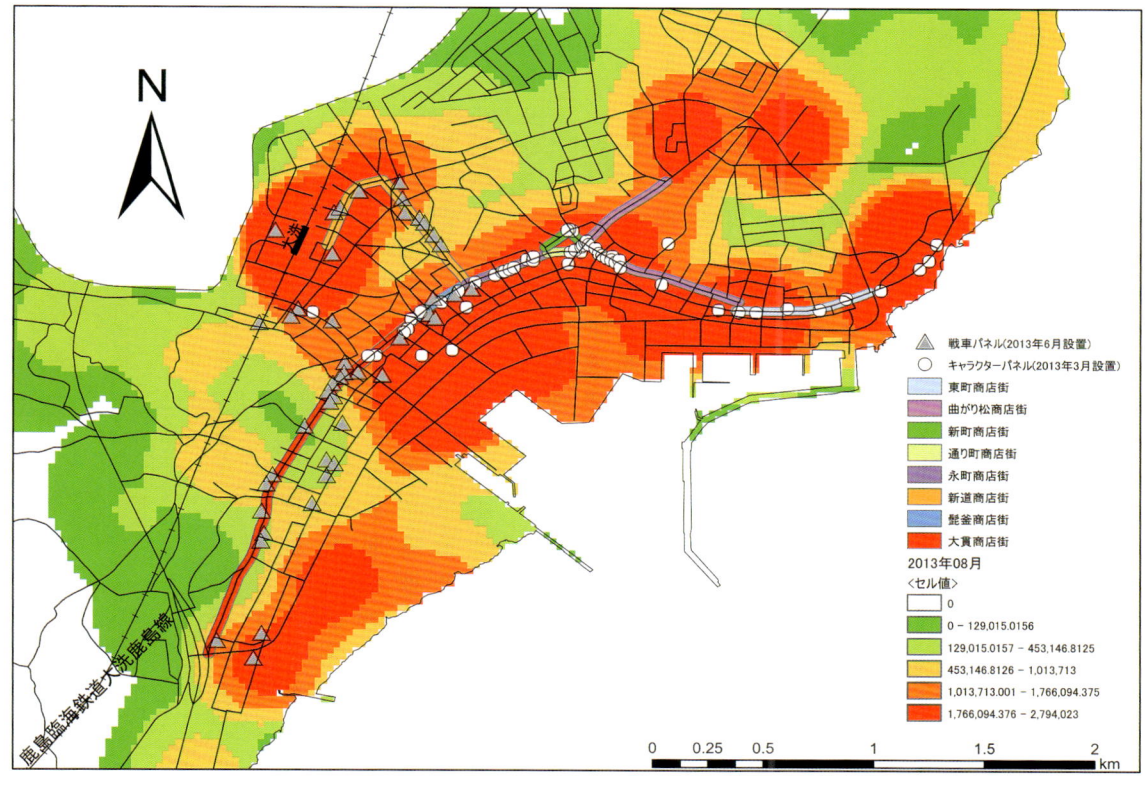

図 7.7　地域内での投稿ツイートのカーネル密度分布
（2013 年 8 月／両パネル設置後）（p.65）

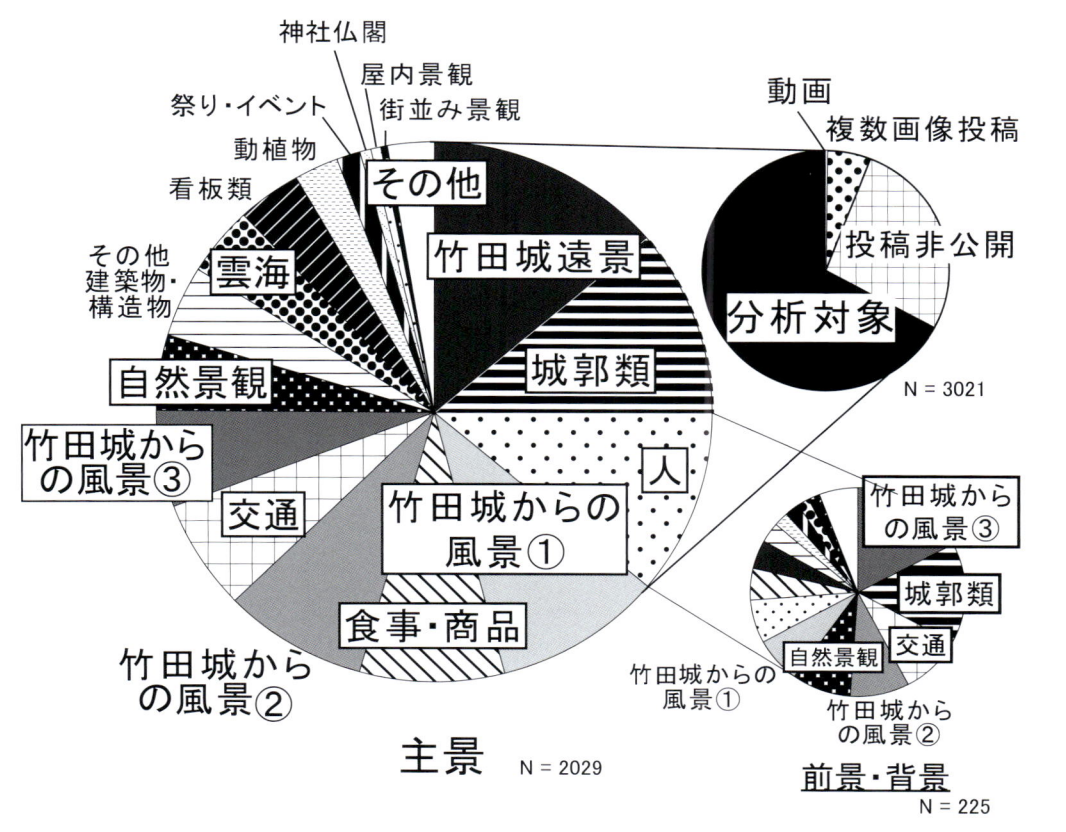

図 8.3　撮影対象別投稿写真枚数（p.72）
投稿データより作成

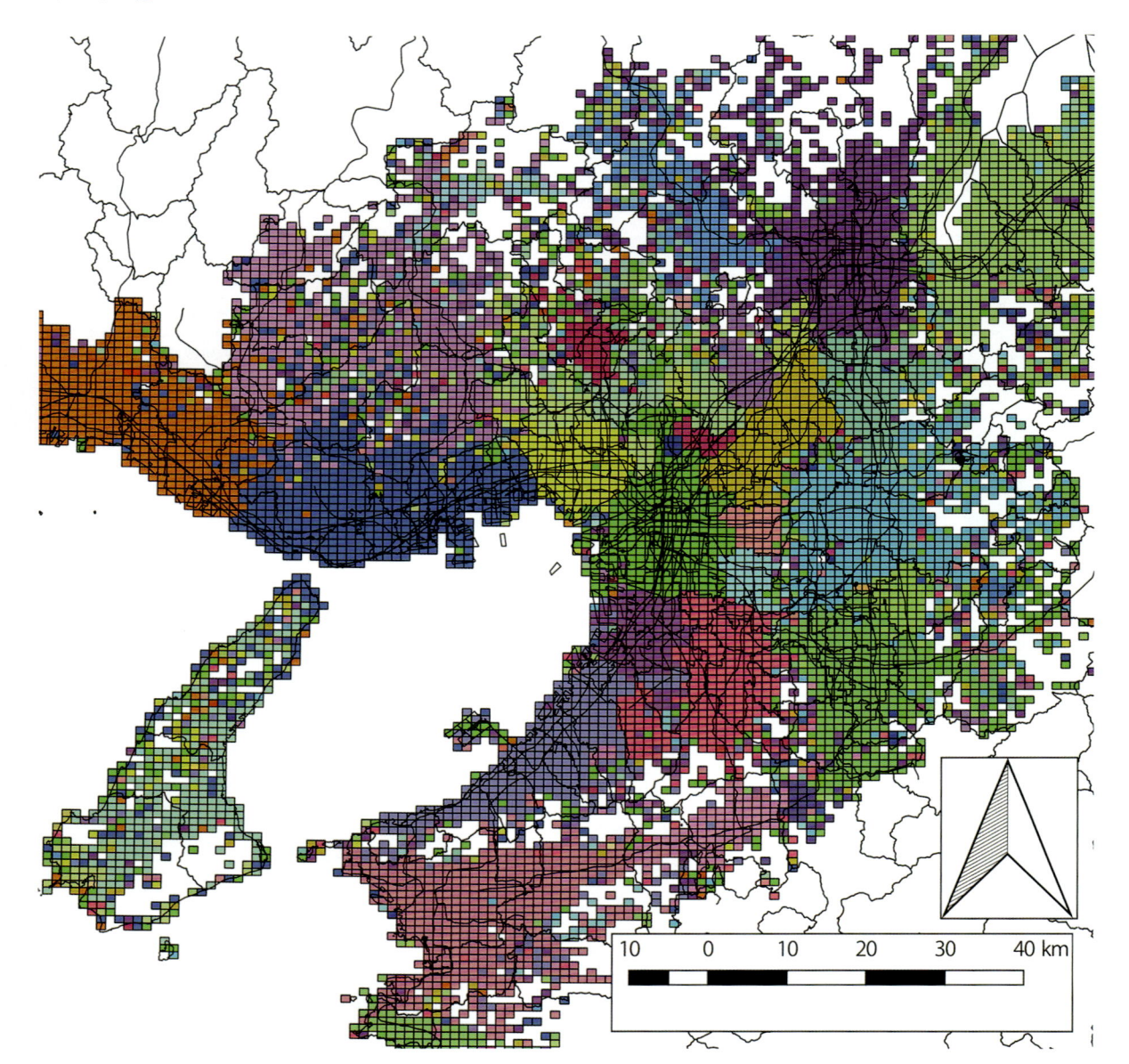

図9.4　ホームメッシュとターゲットメッシュを枝でつないでネットワークを構成した場合のジオタグ付きツイートデータを用いたコミュニティ構造（p.84）

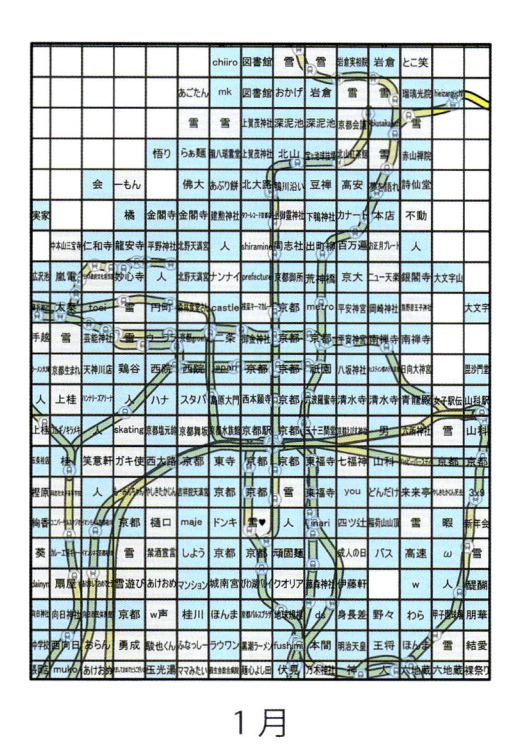

1月

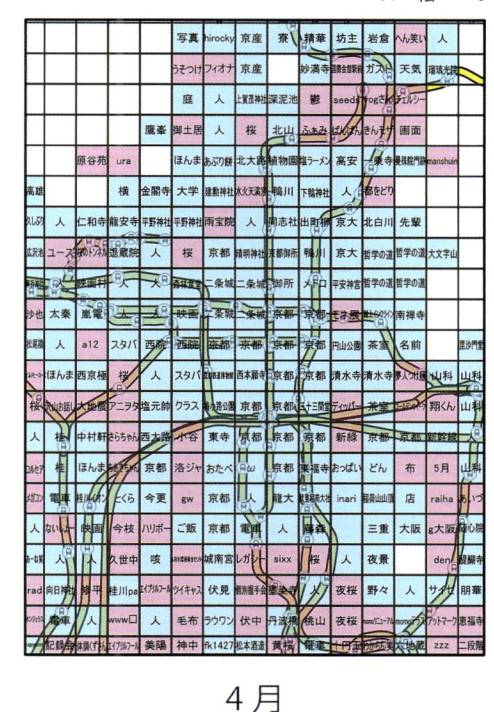

4月

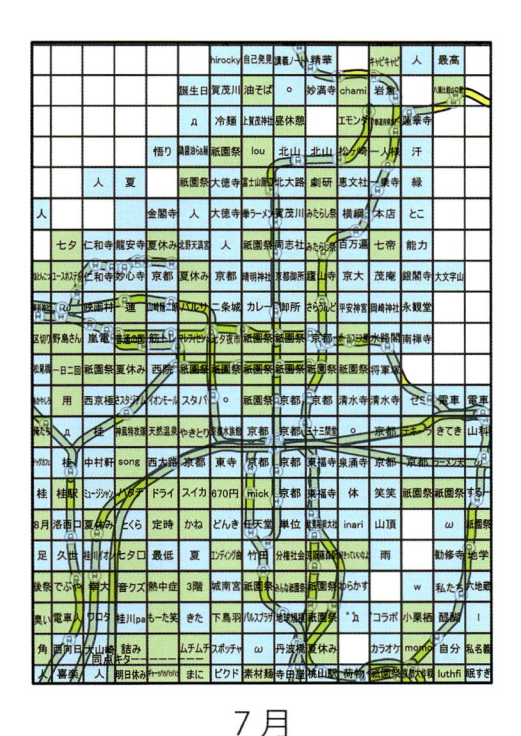

7月

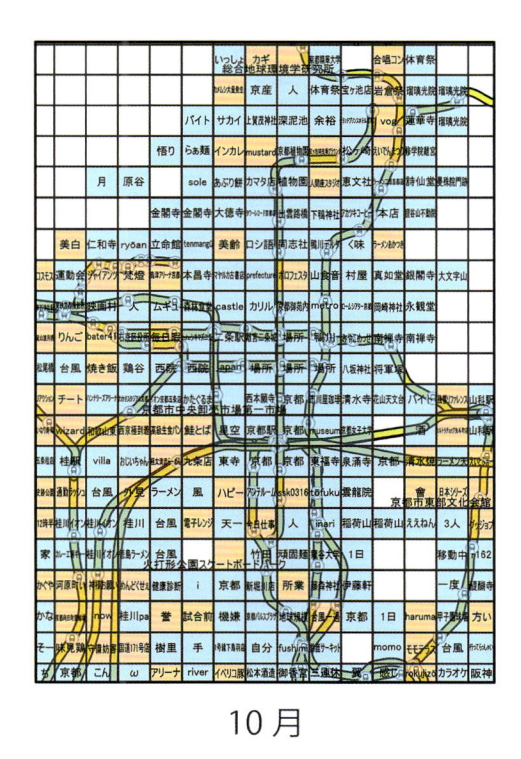

10月

代表名詞の類型　■年間型　■春型　■夏型　■秋型　□冬型

図 10.5　800m での代表名詞（p. 95）

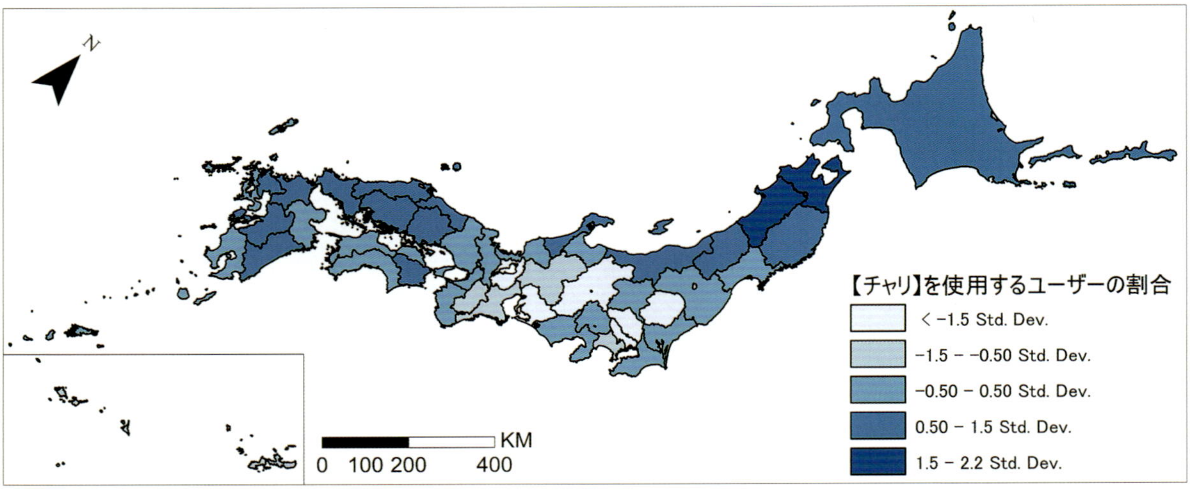

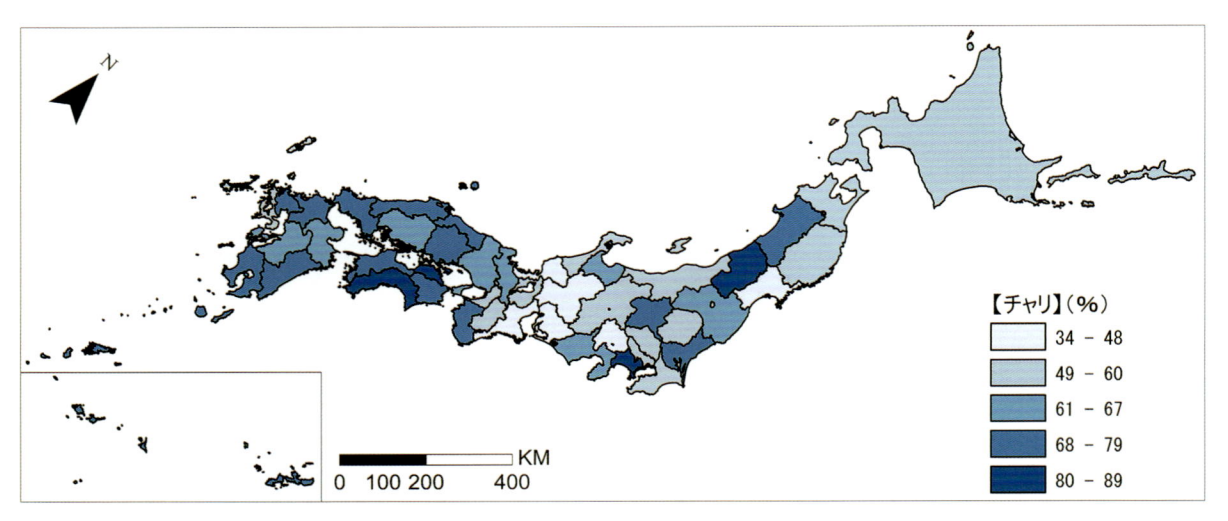

図 11.3 「チャリ」を使用するツイッターユーザーの割合（標準偏差）（p. 101）

図 11.4 大学生アンケート調査における「チャリ」使用者の割合（p. 101）

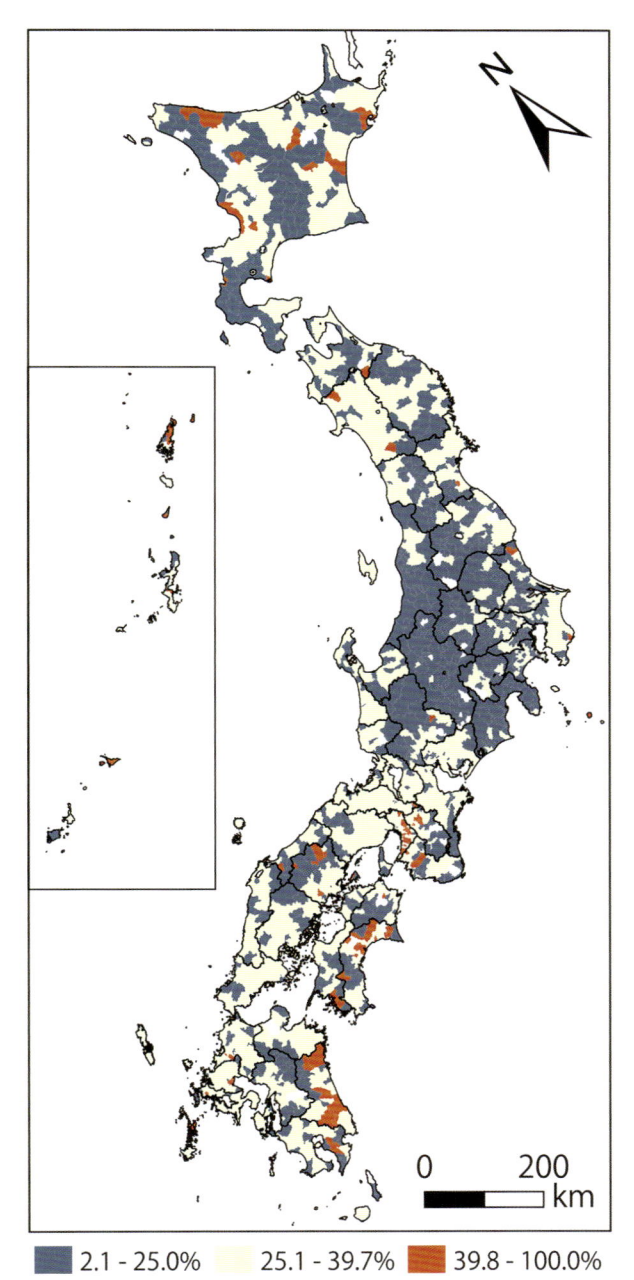

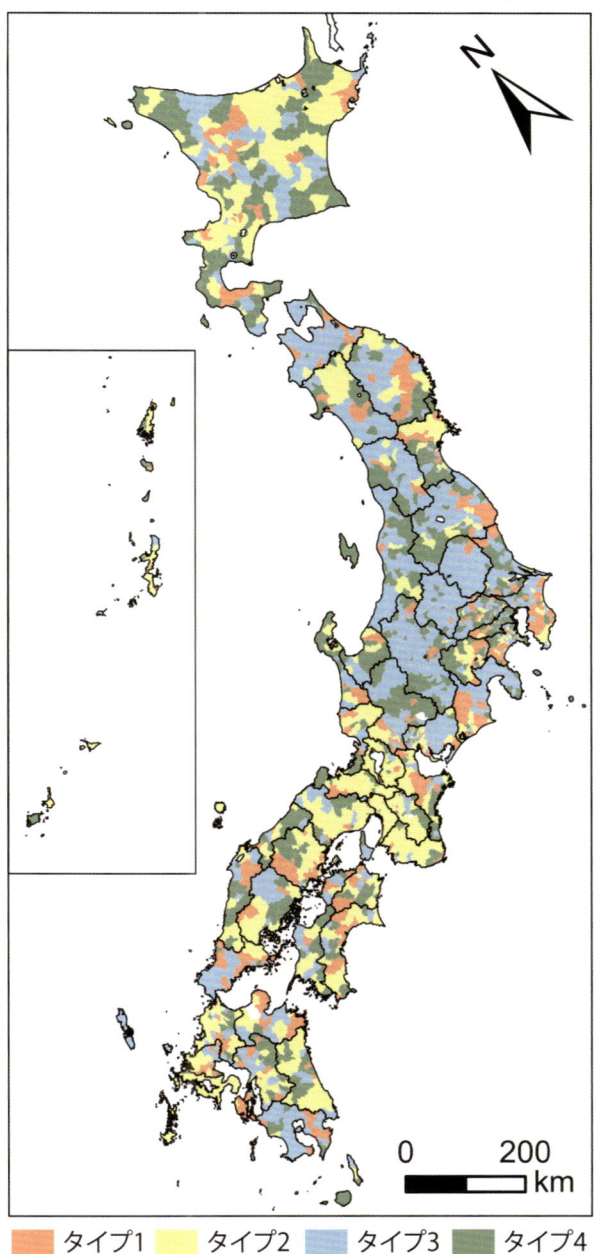

■ 2.1 - 25.0%　□ 25.1 - 39.7%　■ 39.8 - 100.0%

図 12. 1　「笑」ツイートの使用ユーザー比率（p. 109）
　　　　　ツイッターデータより作成.

■ タイプ1　■ タイプ2　■ タイプ3　■ タイプ4

図 12. 5　「笑」・「w」ツイートの使用ツイート比率に基づく地
　　　　　域分類（p. 111）
　　　　　タイプ 1：「笑」・「w」が多い
　　　　　タイプ 2：「笑」が多い
　　　　　タイプ 3：「w」が多い
　　　　　タイプ 4：「笑」・「w」のどちらも多くない
　　　　　※詳細については p. 111 参照のこと。
　　　　　　　　　ツイッターデータより作成.

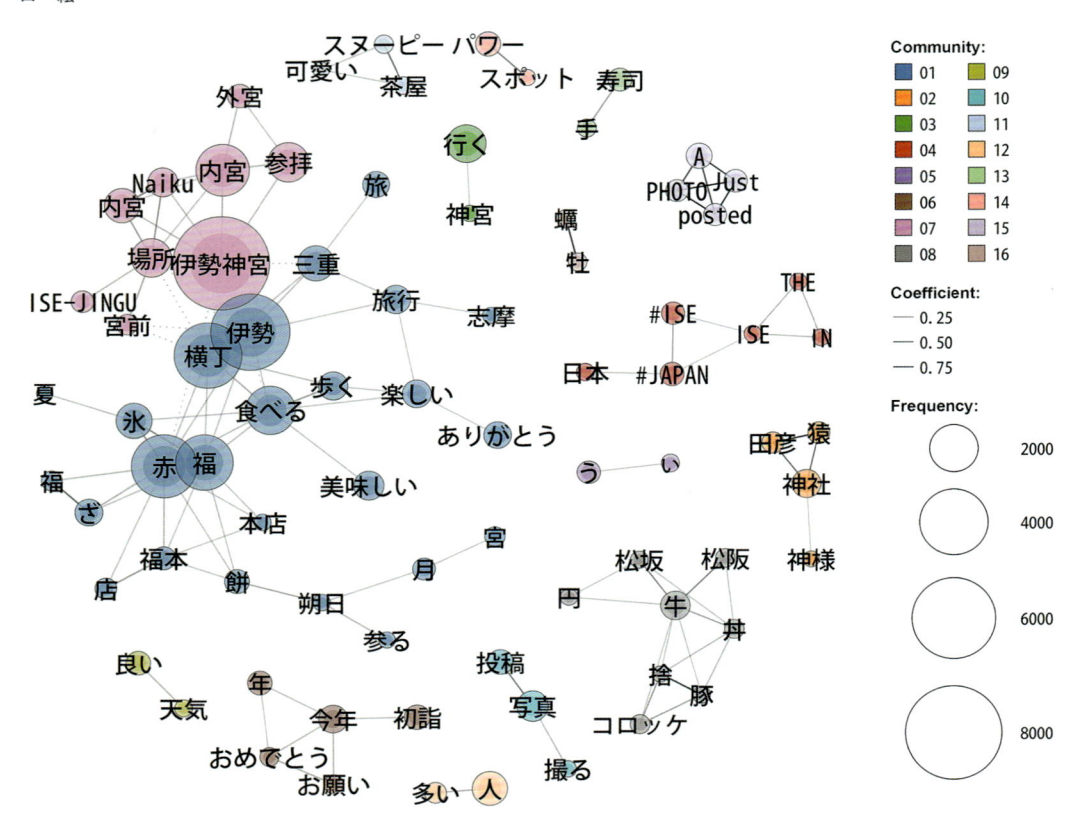

図 13.3　伊勢神宮周辺の頻出語共起ネットワーク（p.118）

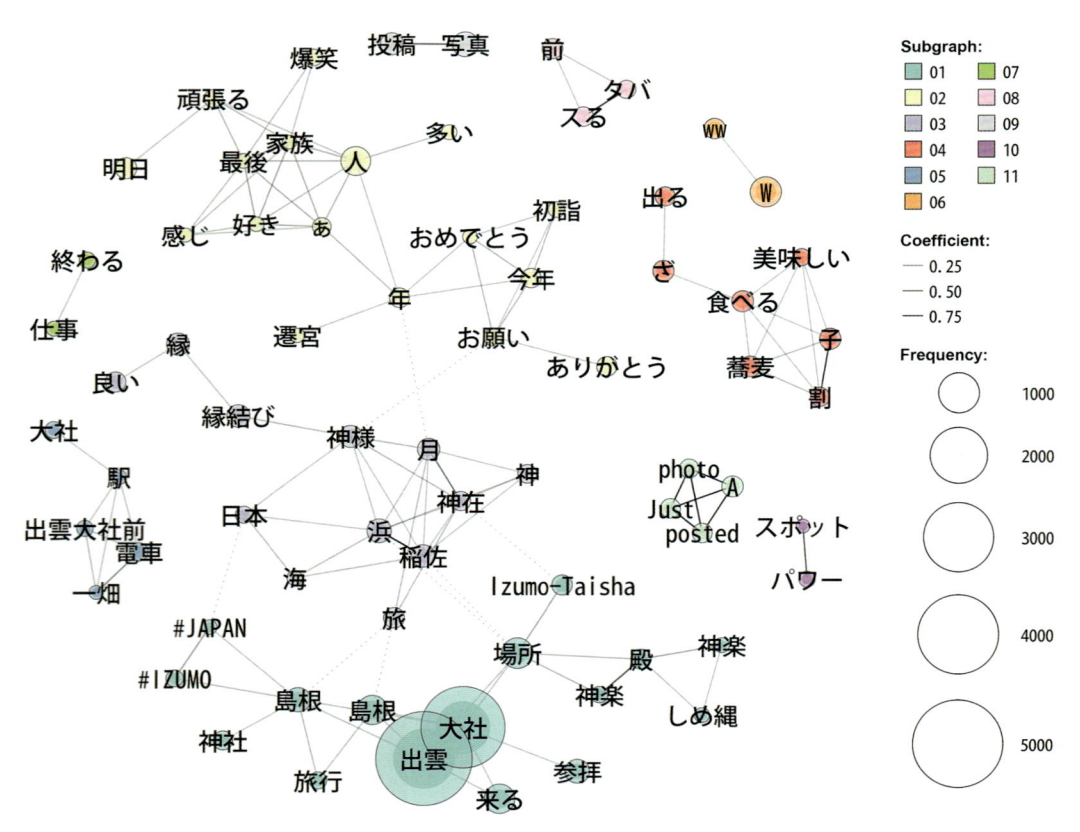

図 13.7　出雲大社周辺の頻出語共起ネットワーク（p.122）

ツイッターの空間分析

桐村 喬 編

古今書院

はじめに

桐村　喬

1. ツイート情報

2006年のTwitter（ツイッター）のサービス開始以来，日々多くの"つぶやき"（ツイート）が投稿されている．例えば，Yahoo! JAPANが提供するリアルタイム検索機能のページ[1]にアクセスすると，日本国内のツイッター上でその時点で話題になっているキーワードが表示される．このような場所に表示されることで，さらに話題になり，多くの注目を集めて，社会全体での流行になることもある．一方，著名人のツイート内容は，著名人のブログと同様に，ネットニュースに限らず，テレビや新聞などの既存メディアを含めた様々なメディアによる注目を集めている[2]．また，第45代アメリカ大統領であるドナルド・トランプ氏はツイッターを積極的に活用しており，ツイッターは大統領職務に関する半ば公式的な，広報のためのツールとなっている[3]．また，時として過激な発言も含まれることから，ツイッター社は，必要に応じて規定違反の警告をする可能性があるとも述べている[4]．

ツイッターは，情報発信のためのツールとしてだけでなく，情報収集のためにも用いられる．2011年3月11日に発生した東北地方太平洋沖地震において，津波による甚大な被害，首都圏を中心とする大量の帰宅困難者の発生，原発事故による放射性物質の拡散など，様々な災害が発生した．当時普及しつつあったツイッターは，災害の発生や避難，関連する情報を発信・収集するツールとして機能した．平成23年版の情報通信白書によれば，被災地域やその周辺地域の自治体アカウントや，被災地域のマスメディアのアカウントにおけるフォロワー（アカウントが発信する情報の受け取り手）が3月11日以降急速に増加しており，被災者や周辺の住民がより多くの情報を求めていたことがわかる[5]．一方で，被災者からの情報発信にも使われ[6]，以降の大規模災害では，救助要請など緊急を要する情報の発信にも用いられるようになった．

このように，ツイッターは，フォロー，フォロワーの関係に基づく，「ソーシャルネットワークサービス」（SNS）であるだけでなく，重要なインフラの1つとして機能している．そのため，ツイッター上には，世界中のツイッターユーザーから実社会における様々な場面に関する投稿が行われていることになる．例えば，日本においては，アニメ映画である「天空の城ラピュタ」がテレビ放映されるたびに，「バルス」というツイートが慣例的に行われている．2017年9月29日の放送時には，1分間で23万7千件の「バルス」のツイートが行われ，29日全体では91万7千件の「バルス」ツイートが行われている[7]．このような現象が発生するのは，当然のことながら，この映画が同時にテレビ放送されている地域に限られ，おおむね国レベルの地域に限定された，実社会と連動した地理的な現象といえる．

ところで，インフラともいえるツイッターの大きな特徴の1つとして，公開されているツイートデータであれば，API（Application Programming Interface）を通して誰でも無料で入手できることが挙げられる．ツイッター社が用意しているAPIは，ツイッターのシステムおよびデータベースとユーザー間のやり取りを，ユーザー側のプログラムによって処理できるようにするものである．ツイッターのAPIを使うためのプログラムの作成作業は，1章でも解説しているように，それほど複雑ではないため，SNSに関連するシステム開発を行う技術者だけでなく，ウェブ技術やソーシャルメディアに興味をもつ，様々な人々がAPIを利用

している．もちろん，研究者も社会の様々な場面で使用されるツイッターに興味をもっており，API を通してツイートデータを取得し，学術的な研究を行ってきた．研究者にとって，誰でも入手できるビッグデータであるツイートデータは魅力的であり，初期の研究のいくつかは 6 章で紹介しているが，API が公開された 2007 年からすでに研究が進められており，論文として発表されている．ツイッターデータを利用した研究は年々増加しているだけでなく，応用分野も広がっており，ツイッターは社会にとってのインフラであるだけでなく，研究者にとっても研究資源，研究インフラの 1 つとしての役割を果たすようになってきている．

2. ジオタグ付きツイートとその分析

ユーザーがツイート（投稿）する際，それぞれのツイートには，位置情報を付与することができる．ユーザーが自らの居場所に関する位置情報を付与してツイートすることで，ツイッター上で繋がりを持つ友人ユーザーや全世界のユーザーと，居場所を共有することができる．

ツイートに付与される位置情報はジオタグと呼ばれ，ジオタグが付与されたツイートは，ジオタグ付きツイート（geotagged tweet）などと呼ばれる．ジオタグには様々な種類があり，一般的には，経度と緯度からなる，特定の地点に関する情報がイメージされるだろう．このほかにも，おおむね市区町村単位の領域を示すものや，都道府県，地方，日本のような国レベルの地域を示すジオタグもある．

ジオタグ付きツイートデータを使うことで，地域ごとの投稿の特徴を把握することができる．例えば，図 1 は，日本における酒の代表的な名称に言及したツイートに注目し，市区町村別にその数を求めて，地域ごとの代表的なお酒の種類で地域を分類し，示したものである．各市区町村は，面積カルトグラムと呼ばれる方法で表現されており，丸の大きさは，ツイート数が大きいほど大きく表示されている．九州では南部を中心として焼酎が多く，沖縄はほとんど泡盛で占められている．日本海側では日本酒が多く，近畿ではハイボールが多い．甲信越のうち関東と東海のはざまにある地域は長野県と山梨県であり，ワインが多くなっている．近畿においてハイボールが多い理由は不明であるものの，九州の焼酎や沖縄の泡盛などには，地域の文化がそのまま表れていることがわかるだろう．ツイートデータが実社会全体の現況を写し出すデータだとすれば，ジオタグ付きツイートデータは地域社会の現況を写し出すデータと考えることができる．一方で，ツイートに使われる言葉にも地域特有の表現や方言が含まれると考えられる．例えば，図 2 は，"散髪"を含むツイートの分布を，図 3 は "床屋"を含むツイートの分布を示している．散髪は髪を切ることであり，床屋は散髪をする場所の名称であるが，"床屋に行く"という表現と同様に，大阪府出身の筆者も "散髪に行く"という表現をよく用いる．"散髪"という言葉は明らかに近畿，中四国に偏った分布を示しており，特定の地域で盛んに使われる言葉であることがわかる．一方，"床屋"は近畿ではあまり使われず，関東，東北でやや多くなっている．髪を切ること自体の頻度には，男女差や年齢差はあっても，地域差は少ないと考えられるが，使われる言葉の地域差から，"散髪"や "床屋"は一種の方言と考えることができる．このように，ツイッターで用いられる言葉は，直接的には文字で表すという点で書き言葉ではあるものの，活字化された話し言葉も用いられることがあり，方言研究の研究資料としての利用も可能であろう（詳細は 11 章を参照のこと）．

様々な情報を含むジオタグ付きツイートデータには，ユーザーに関する情報も含まれる．図 4 は，この情報を活用して，ユーザー単位で，ジオタグの経度，緯度の平均値を求めたものである．この図に表示されているのは，2014 年の日本およびその周辺で 100 件以上ツイートしたユーザーの経度，緯度の平均値であり，おおむねユーザーごとの重心点と考えることができる．各ユーザーにつき 1 つのポイントしか示されていないが，東京―札幌間，東京―那覇間，東京―ソウル間など，主要都市の間には，移動の軌跡のような直線状

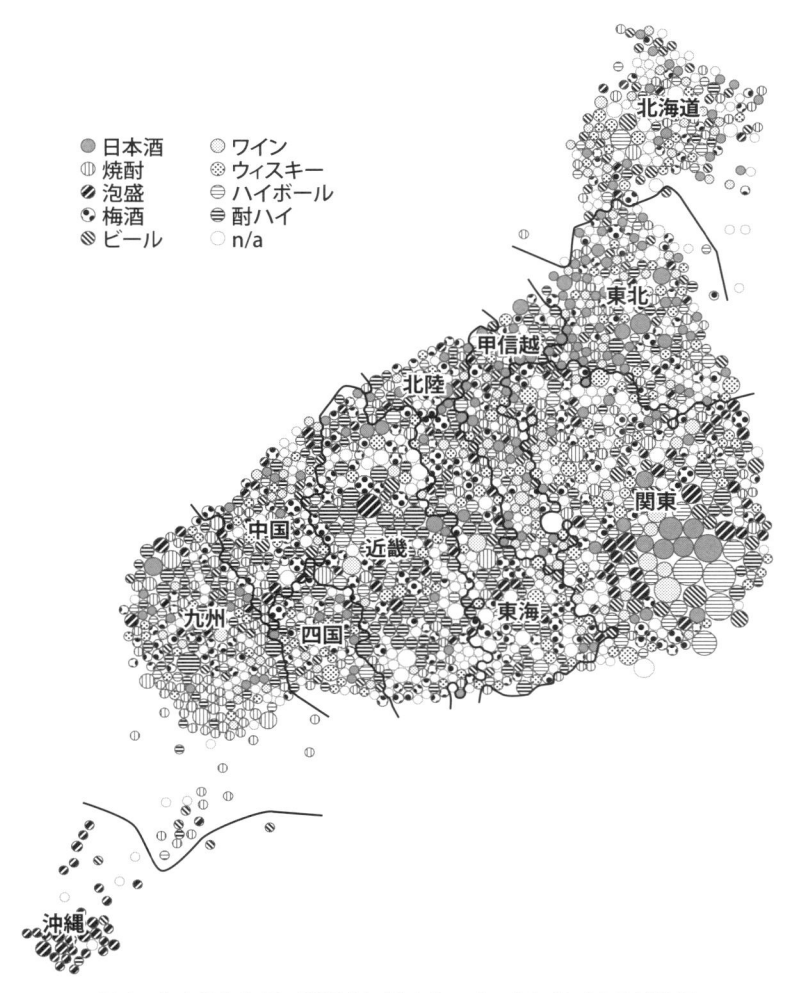

凡例：日本酒　ワイン　焼酎　ウィスキー　泡盛　ハイボール　梅酒　酎ハイ　ビール　n/a

図1　代表的なお酒の種類名に関するツイートに基づく地域分類

の点分布を見出すことができる．このとき，東京と各都市との中間点に位置していれば，どちらでのツイートも同数程度と考えられるが，東京に偏るほど，東京でのツイートが多いユーザーということになる．このように，ジオタグ付きツイートデータからは，ユーザーごとの行動が見えてくる．

　もう少し詳細な空間的スケールで行動を観察してみよう．図5は，立命館大学（本部：京都市）のキャンパスで，2012年2月から2014年2月までに10回以上ツイートしたことがあるユーザーの京都市内でのツイートの分布を示したものである．この図からは，立命館大学の学生や教職員と考えられるツイッターユーザーが，京都市内のどの場所でツイートしたのかを読み取ることができる．すべてというわけではないものの，多くは学生であると考えられ，多くの学生が通学に利用する阪急西院駅やJR京都駅の周辺と，そこからの通学路，北野白梅町のようなすぐ近くの繁華街，四条河原町のような京都市を代表する繁華街にツイートが集中している．一方，同じく京都市内に本部がある同志社大学について，各キャンパスで10回以上ツイートしたことがあるユーザーの分布を示すと，立命館大学との住み分けと共存の状態を読み取ることができる（図6）．すなわち，大学周辺と京都駅，四条河原町周辺に集中する点では共通するものの，立命館大学のユーザーは，おおむね千本通，西大路通周辺の市街地の西側で主に行動しているのに対し，同志社大学のユーザー

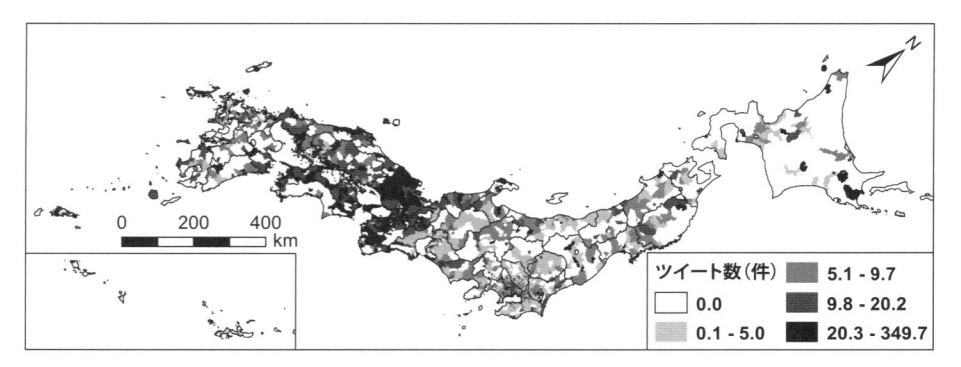

図2　10万ツイート当たり「散髪」ツイート数

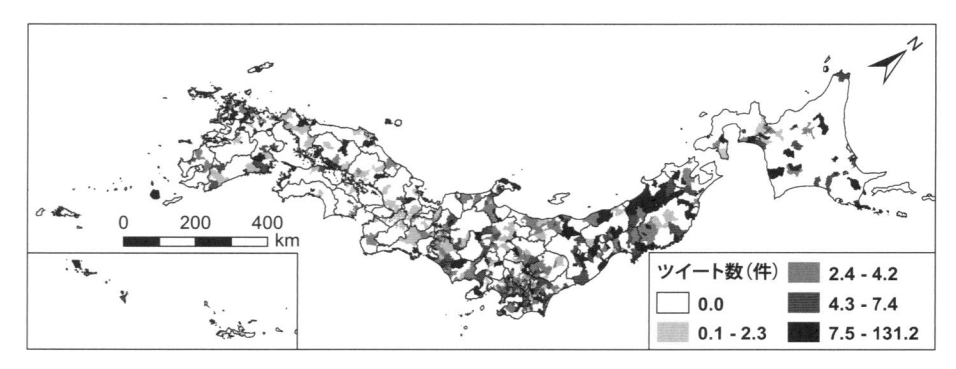

図3　10万ツイート当たり「床屋」ツイート数

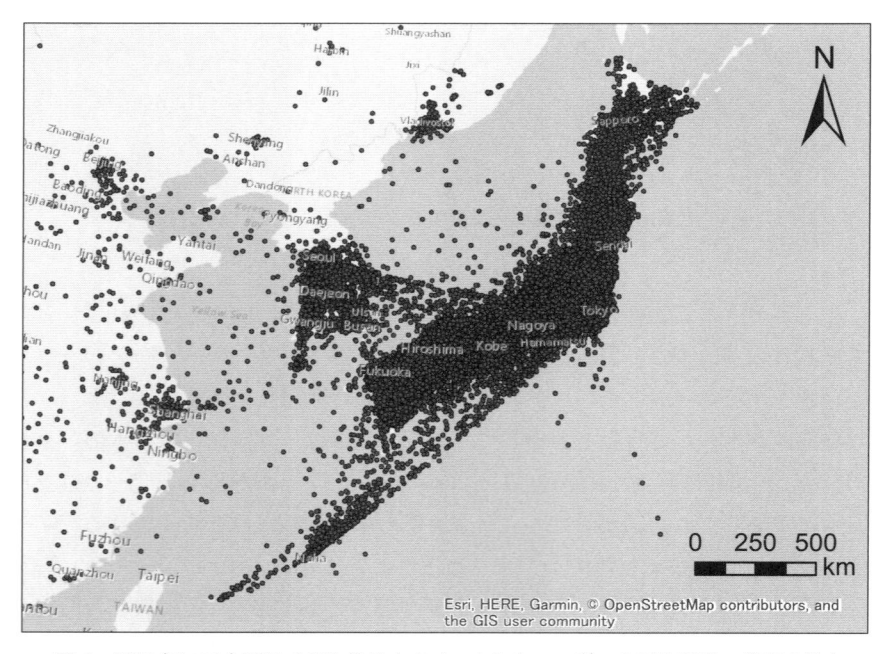

図4　2014年に日本周辺で100件以上ツイートしたユーザーの平均経度・緯度の分布

は烏丸通を中心とする市街地の中央部で主に行動している．どちらも大規模大学であり，一定数の下宿生も
いるため，周辺に居住する学生も多いだけでなく，市内の様々な場所で遊んだり，アルバイトをしたりして
いる．このような行動とその範囲の大学間での違いを，ジオタグ付きツイートデータから読み取ることがで

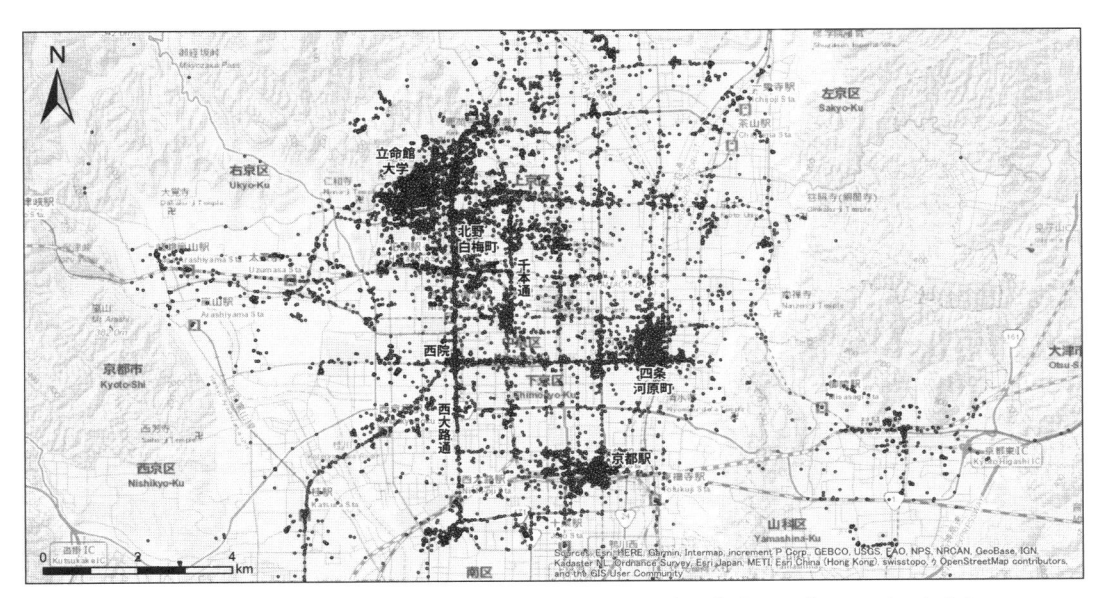

図 5　立命館大学のキャンパスで 10 回以上ツイートしたことのあるユーザーのツイート分布

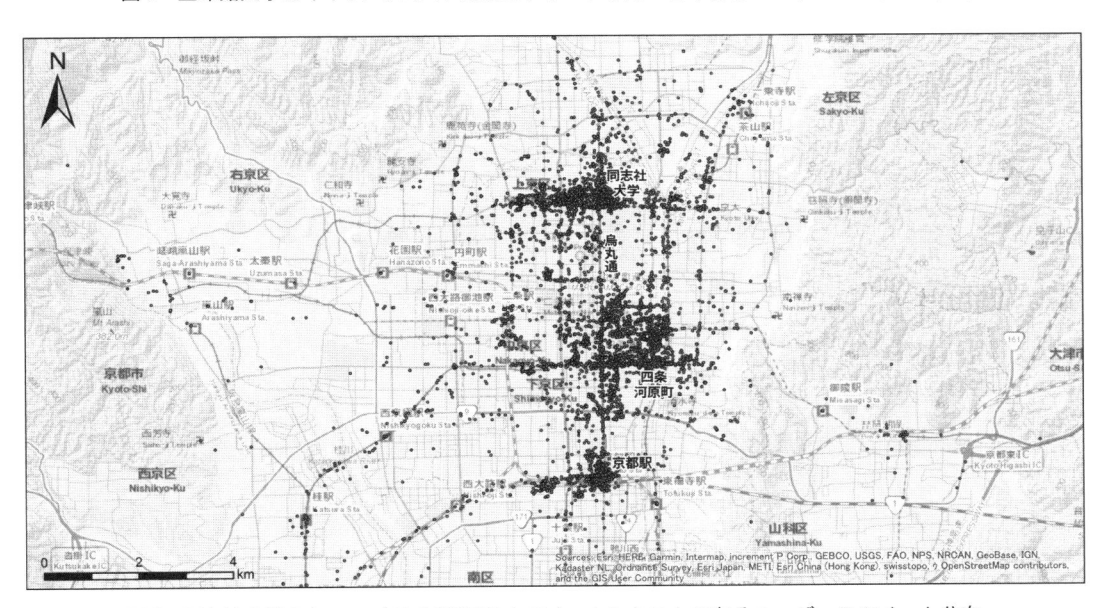

図 6　同志社大学のキャンパスで 10 回以上ツイートしたことのあるユーザーのツイート分布

きる.

　分析対象地域だけでなく，より広域についての一定期間のジオタグ付きツイートデータがあれば，ユーザーのおおよその居住地を判断することができる(詳細は 4 章を参照のこと). ユーザーの居住地がわかれば，ジオタグ付きツイートデータからわかる行動を，居住者による行動と，来訪者による行動とに区別することができる. 図 7 は，三重県伊勢市に注目して，ユーザーの居住地を簡易的に推定し，三重県内の各地域と，三重県外に居住するユーザーに分類して，伊勢市内の主要訪問地別にその訪問率を求めたものである. 居住地にかかわらず，多くのユーザーが，観光地である伊勢神宮の内宮およびその周辺を訪れており，県外だけでなく，県内の北勢地域（四日市市など）からも，訪問率は高くなっている. 一方，県内のうち，伊勢市を

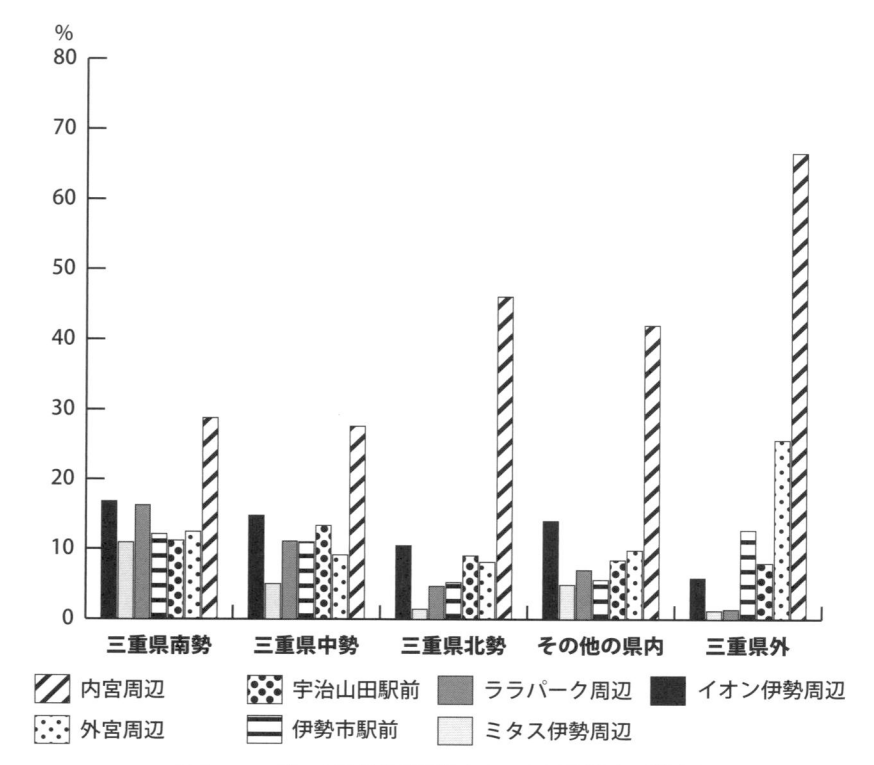

図7　ユーザーの居住地別伊勢市内の主要訪問地の訪問率

図8　京都市における季節別ツイート数の3次元表現
（左上：春，右上：夏，左下：秋，右下：冬）

含む南勢地域や津市などの中勢地域からは，ララパークやイオン伊勢，ミタス伊勢などの郊外のショッピングセンターへの訪問率が高くなっている．図7のように集計しなくても，観光客と近隣住民とで，行動パターンが異なるのは明らかではあるものの，それを実際に調べようとすると，少なくとも地域住民へのアンケート調査と，観光地でのアンケート調査が必要となろう．また，特定の地点で調査を実施すると，把握できる行動範囲は，調査地点を中心とするものに限られる．ジオタグ付きツイートデータは，地域住民と観光客のすべてを網羅し，彼らを代表できる十分なデータと判断することはできないが，それでも同一のデータ内でこのような行動の差異を把握できるのは，従来の調査手法では難しかったといえよう．

　このような特徴から，ジオタグ付きツイートデータは観光行動分析に用いられつつある．図8は，京都市におけるジオタグ付きツイートの密度を季節別に求め，3次元的に表現したものである．ツイートの密度は主にグレーの濃さで表現されており，建物の高さの倍率も密度が高いほど大きくなっている．グレーが濃いほど，ツイート数が多いことになる．京都市では，年間を通じて，京都駅周辺と四条河原町周辺でツイート数が多いことがわかるが，冬には伏見稲荷大社周辺でもツイート数が多く，初詣客でにぎわう状況が読み取れる．ジオタグ付きツイートデータには，日付だけでなく，時間の情報も含まれており，特定のイベントの前後での観光行動の変化を分析したり，休日と平日での行動パターンの違いを分析したりすることもできる．

3. ジオタグ付きツイートデータが抱える問題

　ここまでの事例をみれば，ジオタグ付きツイートデータは，ユーザーの行動が手に取るようにわかる，万能なデータであると考えるかもしれない．主に地域振興，観光振興を目的として，自治体等でも，ジオタグ付きツイートデータを活用した観光行動の分析が行われるようにもなっており，他の多くのビッグデータと同様に，様々な地域の課題を解決する特効薬として期待する向きもある．しかし，ジオタグ付きツイートデータにも限界はあり，その限界に注意を払ったうえで利用しないと，間違った分析結果に踊らされてしまうことにもなりかねない．

　例えば，アメリカでの分析結果によれば，ジオタグ付きツイートを行うユーザーには，若いユーザーが多いことなど，人口学的に偏りがあるだけでなく，東西の両海岸の大都市でユーザーが多い傾向があり，地理的なバイアスも含まれている（Malik et al., 2015）．地理的なバイアスがあるとすれば，どの地域から観光に来ているという分析は個別にはできても，近隣からの観光客よりも東京からの観光客のほうが多い，というようなことは，データからは，そのままでは判断できなくなる．しかし，このようなバイアスに関しては，これまでのジオタグ付きツイートデータを利用してきた研究，特に日本での研究では，十分に配慮されているとは言い難い．3章では，このような地理的バイアスを含め，ジオタグ付きツイートデータをめぐるいくつかの疑問点について整理している．

4. 本書のねらいと構成

　本書は，ジオタグ付きツイートデータを中心とするツイートデータを用いた空間分析の方法とその実例を紹介するものであるだけでなく，空間分析のための地理情報として，ツイートデータがどのような価値を持ち，どのような問題点を抱えるのかなど，日本における従来の視点からは十分に示されてこなかった点についても論じる．本書で想定している読者は，ツイッターデータから描くことのできる様々な地図や，地域ごとの様相の違い，ツイッターをめぐる地理的問題などに関心を持つ，研究者や研究者を目指す学生である．

特に、これまでデータハンドリングなどに関するハードルの高さなどから、研究に着手することが少なかった人文・社会科学系の人々に向けて、プログラミングや統計解析手法など、なじみのない手法・手順に関しては、一定の解説を行うよう配慮したつもりである。これまで、日本において研究蓄積が少なかった人文・社会科学の視点からは、まだ十分に解明されていない、様々な現象を明らかにすることができるかもしれない。本書を通じて、ツイッターに関する様々な視点からの空間分析が生み出され、今や重要なインフラの1つともなっているソーシャルメディア全般の地理的諸相が解明されていくことを期待する。

本書は、ジオタグ付きツイートデータの取得方法や、データの特徴、研究資源としての有用性、分析手法の紹介からなるⅠ部と、研究動向の整理や、地理学、日本語学、社会学といった、様々な視点からの空間分析の実例を紹介するⅡ部で構成されている。

まず、Ⅰ部のうち、1章では、ジオタグ付きツイートに関する簡単な解説を行い、Python によるツイートデータの取得方法について、サンプルスクリプトを示しながら紹介する。また、ツイートに含まれる様々な情報のうち、特に分析に必要となるような情報についての解説を行う。2章では、収集したジオタグ付きツイートの分析の前に必要となる、いくつかの処理について、その必要性と方法について解説する。例えば、自動的にツイートを行うアプリや、カスタマイズされたツイートアプリには、ジオタグを偽装するものもあり、そうしたジオタグは分析から除外する必要がある。3章では、分析を行う前に、ジオタグ付きツイートを取り巻く様々な問題について、既往研究や関連する統計、民間企業のサービスをはじめとして、いくつかの問題点が存在することを前提とする必要とする必要がある。ツイートデータを活用するためには、そのような問題点を踏まえたうえで、実際に分析する際に必ず要となる分析技術のうち、ツイッターユーザーの居住地推定の手法について紹介する。ツイートデータから確認できるユーザーの情報はそれほど多くはなく、具体的な属性はわからないことが多い。ツイッターユーザーの居住地が推定できれば、居住者と来訪者を区別でき、ユーザーの様々な行動の分析が可能になる。5章では、ツイート内容に関する分析手法として、テキストマイニングの基本的な手法と分析手順について紹介する。代表的なテキストマイニングツールである KH Coder に加え、1章でも紹介する Python を利用したデータ解析と可視化手法もサンプルスクリプトとともに紹介する。ツイートデータをまず自分の目で確認したい場合は1章から順に、ツイートデータがどんなものを、研究活用する際にどのような点に注意を払う必要があるのかを知りたい場合は3章から先に目を通すとよいだろう。

次に、Ⅱ部のうち、6章では、ジオタグ付きツイートデータに関する研究事例の紹介の前に、関連する既往研究の動向を、日本を中心として紹介する。ツイートデータが公開された2006年以降、誰でも入手できるビッグデータとして、研究者からも注目を集め、日本では2009年ごろから本格的に研究が増加してきた。ユーザー行動などの代表的な研究のほか、地理的バイアスなどの問題についてもいくつかの既往研究に触れながら動向を紹介し、今後の展望を整理する。7・8章は、ジオタグ付きツイートデータの活用が近年特に進む観光行動特に注目したものである。7章では、アニメファンが集まるイベント会場に訪れたユーザーを観光対象として、彼らによる観光行動が読み取れるユーザーの行動だけでなく、特定の場所を訪れたユーザーのそれまでの行動に注目している点から特徴がある。8章では、Google の CM をきっかけとして、インターネット上で話題になった竹田城（兵庫県朝来市）を事例とする。写真を利用した観光地への関心の時系列変化に関する分析を紹介する。本章では、

写真だけでなくツイート内容も活用されている．9 章では，ユーザーの日常的な行動に注目して，ネットワーク科学の手法によって生活圏を抽出する手法を紹介する．人々の行動を分析するには，従来，パーソントリップ調査の結果が利用されてきたが，ジオタグ付きツイートデータはその一定の代替となりうることが示されている．10 〜 13 章は，ジオタグが示す位置情報だけでなく，ツイート内容にも注目して分析を行った事例である．10 章では，テキストマイニングによって，京都市を事例に，ツイート内容に含まれる名詞を抽出し，それぞれの名詞の時空間的特徴を整理して，主として地理学の視点から探索的に地名を抽出する試みを紹介している．ツイート内容には，いわゆる地名だけでなく，特定の施設名やイベント名などが，場所や時期によって，地名のような役割を果たすことがあり，この分析からはそれが示されている．11 章は，日本語学の研究者による，ツイート内容に含まれる方言についての分析である．ツイートは様々な場面で行われており，ツイート内容には日常的な会話も含まれ，地域ごとに用いられる特有の言語表現，すなわち方言が使用されることがある．この章では，方言に関するアンケート調査結果とジオタグ付きツイートデータから把握できる分析結果を比較し，方言研究への利用可能性を示している．12 章は，インターネット上でのコミュニケーションに用いられる，感情表現のための記号に関する地域差について，地理学的な視点から若干の考察を加えている．「笑」や「w」，笑顔の顔文字を SNS やメールなどで用いたことがある読者もいるだろうが，このような感情表現のための記号の使われ方には，一定の地域差が存在しており，この章では，その基本的な特徴について整理している．13 章は，伊勢神宮周辺と出雲大社周辺とで投稿されたジオタグ付きツイートデータを分析し，そこから読み取ることができる神社参拝に関する現代的意識について，宗教社会学の視点から考察するものである．特に「パワースポット」という言葉に注目して，それぞれの神社周辺において関連してツイートされる単語の分析も行っており，既存のアンケート調査などでは把握しきれなかった，宗教や信仰に関する行動の分析を試みる点に特徴がある．

　最後のおわりにでは，本書のまとめとして，これまでの研究動向と研究事例を踏まえつつ，ジオタグ付きツイートデータをどのようにして人文・社会科学で活用し，社会に対してどのようにその成果を還元すべきなのかについて議論し，目指すべき方向性を示したい．

文献

Malik, M. M., Lamba, H., Nakos, C. and Pfeffer, J., 2015. Population Bias in Geotagged Tweets. *Standards and Practices in Large-Scale Social Media Research: Papers from the 2015 ICWSM Workshop.*

注

1) https://search.yahoo.co.jp/realtime（2019 年 4 月 1 日閲覧）.
2) アメリカの電気自動車大手のテスラ社の CEO，イーロン・マスク氏におるツイートをきっかけとして，テスラ社の株価が下落した．https://www.asahi.com/articles/ASM2V36F1M2VUHBI00L.html（2019 年 4 月 1 日閲覧）.
3) 国務長官が，長官職にどの程度とどまり続けるのかという質問に対して，トランプ大統領が「ツイッターで私を追い出すまで，そこにいるだろう」という冗談で答えていることからわかるように，大統領の様々な意見や政策，部下の人事に至るまで，ツイッターでの発表が優先されている．https://www.cnn.co.jp/usa/35134492.html（2019 年 4 月 1 日閲覧）.
4) https://www.washingtonpost.com/technology/2019/03/28/twitter-still-wont-remove-trumps-tweets-that-violate-its-rules-it-will-label-them/?utm_term=.94c31dda993c（2019 年 4 月 1 日閲覧）.
5) http://www.soumu.go.jp/johotsusintokei/whitepaper/ja/h23/html/nc143c00.html（2019 年 4 月 1 日閲覧）.
6) https://www.nhk.or.jp/politics/articles/feature/10863.html（2019 年 4 月 1 日閲覧）.
7) https://nlab.itmedia.co.jp/nl/articles/1709/30/news023.html（2019 年 4 月 1 日閲覧）.

目　次

I 部　空間分析の基礎

II部　空間分析の実例

I 部

空間分析の基礎

1章

ジオタグ付きツイート情報と その取得

桐村 喬

1.1 ツイートからわかること

ユーザーによって投稿される1つのツイートには，最大で140文字入力できるテキストだけでなく，URLや画像，位置情報も含めることができる．ツイート内のテキストには，ユーザーが日々の生活のなかで感じたことや考えたことなど，多様な情報が含まれており，直接的に表された方言などの言語的表現や何らかの事柄だけでなく，そこから読み取ることができる感情や行動，文化，流行，思想なども間接的に含んでいる．

例えば，あるユーザーが「今日は部活帰りにマクド」とツイートしたとする．文面だけ読めば，部活が終わり，帰宅途中にマクドナルドに寄って食事をしていたことがわかる．また，「部活帰り」ということは，中高生か大学生と考えることができ，「マクド」と投稿しているので，関西弁を使っているユーザーである可能性も高い．もし，このユーザーについて，過去のツイートをすべて確認することができれば，位置情報がなくても，どの地方に住んでいる

学生であり，普段，どの時間にどんな行動をしているのかをある程度推測できる．このようなツイートにジオタグ，位置情報が付与されれば，居住地や「マクド」の具体的な店舗名など，このユーザーの生活圏を特定できる．

さらに，1人のユーザーだけでなく，不特定多数のユーザーのツイートを分析することで，140文字から読み取ることのできる様々な現象の地理的諸相を明らかにすることができる．図1.1は，三重県伊勢市にある伊勢神宮（内宮）の周辺地域でのツイートから，伊勢名物である「うどん」と「赤福」のキーワードが含まれるものを抽出し，三重県外居住と推定されるユーザー数を時間帯別に集計したものである．「うどん」を含むツイートを投稿したユーザーは13時台，「赤福」については15時台に多い傾向を読み取ることができ，うどん（伊勢うどん）は昼食，赤福は食後のおやつとして観光客に食べられていることがわかる．図1.2のように，日本全国を対象として「うどん」を含む投稿件数を集計すれば，西日本を中心とする「うどん」文化が卓越する地域を見

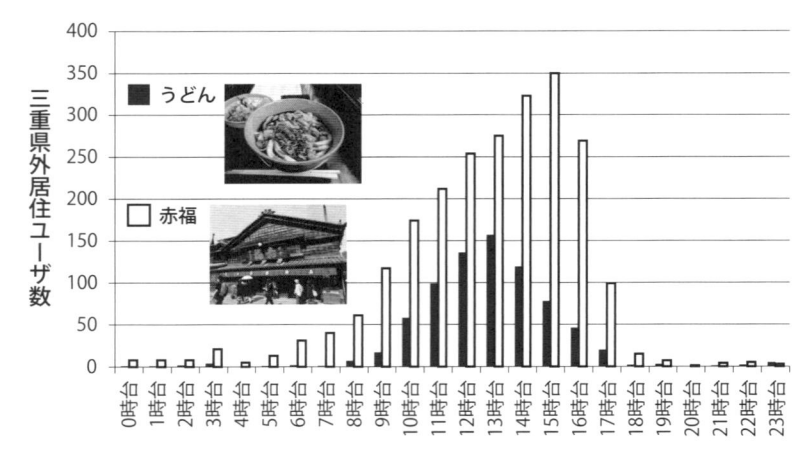

図1.1 内宮周辺で「うどん」・「赤福」を含む内容を投稿した時間帯別三重県外居住ユーザー
(2012年4月〜2015年3月)

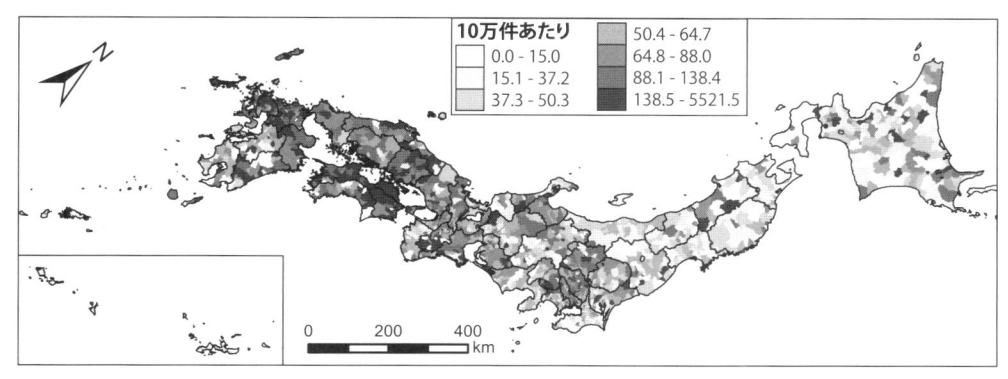

図 1.2 「うどん」を含んだ投稿の 10 万件あたりツイート数
（2012 年 2 月〜 2014 年 10 月）

出すこともできる．

　また，「マクド」のような特定の言葉を含むツイートをたどっていくことで，方言や流行語が，どの時期にどの地域で使用されているのかを詳細に地図化することもできる（詳細は 11 章を参照のこと）．一方で，どのような言葉がどの地域でよく使われているのかを簡単に知る方法もある．「マクドなう」のように，「なう」を付けることで，現在進行形の行動や現在地を示すツイッターユーザーが多いことを利用し，「なう」の前に使われている言葉を抽出して集計すれば，特定の時間や場所で盛んに言及される言葉を発見することができる．入手可能なすべてのツイートを特定の時間，場所ごとにテキスト解析することで，より普遍的な結果を得ることもできよう（詳細は 10 章を参照のこと）．

　このように，位置情報が付与されることで，ツイート情報は，特定の地域における生活や文化，流行などを分析できる地理空間情報となる．日々蓄積される膨大な量のツイートデータは，ジオビッグデータの 1 つであり，学術的な観点，とりわけ地理学からの詳細な研究が必要であるものの，日本ではそのような研究は，まだ十分には進められていない．

1.2　ジオタグ付きツイート

　ジオタグ（geotag）とは，ツイートに限らず，様々なデジタルデータに付与される位置情報のタグであり，特定の地点の座標値や範囲を示す座標値の組み合わせ，地名などで位置情報が示されている．例えば，GPS 付きのデジタルカメラや GPS を ON にした状態のスマートフォンで撮影した写真データには，撮影日時などの情報が含まれる Exif 情報の一部として，経緯度の情報が付与される．ツイッターにおいても，位置情報の付与を有効にして投稿すれば，GPS や WiFi などに基づいてスマートフォンなどが算出した位置情報が付与される．

　ツイートに付与されるジオタグは，フォースクエア（Foursquare）が提供する POI（Point of Interest）情報に基づく店舗名や施設名のほか，町名や市区町村名，都道府県名などの地名，特定の地点を示す経緯度単位の座標値である．それぞれの店舗名や施設名の POI には，経緯度単位の座標値が紐づけられており，ポイントデータとなっているが，市区町村名などの地名に基づくジオタグは，複数の座標値からなるポリゴンデータとして付与されている．そのため，ツイートデータにはポイントデータとして扱えるものと，ポリゴンデータとして扱えるものが混在していることになり，分析する際には注意が必要になる．2 章で後述するように，2019 年 4 月時点において無料で取得できるツイートデータの多くは，地名ベースのジオタグ，すなわちポリゴンのジオタグが付与されたデータであり，ポイントのジオタグが付与されるものが大半であった 2015 年 4 月以前と比較して，適用可能な分析方法や空間的スケールが異なってきている．

　ジオタグの精度については，ツイートを投稿した

機器に依存する．ポイントのジオタグについては，POI に基づくものであれば，その情報の精度に依存するものの，ユーザーが虚偽の位置情報を付与する意図をもって，別の POI の情報を付与していない限りは，比較的精度の高い座標値が得られる．POI に基づかない，現在地をポイントで示すジオタグの場合は，GPS や WiFi に基づく位置情報となるものの，どのような機器で位置情報が取得されたのかが判断できる情報は，ツイートデータには含まれない．ポリゴンのジオタグのうち，市区町村単位の場合は，日本に関しては 2010 年 10 月時点のものが主に用いられていると考えられる．ただし，「埼玉県札幌市」のように，誤った市区町村名が付与されていることもあり，精度については若干の問題を含んでいる．また，「日本」のように国レベルのジオタグも存在しており，ポリゴンのジオタグには，様々な空間的スケールの位置情報が混在している．

1.3　ツイートの取得・収集方法

個別のツイートを閲覧するのであれば，ツイッターアプリや，ツイッターのウェブサイト[1] を用いることで，特定のキーワードやハッシュタグを含むものや，特定の地域，日付におけるツイートを検索することができる（図 1.3）．ただし，この機能は，ブラウアやアプリ上でツイートを読むという一般的な利用方法のためのものであり，研究など，データ分析を目的としたツイートの取得には向かない．

分析しやすい形式でツイートデータを取得するには，ツイッター社が公開している API を利用する必要がある[2]．API（Application Programming Interface）とは，プログラミング言語を使って，特定のアプリケーションやサービス，データベースなどに接続するための仕組みであり，その仕様がツイッターの「Twitter Developer Platform」（ディベロッパープラットフォーム[3]）に公開されている．

API を使ってツイートを取得するには，① Python や PHP などでのスクリプト作成に関する知識と，②ツイッターアカウントおよび API 利用に必要な

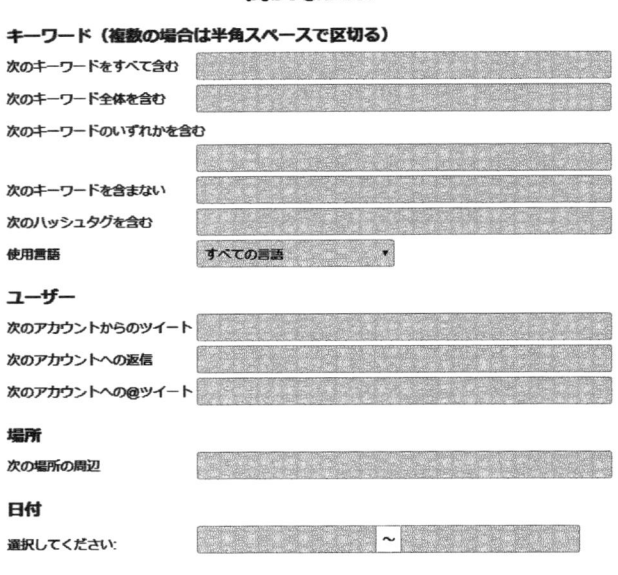

図 1.3　ツイッターの「高度な検索」機能

情報，③常時起動が可能なパソコンあるいはサーバーが必要になる．まず，①に関しては，ツイッター API を利用するためのスクリプト言語の作成に必要となる知識である．ツイートデータの収集に主に用いられるスクリプト言語は Python や PHP であり，ツイートデータを取得するための専用のライブラリも用意されている．Python も PHP も，ウェブ上に多くの情報が提供されており，ツイートデータ取得のためのサンプルスクリプトも公開されている．どちらの言語も使用したことがない場合は，Python でスクリプトを作成するほうがよいだろう．

次に，②に関しては，API の公開当初は不要であったものの，現在は，アカウントに加え，ツイッター社による審査を通して取得した API 利用のためのいくつかの情報が必要になる．まず，ツイッターのアカウントを使って，ディベロッパープラットフォームにログインしたうえで，API の使用目的などについて英語で入力したうえで，ツイッター社から API 利用についての承認を得る．承認が得られれば，ディベロッパープラットフォーム上で，ツイートデータ収集のためのアプリケーションの情報を入

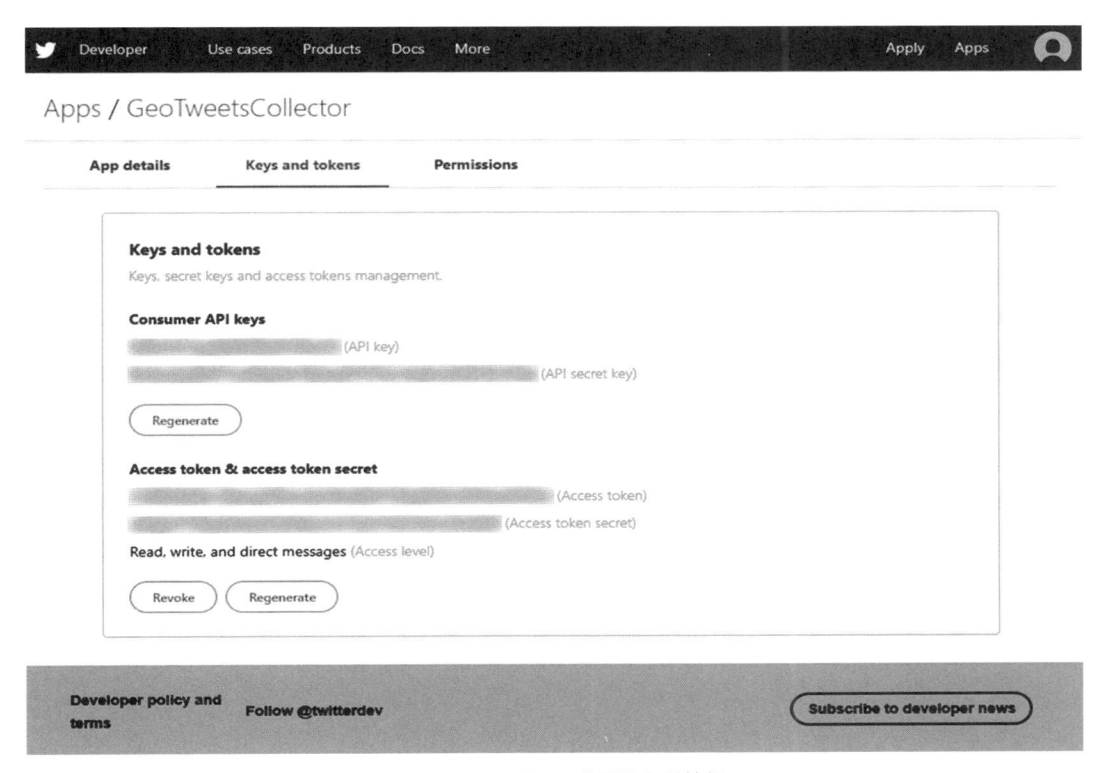

図 1.4　API の利用に必要となる情報

力し，API の利用に必要となるコンシューマー API キーと，アクセストークンを取得する（図 1.4）．これらの情報を取得できれば，ツイッター API の利用が可能になる．

最後の③は，①のスクリプトを作動させるための物理的な環境である．数日程度以内など，一時的にデータを取得するなどの場合は，パソコンで十分であるものの，1 週間以上など，継続してデータを収集する場合には，常時，パソコンを起動させ，データを取得し続けることができるようにする必要がある．24 時間連続起動ができるものであれば，パソコンでもよいし，VPS（仮想専用サーバー）やクラウドサーバーを契約して，そこにスクリプトを配置するとよい．

1.4　Public streams からのツイート取得

ここでは，ツイートデータの取得によく用いられる，POST statuses / filter API[4] について紹介する．この API は，検索条件を設定して，ツイートデータを取得するものである．この API では，Public streams と呼ばれる公開設定されている膨大なツイートのなかから，その一部を取得できるようになっている．この API でいくつか指定可能なパラメータのうち，locations パラメータに経緯度に基づく地理的な範囲を設定すれば，特定の範囲のジオタグが付与されたツイートを取得できるようになる．この API で取得されたツイートデータは，JSON 形式のデータであり，多くのスクリプト言語で容易に特定の項目のデータを取得できるようになっている．

Python や PHP では，ツイッター API をより簡単に利用するためのライブラリが用意されている．ここでは，Python[5] を使って Public streams からツイートを取得するためのサンプルスクリプトを示す．

Python に関しては，ツイッターの効率的な利用のためのライブラリがいくつか作成・提供してお

```
1   from twitter import *
2
3   auth = OAuth(
4       consumer_key='[Consumer API key]',
5       consumer_secret='[Consumer API secret key]',
6       token='[Access token]',
7       token_secret='[Access token secret]'
8   )
9
10  params = dict()
11  params["locations"] = "-122.75,36.8,-121.75,37.8"
12
13  twitter_stream = TwitterStream(auth=auth, domain='stream.twitter.com')
14  for msg in twitter_stream.statuses.filter(**params):
15      print(msg)
```

図 1.5　Public streams からサンフランシスコの範囲のジオタグ付きツイートを取得するための Python スクリプト

り，Public streams から容易にツイートデータを取得できる Python ライブラリとして，Python Twitter Tools（PTT）[6] を紹介する．PTT は，Mike Verdone 氏らが作成したライブラリである．Python へのライブラリをインストールするツールである pip を利用して，PTT をインストールできる．

図 1.5 は，PTT を利用したサンフランシスコの範囲のジオタグが付与されたツイートを表示するための Python スクリプトである．4 行目から 7 行目は，ディベロッパープラットフォーム上で取得したコンシューマー API キー，コンシューマー API シークレットキー，アクセストークン，アクセストークンシークレットの各文字列を格納する場所である．11 行目は，サンフランシスコの範囲を示す経緯度（WGS1984 に基づくもの）であり，最西端の経度，最南端の緯度，最東端の経度，最北端の緯度を続けて記述する．この値の記述方法の詳細については公式のガイド [7] を参照されたい．このスクリプトを実行すれば，JSON 形式でのサンフランシスコの範囲のジオタグが付与されたツイートデータが表示される．JSON で返される内容のうち，主なものについては次節で解説する．

1.5　ツイートに含まれる主な項目

JSON 形式の 1 件のツイートデータには，様々な情報が 1 つ 1 つのフィールドに，UTF-8 形式で含まれている．設定されているフィールドについては，ディベロッパープラットフォームの「Tweet objects」[8] から確認できる．ここでは，ジオタグ付きツイートの分析の際に活用できる主なフィールドについて解説する．

1.5.1　Tweet オブジェクト

Tweet オブジェクト [9] は，ツイートの基本的な情報を示すフィールド群であり，表1.1のようなフィー

表 1.1　Tweet オブジェクトのフィールド

フィールド	説　明
created_at	ツイート日時（UTC によるツイート日時）
text	ツイートの内容
source	投稿元アプリ・ツールを示す情報
user	詳細は表 1.2 参照
coordinates	経度・緯度情報
place	詳細は表 1.3 参照
entities	詳細は表 1.4 参照
quoted_status	引用元ツイートの Tweet オブジェクト
retweeted_status	リツイート元の Tweet オブジェクト
lang	BCP47 に基づく言語コード

ルドで構成されている.

　created_at フィールドはツイート日時の情報であり, UTC (協定世界時) の日時が示されている. 日本の標準時である JST は UTC に 9 時間を加えたものであり, 日本のツイートについて分析を行う場合は, JST に変換しておく必要がある. text フィールドは, ツイートの本文の情報であり, ハッシュタグやメンションの相手の ID, URL なども含んでいる. source フィールドは, 投稿に使われたアプリやツールの情報を示すものである. このフィールドの値を使うことで, 2 章で後述するように, ボットと呼ばれる自動投稿ツールで投稿されたツイートをある程度特定することができる. lang フィールドには, ツイート本文の情報に基づいて判定された言語の情報が BCP47[10] に基づく言語コードとして入力されている. 日本語であれば「ja」が入ることになる. coordinates フィールドには, ポイントのジオタグが付与されている場合には, さらに下の階層の coordinates フィールドに, その地点の経度・緯度の情報が配列として含まれている.

　quoted_status および retweeted_status には, 前者では引用ツイートが含まれている場合に, 後者ではリツイートである場合に, それぞれ元のツイートに関する Tweet オブジェクトが含まれている. リツイートは, 他のユーザーの投稿をそのまま自分のタイムラインに流す行為であり, 引用ツイートは, 自分のコメントを付けてツイートするものである.

　user, place, entities フィールドには, 下層構造としてそれぞれ一定数のフィールド群を持つオブジェクトが代入されており, 以降で解説する.

1.5.2　User オブジェクト

　User オブジェクト[11]は, ツイートを投稿したユーザーに関する基本的な情報を示すフィールド群であり, 表 1.2 のようなフィールドで構成されている.

　id_str フィールドは, 数字で表された一意のユーザー ID であり, name フィールドは表示用のユーザー名, screen_name フィールドはログインにも使用されるユーザー名である. location フィールドは,

表 1.2　User オブジェクトのフィールド

フィールド	説　明
id_str	数字で表されたユーザー ID
name	表示用のユーザー名
screen_name	ログインもできるユーザー名
location	居住地や所在地を示す情報
lang	BCP47 に基づく言語コード

居住地や所在地を示す情報であるものの, 定められたフォーマットはなく, 必ずしも正確な住所情報ではない可能性がある. lang フィールドは, ユーザーが自身のユーザーインターフェースに使用している言語を示すものであり, 同様に BCP47 に基づく値が入っているものの, その性質の違いから, Tweet オブジェクトの lang フィールドとは一致しないことも多い.

1.5.3　Place オブジェクト

　Place オブジェクト[12]は, 主にポリゴンのジオタグに関する情報を示すフィールド群である. 含まれるフィールドは表 1.3 のようになっている.

　place_type フィールドは, ジオタグが示す場所のカテゴリであり, 「city」や「poi」, 「admin」などの値が入っている. 「poi」の場合, 特定の 1 地点の情報を示すものになるが, データとしてはポリゴンとして扱われている. name フィールドは, その場所の名称を示すものであり, full_name フィールドには, 都道府県名などを含んだ場所の名称が示されている. country フィールドには国名が入っており, country_code フィールドに示された国コードと対応している.

　bounding_box フィールドには, ジオタグの場所の

表 1.3　Place オブジェクトのフィールド

フィールド	説　明
place_type	場所のカテゴリ
name	場所の名称
full_name	都道府県などの名称を含んだ場所の名称
country_code	国コード
country	国名
bounding_box	場所の空間的範囲を示す位置情報

表 1.4　Entities オブジェクトのフィールド

フィールド	説　明
hashtags	ハッシュタグに関する情報（Hashtag オブジェクト）
media	画像・動画などのメディアに関する情報（Media オブジェクト）
urls	URL に関する情報（URL オブジェクト）
user_mentions	メンションに関する情報（User Mention オブジェクト）

空間的範囲を示す位置情報が格納されている．具体的には，bounding_box フィールドの下の階層にある coordinates フィールドに，2 次元配列として 4 地点の経度・緯度の位置情報が収められている．

1.5.4　Entities オブジェクト

Entities オブジェクト [13] には，ハッシュタグやメディア（画像，動画など），URL，メンションなど，多様な情報が含まれている．

ここでは，8 章でも利用されているように，ジオタグ付きツイートの分析において利用されることが多いと考えられる media フィールドに含まれる，Media オブジェクトに注目する．Media オブジェクトのうち，メディアの種類を示すのは type フィールドであり，その値には「photo」（画像・写真），「video」（動画），「animated_gif」（アニメーション付き GIF）の 3 つのうちのいずれかが入る．メディアそのものの URL を示すのは media_url フィールドである．このほかに，メディアのサイズ（sizes フィールド）やツイート本文中における URL 部分を示すインデックス情報（indices フィールド）などが格納されている．

1.6　ツイートデータの効率的な管理

指定した範囲や時間帯にもよるが，4 節のサンプルを使ってツイートデータを収集すると，一定の件数のツイートを取得できる．スクリプトを連続して起動し，収集を続ければ，膨大な件数のツイートを取得できることになる．筆者がツイートデータ収集し始めたのは 2012 年 2 月であり，2018 年 9 月までに 8 億件弱のツイートデータを取得しており，その後も増加している．これほどの件数ではないにして

も，数万件を超えるツイートデータを分析するには，Excel などの表計算ソフトウェアでは不便である．また，JSON 形式で入手したツイートデータを，Excel で直接読み込める CSV 形式などに変換する作業も手間であり，データベースを活用して効率的にツイートデータを管理することが望まれる．

一般的に利用できるデータベースとしては，Microsoft Office に含まれる Microsoft Access のほか，オープンソースのデータベースである MySQL や PostgreSQL が代表的である．Python や PHP では，直接 MySQL や PostgreSQL のデータベースに接続し，データをやり取りできるライブラリが用意されていることから，これらのデータベースを用いれば，取得したツイートデータを解析し，整理したうえで，必要な情報のみをデータベースに格納することもできる．5 章で後述するように，Python にはテキスト解析のためのライブラリも存在しており，データベースに格納する前に，JSON 形式で取得したツイートデータからツイート内容を抽出し，形態素解析を施しておくこともできる．

また，PostgreSQL では，拡張パッケージである PostGIS をインストールすることで，空間データを格納することもできる．そのため，ジオタグデータをもとに空間データとしてデータベースに格納すれば，ArcGIS や QGIS などの GIS ソフトウェアで直接地図化することも可能になる．

加えて，データベースで管理することで，特定のキーワードを含むツイートや，特定の場所のジオタグを持つツイートの抽出など，収集したデータから，効率的にツイートデータを取り出すことができる．Excel などでこのような処理を行うには，リソース不足に陥らない程度の大容量のメモリーが必要となる．

1.7　まとめ

　ジオビッグデータの 1 つでもあるジオタグ付きツイートを活用することで，特定の地域における生活や文化，流行などをリアルタイムに把握でき，分析できるようになる．ただし，空間的に詳細なスケールを分析できるポイントのジオタグを含むツイートはそれほど多くはなく，ポリゴンのジオタグが大部分を占める点に注意が必要である．

　ジオタグ付きツイートの取得・収集方法に関しては，説明の容易さから，Python についてのみ示したが，紹介したライブラリについては常にアップデートされるだけでなく，より容易に扱うことのできるライブラリが提供されるようになることもある．また，Public streams から取得できるツイートに含まれる項目については，これまでにも何度か仕様の変更がなされており，より最新の情報を知りたい場合は，ツイッターのディベロッパープラットフォーム上のドキュメントを確認されたい．

注

1）https://twitter.com/search-home（2019 年 4 月 8 日閲覧）．

2）https://help.twitter.com/ja/rules-and-policies/twitter-api（2019 年 4 月 8 日閲覧）．

3）https://developer.twitter.com/（2019 年 4 月 8 日閲覧）．

4）https://developer.twitter.com/en/docs/tweets/filter-realtime/api-reference/post-statuses-filter.html（2019 年 4 月 8 日閲覧）．

5）Python のパッケージについては，https://www.python.org/ からダウンロードできる．インストールについては，https://www.python.jp/index.html に日本語での解説がある．（2019 年 4 月 8 日閲覧）．

6）https://mike.verdone.ca/twitter/（2019 年 4 月 8 日閲覧）．

7）https://developer.twitter.com/en/docs/tweets/filter-realtime/guides/basic-stream-parameters（2019 年 4 月 8 日閲覧）．

8）https://developer.twitter.com/en/docs/tweets/data-dictionary/overview/intro-to-tweet-json（2019 年 4 月 8 日閲覧）．

9）https://developer.twitter.com/en/docs/tweets/data-dictionary/overview/tweet-object（2019 年 4 月 8 日閲覧）．

10）https://tools.ietf.org/html/bcp47（2019 年 4 月 8 日閲覧）．

11）https://developer.twitter.com/en/docs/tweets/data-dictionary/overview/user-object（2019 年 4 月 8 日閲覧）．

12）https://developer.twitter.com/en/docs/tweets/data-dictionary/overview/geo-objects（2019 年 4 月 8 日閲覧）．

13）https://developer.twitter.com/en/docs/tweets/data-dictionary/overview/entities-object（2019 年 4 月 8 日閲覧）．

桐村　喬

2章　ジオタグ付きツイートの分析のための前処理

2.1　前処理の必要性

2.1.1　ツイート本文に含まれる情報

　1章で解説したように，JSON形式のツイートデータには，フィールドごとに収められた多様な情報が含まれている．

　ツイートデータのなかで最も重要といえるフィールドである，textフィールドの値に格納されたツイート本文には，そのユーザーが発信したテキストのほかに，ハッシュタグやURL，メンション相手のIDなどが含まれている．そのため，例えば，ある地域において，「snow」という文字を含むツイートが何件存在するのかを考えたとき，ハッシュタグやURL，IDに「snow」を含むツイートも同時にカウントされることになる．ハッシュタグであれば，一般的に投稿内容に関連する語であることが多いため，大きな問題はないものの，URLやIDの場合，「snow」を含むツイートの空間的な分布の検討において障害となりうる．また，10章のように，テキスト解析を行って，特定の地域において話題になっている語を抽出するような場合，「http」などが流行している語として抽出されることがある．したがって，分析の目的に応じて前処理を行い，除外したり，対象に加えたりする必要がある．ツイート本文に含まれるハッシュタグやURLなどの情報は，ツイート本文中のどの部分が該当するのかを示すindicesフィールドがEntitiesオブジェクトに含まれており，ツイート本文から事前に除外・抽出することができる．

　なお，リツイートや引用ツイート機能を利用して投稿した際の元ツイートの情報は，JSON形式のツイートデータの最上位にあるTweetオブジェクト中のtextフィールドには含まれておらず，quoted_statusフィールドやretweeted_statusフィールドにあるTweetオブジェクト内に格納されている．ツイッターのユーザーインターフェースでは，リツイートなども自身のツイートと同様のフォーマットで表示されるものの，ツイート本文のデータからは区別されている．

2.1.2　アプリ・ボットによるジオタグの偽装の可能性

　ツイートに付与されたジオタグは，原則として，投稿に利用した機器がその時点で所在している場所のジオタグである．しかし，そうしたリアルタイムの位置情報が，ツイートの発信によって第三者に知られてしまうことを恐れるユーザーもおり，GPSやWiFiに基づく位置情報を偽装するアプリを利用することで，無関係の場所のジオタグを付与している可能性もある．一方，ユーザーの意思とは関係なく，ツイートを投稿するためのサードパーティ製アプリ（ツイッター社以外が提供するアプリ）の一部では，アプリの製作者が設定したジオタグが自動的に付与されることもある．例えば以前配布されていた「夜狐八重奏」というアプリを通して投稿されたツイートには，京都市にある伏見稲荷大社のジオタグが付与されるようになっており，伏見稲荷大社の周辺で本来よりも大量のツイートが投稿されていることになってしまう（図2.1）．図中で最も濃いメッシュが伏見稲荷大社のあるメッシュであり，京都駅周辺が20万件にも満たないのにもかかわらず，450万件を超えるツイートが行われていることがわかる．同様に，特定の場所のジオタグを付与するアプリは一定数存在しており，皇居などのジオタグが付与されることがある．

　ユーザーが自分の意志で投稿するのではなく，プログラムによって自動的にツイートするボット

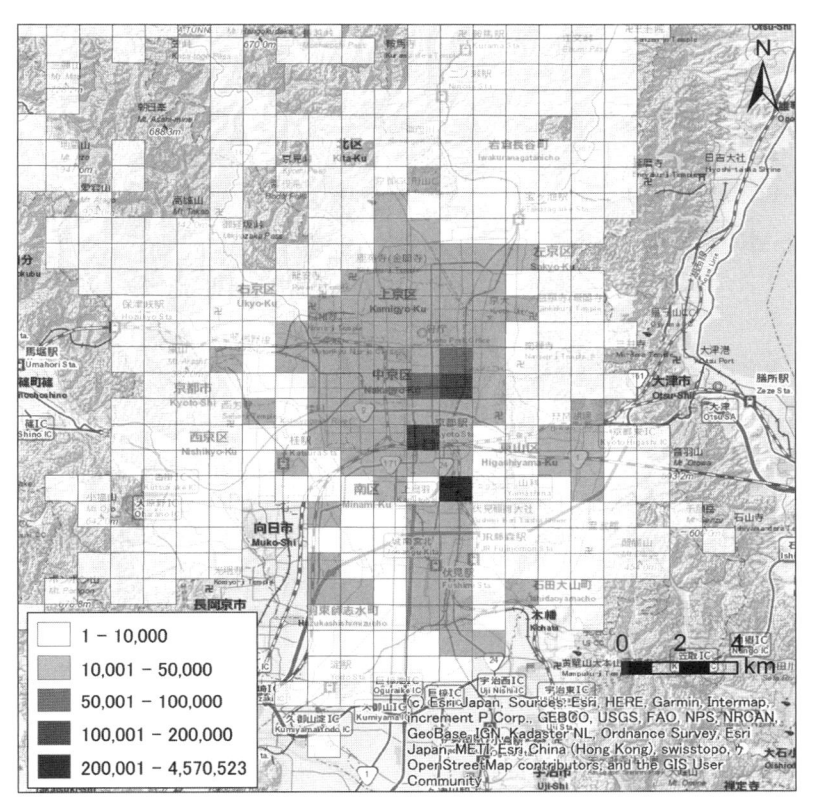

図 2.1　京都市における 3 次メッシュ単位の 2014 年のツイート数

（bot）と呼ばれるツールも存在している．これらのボットの多くは，一定間隔の時間でツイートするものであり，ジオタグに関しても特定の場所のみのものを付与するボットと，場所を移動させながらジオタグを付与するボットがある．天気予報や地域情報の発信などの特定の地点に関する情報をツイートするボットは前者に当てはまることが多く，伏見稲荷大社の例のように，特定の場所にツイートが集中することになる．一方，特定の場所に関する情報ではないものの，ジオタグを付与しているボットは後者に当てはまることが多く，直線的にツイートが分布するなど，何らかの規則性のある分布となっている．

　ジオタグのパターンのみから，これらのような特徴をもつジオタグ付きツイートを発見することは難しい．しかし，1 章で示した source フィールドの値を用いることで，ジオタグを偽装するアプリからツイートされたデータの大部分を除外できる．分析の前に，source フィールドの値を確認し，どのような

アプリからの投稿に問題があるのかを判定したうえで，サードパーティ製アプリやボットではないものを分析対象とすることで，より精度の高い分析が可能になる．なお，端末の位置情報を偽装しているかどうかについては，残念ながら判定することは難しい．

2.1.3　雑多な情報を含むポリゴンのジオタグ

　市区町村や都道府県，国などのポリゴンのジオタグには，place オブジェクトとして，ポリゴンが収まるバウンディングボックスと呼ばれる矩形の範囲の四隅の座標値が付与されている．一方，name や full_name フィールドにある地名情報は，必ずしも正確ではなく，都道府県名と市区町村名の組み合わせが誤っていることもある．また，地名情報は日本語だけでなく，英語でも提供されていることがある．そのため，ポリゴン単位で集約する場合，バウンディングボックスの座標値の組み合わせを用いて行うほ

うがよい．また，日本の場合，市区町村の時点は，必ずしも最新であるわけではなく，分析の前に，データを確認しながら，市区町村の時点を特定しておく必要がある．

2.2　ツイート本文に関する前処理

ツイートにハッシュタグなどが含まれる際に，Entities オブジェクトに配列として含まれる，Hashtag オブジェクト，Media オブジェクト，URL オブジェクト，User Mention オブジェクトなどには，それぞれの要素に関して，indices フィールドが設定されており，当該要素のツイート本文上での開始位置と終了位置が数値で示されている．

indices フィールドの値は配列に格納された 2 要素の整数であり，1 要素目（添え字 0）に開始位置，2 要素目（添え字 1）に終了位置の値が入っている．位置に関しては，ツイート本文の 1 文字目が「0」となるような数値になっている（図 2.2）．図 2.3 のようなツイート本文がある場合，例えばハッシュタグの開始位置は「#」の位置となるため 0 となり，ハッシュタグの後の最初の 1 文字の位置を示す終了位置は 5 となる．したがって，開始位置と終了位置の 1 文字前の間のテキストをテキスト本文から除去すればよい．

画像や動画の場合，ツイート本文には URL が示されるとともに，Media オブジェクトが Entities オ

ブジェクト内に格納される．Media オブジェクトについても indices フィールドが存在しており，同様に，画像や動画の URL を示す文字列の最初の位置と，URL の次の文字の位置が，それぞれ開始位置，終了位置として格納されている．URL オブジェクトの indices フィールドについては，Media オブジェクトと全く同様である．

メンションの相手の ID（スクリーンネーム）を示す，User Mention オブジェクトについては，ハッシュタグと同じく，開始位置は「@」の位置となっている．終了位置はスクリーンネームの次の文字の位置である．

Python において，これらの indices フィールドの情報を使った当該文字列の除去は，次のようなスクリプトで実現できる（図 2.4）．

indices フィールドによって位置が提供されているので，文字列のスライス機能を使えば簡単に除去できる．このスクリプトでは，ツイート本文中に示された URL の indices フィールドの値を使って，開始位置までの文字列と終了位置以降の文字列を連結している．画像や動画，URL などが複数含まれる場合は，ツイート本文の後方，すなわち indices の 1 要素目の値が最も大きい要素から処理すれば，indices の値をずらす必要がないため，処理が容易になる．

2.3　ジオタグ偽装アプリ・ボットの判定

表 2.1 は，Public streams から取得した，2018 年 9 月における日本国内のポイントのジオタグ付きツ

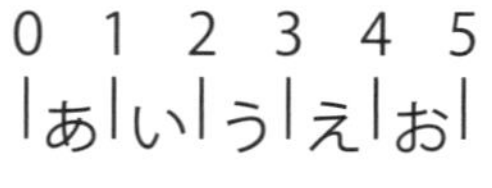

```
0 1 2 3 4 5
あ い う え お
```

図 2.2　文字と位置（上段の数字）の関係

```
#からあげ ここのからあげは絶品！ https://x.xx/12345678
```

図 2.3　ツイート本文の例

```
1  text = 'この店おいしいです https://x.xx/12345678'
2  indices = [10, 31]
3  print(text[:indices[0]] + text[indices[1]:])
```

図 2.4　indices フィールドの情報を用いた Python での文字列の除去方法

表 2.1　2018 年 9 月のポイントのジオタグ付きツイートデータにおける source フィールドの値別ツイート数

順位	source フィールド	ツイート数
1	Foursquare	849,368
2	Instagram	272,308
3	Foursquare Swarm	173,725
4	tenki	58,943
5	KionBancho	15,623
6	Twitter for Android	15,441
7	METAR Updater	11,881
8	World Cities	7,425
9	iloveyourtown_bot	7,037
10	Twitter for iPhone	6,795
36	淡路島私設気象観測情報	715
37	北九州うさぎ	712
37	宇部うさぎ	712
101	海老名めがね	708
126	まちくる仙台（投稿用）	523
135	地震情報 for zishin3255	402
163	緊急地震速報ぽっと (alpha)	162

※source フィールドの値には URL も含まれるが，ここでは除外した．

表 2.2　2018 年 9 月のポリゴンのジオタグ付きツイートデータにおける source フィールドの値別ツイート数

順位	source フィールド	ツイート数
1	Twitter for iPhone	3,968,311
2	Twitter for Android	2,121,096
3	Twitter Web Client	155,735
4	Twitter for iPad	69,574
5	Tweetbot for iOS	11,516
6	Echofon	1,320
7	Tweetbot for Mac	1,261
8	YoruFukurou	516
9	ツイタマ + for Android	364
10	eew_tw	330
11	ツイタマ for Android	274
12	Twidere for Android #7	158
13	SoundHound	139
14	Twitter for iPhone	64
15	Twidere for Android #8	33
16	かずやの日記帳	30
17	420somewherebot	14
18	Selpy（セルピー）	13
19	Echofon Android	11
20	Tweetings for Android	7

※source フィールドの値には URL も含まれるが，ここでは除外した．

イートデータについて，source フィールドの値別に集計し，ツイート数上位 10 種類に加え，いくつかの特徴的なものを示したものである．現在，ポイントのジオタグの多くは，Foursquare の POI に基づくものになっており，1 位と 3 位を合わせれば，全体（154 万件）の半数以上を Foursquare 関係のアプリが占めている．全体に占める割合は低いものの，「tenki」や「KionBancho」など，気象情報を自動的に配信するためのボットからの投稿も確認できる．このほかに，「北九州うさぎ」や「宇部うさぎ」，「海老名めがね」のようなアプリもあるが，これらも各地域の気象情報などを配信するためのボットである．また，「まちくる仙台（投稿用）」については，仙台の中心市街地に関する地域情報を発信するウェブサイトが使用するものであり，自動配信のために使われているアプリと考えられる．

一方，同時期におけるポリゴンのジオタグ付きツイートデータを同様に集計すると，表 2.2 のようになる．ポイントのジオタグとは異なり，「Twitter for iPhone」など，ツイッター社が提供する公式のアプリからのツイートが大半を占め，633 万件の

うち iPhone と Android だけで 609 万件となっている．「Tweetbot for iOS」はボットのような名称であるものの，ツイートのためのアプリであり，ボットのように自動投稿するためのものではない．「YoruFukurou」は Mac OS X 専用のツイッタークライアントであり [1]，これもボットには当てはまらない．

ツイートに使われたアプリやツールの名称のみで，ボットであるかどうかなどをある程度推測することができる．しかし，ジオタグを偽装しているかは判断できない．そこで，ポリゴンのジオタグやポイントのジオタグの経緯度を，source フィールドの値別に集計し，分散を求めた．ポイントのジオタグに関する表 2.1 のうち，分散が 0 であるものは，「淡路島私設気象観測情報」と「北九州うさぎ」，「宇部うさぎ」，「海老名めがね」，「まちくる仙台（投稿用）」である．これらは，ジオタグを偽装しているというよりは，特定の地域に関する情報を発信するために，経緯度を固定しているにすぎない．一方，ポリゴン

のジオタグに関する表 2.2 のうち，同様に分散が 0 であるものは，「YoruFukurou」と「かずやの日記帳」である．「かずやの日記帳」は，公開されているアプリではないため[2]，アプリの作者によるツイートと考えられるが，「YoruFukurou」は，前述のとおり，ツイッタークライアントとして公開されているものである．「YoruFukurou」も，固定した特定の場所のジオタグを常にツイートに付与しているだけであるが，不特定多数のユーザーが同じジオタグを付与していることから，実態としては偽装していると考えられる．

　以上の点を考慮すれば，ボットからのツイートと，ジオタグを偽装するアプリからのツイートを排除するには，ツイート数が特に多い，ツイッター社の公式アプリや Foursquare，Instagram などからのツイートのみを分析対象とするのが最も単純な方法といえよう．2018 年 9 月における日本国内のポイントのジオタグ付きツイートに占める「Foursquare」，「Instagram」，「Foursquare Swarm」からのツイートの割合は 84.1％ であり，ポリゴンのジオタグ付きツイートに占める，「Twitter for iPhone」，「Twitter for Android」からのツイートの割合は 96.2％ であり，いずれも大半を占めている．これらを分析対象とするだけで，偽装されている懸念のあるジオタグ付きツイートの大部分を除外できることになる．これよりも多くのツイートを分析対象に加えたい場合は，source フィールドの値から個別にアプリの情報を収集し，ジオタグに偽装がないかを検討してから分析することになる．

2.4　ポリゴンのジオタグの整理

　ポリゴンのジオタグ付きツイートについて，前節と同様に 2018 年 9 月の日本国内のデータを利用して，Place オブジェクトの place_type フィールドの値別に集計した（表 2.3）．

　市区町村単位を示す「city」が大半を占めており，特定地点の情報を示す「poi」が 3.6％，都道府県単位を示す「admin」が 1.0％ となっている．日本の場

表 2.3　ポリゴンのジオタグの種類別ツイート数

place_type	ツイート数	割合
admin	64,333	1.0%
city	6,038,535	95.4%
poi	227,910	3.6%
総計	6,330,778	100.0%

合，大部分が市区町村単位であることから，ポリゴンのジオタグ付きツイートについては，市区町村のジオタグ付きツイートと考えるとわかりやすい．

　place_type フィールドの値が「city」，すなわち市区町村のジオタグ付きツイートについて，full_name フィールドの値別に集計すると，表 2.4 のようになる．この表には，代表的ないくつかの市区町村について，full_name フィールドの値とバウンディングボックスの四隅の経緯度，ツイート数を示している．

　full_name フィールドの値の表記方法は，日本語の場合，「都道府県名 市町村名」が一般的であり，政令指定都市の場合は「区名」が追加される．英語の場合，ローマ字読みの市区町村名の後に，都道府県名が記述される．しかし，例外も多く，必ずしも表記方法は統一されておらず，情報が十分でないケースもある．例えば，都道府県名については，北海道を除いて都府県を入れないが，神奈川や和歌山など，3 文字の県名の場合，最後の 1 文字は記述されない．英語では，都道府県名が長くても省略はされていない．また，政令指定都市の区については，市名を入れるのが一般的であるようだが，仙台市青葉区については，特別区の「東京 新宿区」のように，「宮城 青葉区」と表記されており，英語でも「Sendai-shi」は省略されている．英語での「区」の表記方法に関しても表記パターンのゆれがあり，特別区かどうかに関係なく，「-ku」や「Ward」とするものや省略するものもみられる．

　full_name フィールドの値やポリゴンの空間的な領域に何らかの誤りが含まれるジオタグもある．表 2.5 は，バウンディングボックスの経度または緯度の幅が 1 度以上であるものを示しており，日本語と英語で表記された 3 つの地域で経度・緯度の幅が大

表 2.4　代表的な市区町村のジオタグ付きツイートと経度・緯度・ツイート数

full_name フィールドの値	経度		緯度		ツイート数
	最西端	最東端	最南端	最北端	
北海道 札幌市 北区	141.28	141.44	43.04	43.16	36,593
Sapporo-shi Kita-ku, Hokkaido	141.28	141.44	43.04	43.16	2,503
宮城 青葉区	140.56	140.90	38.24	38.45	24,377
Aoba-ku, Miyagi	140.56	140.90	38.24	38.45	1,887
東京 新宿区	139.67	139.75	35.67	35.73	78,923
Shinjuku-ku, Tokyo	139.67	139.75	35.67	35.73	12,413
神奈 横浜市 港北区	139.58	139.66	35.49	35.56	17,768
Yokohama-shi Kohoku-ku, Kanagawa	139.58	139.66	35.49	35.56	2,946
石川 金沢市	136.56	136.82	36.34	36.67	26,314
Kanazawa-shi, Ishikawa	136.56	136.82	36.34	36.67	2,108
愛知 名古屋市 中区	136.90	136.94	35.14	35.18	24,958
Nagoya City Naka Ward, Aichi	136.90	136.94	35.14	35.18	2,855
大阪 大阪市 北区	135.48	135.53	34.68	34.72	33,570
Osaka-shi Kita, Osaka	135.48	135.53	34.68	34.72	3,343
和歌 和歌山市	135.00	135.32	34.15	34.32	17,470
Wakayama-shi, Wakayama	135.00	135.32	34.15	34.32	1,056
福岡 福岡市 博多区	130.40	130.48	33.54	33.62	22,659
Fukuoka-shi Hakata, Fukuoka	130.40	130.48	33.54	33.62	2,583
沖縄 那覇市	127.64	127.74	26.18	26.25	28,201
Naha-shi, Okinawa	127.64	127.74	26.18	26.25	3,452

表 2.5　バウンディングボックスの経度または緯度の幅が 1 度以上のジオタグの例

full_name フィールドの値	経度		緯度		ツイート数
	最西端	最東端	最南端	最北端	
埼玉 札幌市北区	139.59	141.44	35.91	43.19	7,368
Sapporo City Kita Ward, Saitama	139.59	141.44	35.91	43.19	706
埼玉 札幌市中央区	139.54	141.39	35.87	43.09	8,274
Sapporo City Chuo Ward, Saitama	139.54	141.39	35.87	43.09	1,138
香川 大玉村（安達郡）	134.04	140.42	34.46	37.62	500
Otama Vil., Kagawa	134.04	140.42	34.46	37.62	160

きすぎることがわかる．名称を見ても，「埼玉 札幌市北区」，「埼玉 札幌市中央区」，「香川 大玉村（安達郡）」となっており，都道府県名と市区町村名の組み合わせに誤りがみられる．例えば「埼玉 札幌市北区」がすべて札幌市北区内でツイートされたものだとすれば，表 2.4 にも示されているツイート数と合わせた 47, 170 件のうち，17.1％が「埼玉 札幌市北区」のジオタグを持つツイートということになり，分析結果に与える影響は小さくはない．また，今回示したのは 2018 年 9 月のデータであり，他の時点や今後のデータにおいても何らかの誤りを含んだジオタグが付与されることもあると考えられ，バ

ウンディングボックスの大きさが適切であるかどうかをチェックしたうえで活用する必要がある．

市区町村のジオタグを活用する場合，市区町村単位で地図化することになるため，ジオタグとして付与されている市区町村が，何年何月時点のものであるのかを把握しておく必要がある．2018 年 9 月のデータを用いて，市区町村名を観察すると，2010 年 4 月 1 日に政令指定都市に移行し，区を新設した相模原市に関しては，中央区と南区のジオタグが存在している．一方，2011 年 4 月 1 日に愛知県西尾市に編入された愛知県幡豆郡一色町，吉良町，幡豆町はジオタグとしてまだ存在している．この間の市

町村合併や政令指定都市への移行に伴う区の新設はなく，2010 年 4 月 1 日から 2011 年 3 月 31 日までの間の市区町村単位でジオタグが設定されていると考えられる．ただし，2012 年 4 月 1 日に政令指定都市に移行し，区が新設された熊本市については，日本語表記では「熊本 東区」のみが存在し，英語表記では「Kumamoto-shi, Kumamoto」のみが存在する．両者のバウンディングボックスの座標値は同一であり，経緯度から示される領域は，熊本市東区のみの範囲である．市の中心部に位置する中央区のジオタグ付きツイートがなく，東区のみが存在することは考えにくく，「熊本 東区」および「Kumamoto-shi, Kumamoto」のジオタグが，実態としては熊本市全体を含むものであると考えられる．

　したがって，熊本市については若干の疑問が残るものの，原則として，市区町村のジオタグの基準時点は 2010 年 4 月 1 日から 2011 年 3 月 31 日の間にあると考えられる．この間には，2010 年 10 月 1 日現在で国勢調査が実施されていることから，便宜的に 2010 年 10 月 1 日現在と考え，人口統計データと同時に利用することで，夜間人口や昼間人口当たりのユーザー数などを求めることができる．ただし，この基準時点は今後変更される可能性もあり，収集したデータを十分に確認したうえで利用する必要がある．

2.5　まとめ

　ジオタグ付きツイートデータは様々な情報を含んでいる反面，分析する際には必ずしも必要ではない情報や，誤った情報も含まれている．JSON 形式のデータとして提供されているそれぞれのフィールドの値を活用することで，必要な情報のみを効率的に取り出すことができる．また，データを集計することで，ジオタグを偽装するボットやアプリからのツイートを排除したり，誤りのあるジオタグを除外したりするなどして，データの精度を高めることができる．

注

1）https://sites.google.com/site/yorufukurou/（2019 年 4 月 9 日閲覧）.

2）http://katuh.info/diary.html（2019 年 4 月 9 日閲覧）.

3章 ジオタグ付きツイートをめぐる地理的諸問題

桐村 喬

3.1 地理的な研究資源としてのツイートデータ

　ジオタグ付きツイートに限らず，ツイートデータを活用した学術研究は，ツイッター社がAPIを通してデータを提供し始めて以来，世界中の研究者によってなされてきた．ツイートデータの研究資源としての有用性を否定する研究者は多くはないと考えられるものの，日本におけるジオタグ付きツイートの学術的活用は，それほど十分には進んでいないものと考えられる．特にすべての地理情報が分析対象になりうるはずの地理学においては，多くが学会での報告にとどまっており，十分な研究の蓄積がなされていない．詳細な研究動向については6章で整理するが，地理学研究のための資源としては，検討・解決すべき課題が残されているものと考えられる．

　そこで本章では，次の6点について，データを示しながら検討，整理する．

①入手可能なデータの代表性
②ツイッターユーザーの属性
③ジオタグをツイートに付与する場面
④時系列的安定性
⑤地理的バイアス
⑥社会との関わり

　まず，①に関しては，1章で示したようにPythonやPHPなどのスクリプト言語を使って，ツイッター社が提供するAPIを通してデータを取得する必要がある．このAPIがどのようなデータを提供しているのか，また，提供されるデータがすべてのツイートデータであるのか，ジオタグ付きツイートデータを網羅しているのかなど，様々な疑問が研究者から呈されているものの，APIの仕様以外のツイッター社による公式資料はほとんどなく，不明な点が多い．

本章ではデータの代表性などに関するいくつかの研究を紹介するとともに，筆者が収集してきたデータについても，若干の検討を加えたい．

　②は代表性とも関連するが，ツイッター利用者の属性が把握できない点である．ツイッターのアカウントを作成し，利用するにあたっては，プロフィール情報を入力する必要はなく，任意であり，正確性も保証されていない．したがって，APIで収集できるツイートデータにもそのような情報は含まれていない．

　③は，ユーザーがどのようなタイミングや場面でジオタグを付与するのか，また，どのような動機をもってジオタグを付与するのかという点である．行動についての分析を行うのであれば，理想的にはGPSロガーのように一定間隔で位置情報が得られるとよいが，多くのジオタグ付きツイートデータはそのようにはなっていない．

　④は，時系列的なデータの安定性に関するものである．ツイッター社によるサービスの開始以降，ユーザー数，ツイート数は増加してきたが，特定の地域におけるユーザー数やツイート数の変化を分析しようとした場合，果たしてツイッターユーザー数全体の増加によるものなのか，あるいは特定の地域に滞在するユーザーが増加してきたのか，要因を切り分けることは難しい．また，ツイッター社は，経営戦略などの関係から，APIの仕様やAPIを通して公開するデータの種類を変化させてきており，時系列変化の分析には，その点も考慮する必要がある．

　⑤は，ジオタグ付きツイート自体の地理的なバイアスである．単純に考えれば，ユーザー数やツイート数は，夜間人口や昼間人口，観光客が多い地域ほど多くなると考えられる．しかし，実際にデータを確認すると，必ずしもそのような傾向を示すとは限

らない．例えば，特定の地域における観光行動の分析の結果，大阪からよりも東京からのユーザーの割合が高いことが示された場合，人口分布とユーザーの分布に差がなければそれでよいが，ユーザーの分布に人口分布以上の地理的なバイアスがあれば，解釈を間違えてしまうことになる．

最後に⑥は，ジオタグ付きツイートを生み出す，我々の社会との関わりについての論点である．ジオタグ付きツイートは，社会における様々な現象を感知するセンサーの役割を果たしているが，一方では監視のためのツールにもなりうる．ジオタグ付きツイートは，多くの場合，ユーザーによって自発的に位置情報が付与されることで生み出されており，監視機能が強化される方向での研究活用が進めば，自発性は失われるかもしれない．

本章では，これらの6点について整理し，可能な範囲で改善策などを提示することで，今後の空間分析の発展に寄与したい．

3.2 入手可能なデータの代表性

Public streams を含めた，Streaming API から入手できるツイートは全体の1％とされており（Tromble, 2017），数字のみを見ればごく少量のデータのように感じるだろう．しかし，1か月当たりのアクティブなユーザー数は3億2,100万（2018年第4四半期）であることから[1]，全世界では300万のアクティブなユーザーのツイートを取得できることになる．実際には，ツイート数が少ないユーザーも多く，入手可能なツイートデータのユーザー数はもっと多くなる．すべてのツイートデータにアクセスできる API として，Firehose API が用意されているほか，過去のツイートデータにアクセスできるサービスをいくつか提供しているが，過去30日分のツイートにアクセスできるサービスでも，月額149ドル以上の費用が必要になる[2]．

一方，ジオタグ付きツイートに関しては，キーワードでフィルタリングした結果に関して，すべてのツイートデータを取得できる Firehose API と比較して，大部分のツイートが Public streams から取得できているとする報告もある（Morstatter et al., 2013）．ただし，この報告は 2011 年 12 月〜2012 年 1 月にかけてのデータを収集した際のものであり，これ以降に仕様が変更されている可能性もある．また，Campan et al. (2018) によれば，ジオタグ付きツイートデータに限定した分析ではないものの，2018 年 6〜7 月にかけてのキーワードによるフィルタリングにおいては，Public streams API を通して比較的多くのデータを取得できているが，キーワードとして指定した語や現象が流行するなどして，ツイート数が大幅に増加すると，収集できないツイートも発生していた．

このように，Public streams から取得できるツイート全体に関しては，Firehose などとの比較から，その網羅性や代表性に関する検証がなされてきたが，ジオタグ付きツイートについてはそれほど十分ではない．特に，5節で示すように，ツイートに付与されるジオタグ自体が大きく変化していることから，何らかの仕様変更によって，データには偏りが存在している可能性もある．ただし，この点について検証した事例は管見の限りはみられず，疑問を完全に払拭することは難しい．

次に，筆者が 2012 年 2 月以降に収集してきた日本国内のジオタグ付きツイートデータについて，その代表性などについて整理する．ジオタグ付きツイートの総量については不明であり，全体に対する割合はわからないが，日本国内で発信されたツイート数については，ツイッタークライアントである「ついっぷる」を提供してきたビッグローブが集計，公表してきた．残念ながら 2014 年 5 月を最後に集計されていないため，2014 年 5 月のツイート数 26 億 324 万件[3]を母数と考える．同じ月の日本国内のジオタグ付きツイート数は 10,327,869件であり[4]，日本国内で発信されたツイートの 0.4％ということになる．Public streams を通して全体の1％（約 2,600 万件）が提供されると考えれば，その4割程度がジオタグ付きツイートとして収集できていることになる．0.4％という数字は非常に低

く，ツイートデータ全体を代表するものと考えることは困難である．一方，ジオタグ付きツイートとしては，ツイート全体の4割程度にジオタグが付与されているとは考えにくく，1%よりも高い割合で，Public streams から収集できているものと考えられる．Morstatter et al.（2013）と同様に，ある程度の割合のジオタグ付きツイートが収集できている可能性もある．

一方，日本国内のユーザー数については，ツイッター社の日本法人であるツイッタージャパン社が事業説明のための資料として公開していることがあり，2015 年 12 月の月間アクティブユーザー数は 3,500 万人とされている[5]．同月のジオタグ付きツイートからユーザー数を求めると，ポリゴンのジオタグ付きツイートについては 342,810 であり，1% 弱ということになる．

現状としては，ジオタグ付きツイートの分析を主目的にした場合については，分析可能な十分な量のツイートを Public streams から収集できており，データそのものの代表性や妥当性には特に問題がないものといえる．一方，ジオタグ付きツイートのみの分析を通じて，ツイート全体の分析を行うとなると，代表性に疑問が生じてしまうことから，そのような視点からの分析には適さない．また，同様に，社会全体，文化全体を把握するという目的で利用することも難しい．ジオタグ付きツイートを通して把握できるのは，ツイッター利用の状況や社会，文化の一端のみであることを常に念頭に置きながら分析し，

利活用する必要があろう．

3.3 ツイッターユーザーの属性

2017 年 11 月に，13 〜 69 歳の全国の 1,500 人を対象として実施された，総務省情報通信政策研究所による「情報通信メディアの利用時間と情報行動に関する調査」の結果によれば，調査対象者全体でのツイッターの利用割合は 31.1% であり，男性は 32.9%，女性は 29.3% である．2018 年 10 月の日本の総人口 1 億 2,622 万人に対して，日本国内における同月の月間アクティブユーザー数が 4,500 万人[6] であることから，総人口の 35.7% がツイッターユーザーとなり，おおむねこの調査結果は正しいものと考えられる．

同調査からツイッターの年齢階級別利用割合（各年齢階級別調査対象者に占める利用者の割合）をみると図 3.1 のようになる．10 歳代，20 歳代では 3 分の 2 以上が利用している一方，年齢が上がるにつれて利用割合は低下する．また，若年ほど男性の利用割合のほうが高く，40 歳代，50 歳代では女性のほうが高い．年齢階級別の割合からも容易に推測できるように，就業形態別にみた利用者の割合では，学生で非常に高くなっている（表 3.1）．また，利用者のうち，パソコン・タブレットから投稿する割合は，どの就業形態でもそれほど高くはないものの，スマートフォン・携帯電話から投稿する割合は，学生・生徒が 61.0% であるのに対し，フルタイム，パー

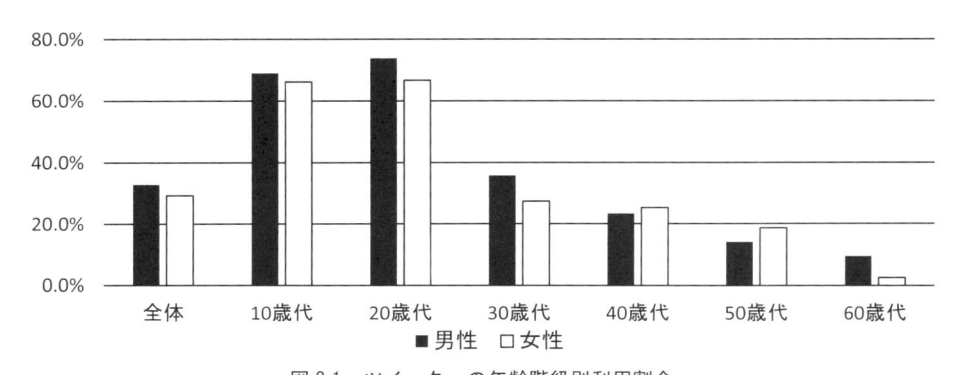

図 3.1　ツイッターの年齢階級別利用割合
資料：総務省情報通信政策研究所「情報通信メディアの利用時間と情報行動に関する調査」

表 3.1　就業形態別のツイッター利用割合と使用機器別投稿者の割合

就業形態	ツイッター利用割合	ツイッター利用者のうち	
		パソコン・タブレットからの投稿者の割合	スマートフォン・携帯電話からの投稿者の割合
フルタイム	31.0%	12.3%	29.5%
パート，アルバイト	25.2%	8.7%	29.0%
専業主婦 (夫)	14.2%	4.5%	13.6%
学生・生徒	70.7%	11.0%	61.0%
無職	9.3%	30.0%	20.0%

※使用機器別の投稿者の割合には複数回答も含まれる.
資料：総務省情報通信政策研究所「情報通信メディアの利用時間と情報行動に関する調査」

ト・アルバイトで 30%弱となっており，投稿する頻度が高いのは学生・生徒であると考えられる．ただし，調査対象としての学生・生徒は全体の 11.1%であり，学校基本調査による 2018 年 5 月時点の在学者数[7] が総人口に占める割合も 8.3%であり，学生・生徒の投稿頻度が高いといっても，ツイートデータ全体からみた，学生・生徒による投稿の割合は必ずしも高くならないと考えられる．とはいえ，世代としては 10 ～ 30 歳代の利用者が多く，「若者」による投稿がツイートデータの中心を占めていることは明らかである．

ところで，ツイッターのアカウントを作成する際に必要な情報は，名前と電話番号またはメールアドレスのみであり，名前については本名である必要性もない．もちろん，ユーザーの情報として，メールアドレスや電話番号が他のユーザーに閲覧されることはないため，ユーザー名が表示されるものの，ツイート内容やプロフィールとして自らが積極的に情報を開示しない限りは，匿名性は守られることになる．この匿名性のために，収集したツイートデータから，ユーザーの属性を把握することは難しくなっている．ユーザーは，ユーザー名のほかに，「自己紹介」と「場所」，「誕生日」を表示することができるが，自己紹介については特にフォーマットがなく，場所についても必ずしも居住地ではないうえに，実在する住所情報であるかどうかも確認できない．誕生日については，年齢が把握できるものの，年を非表示にすることもできる．また，日本では，ユーザー名や表示する名前として，本名を利用する例は少な

いと考えられ，公開されているユーザーの情報から，ユーザーの属性を推定することは難しい．

実名ユーザーの割合が比較的高いとされるイギリスにおいては，姓名と年齢，出身地，民族などに関する総合的なデータベースを構築したうえで，ユーザー名から属性を推定しようとした試みもある（Longley et al., 2015）．また，「自己紹介」欄の情報などを活用して，年齢や職業，社会階層を推定することも試みられている（Sloan et al., 2015）．しかし，実名ユーザーが少ない日本においては，このような手法の導入は容易ではない．

また，4 章で紹介するユーザーの居住地推定も属性を把握するための試みの 1 つといえる．居住地が推定できれば，そのユーザーが居住者か非居住者かを判定でき，例えば，方言の分析を行う際，居住者による使用なのか，非居住者による使用なのかで，分析結果の解釈が変わってくる．また，行動分析を行う際にも，居住者ユーザーの行動パターンと観光客ユーザーの行動パターンを区別でき，観光客ユーザーのなかでも，東京在住ユーザーと大阪在住ユーザーとでどのように行動が違うのかなど，より高度な分析を展開できるようになる．

ツイッターユーザーの属性が不明であることは，2 節の代表性の議論とも関係する．ツイッターユーザーが全人口を万遍なく代表するのであれば，分析結果を，社会全体での現象として捉えることも可能であるが，特定の世代や社会階層のみを代表するのであれば，分析可能な現象も限られてくることになる．2 節と同様に，ジオタグ付きツイートデータは，

ツイッターを使う人々という限られた集団の意見や行動の分析ができる資料であることを改めて理解しておく必要がある.

3.4　ジオタグをツイートに付与する場面

さて，ツイッターユーザーがツイートをする際に，ジオタグを付与するのはなぜだろうか．Tasse et al.（2017）によれば，意識的にジオタグを付けてツイートする場合の目的として，自分が素晴らしい場所（cool place）にいることを知らせるため，家族や友人に近況を知らせるためといった回答が多く，Foursquare のように一般的なソーシャルネットワーキングサービスでのジオタグ付与の動機と同様の理由が確認できたとしている．また，家から離れた地域や訪問回数が少ない地域でジオタグを付ける傾向も確認されており（Tasse et al., 2017），居住地以外への旅行時にジオタグが付与されやすいものと考えられる.

表 3.2 は,日本国内における 2015 年 10 月にツイートされたポリゴンのジオタグ付きツイート数について，市区町村別に集計したものであり，2015 年 10 月 1 日現在の人口 1 千人あたりのツイート数の多い

表 3.2　人口 1 千人当たりツイート数の多い上位 30 市区町村

市区町村（ジオタグ）	月間ツイート数 （2015 年 10 月）	人口 （2015 年 10 月 1 日）	人口 1 千人当たり ツイート数
北海道 島牧村	7,011	1,499	4,677.1
東京都 千代田区	71,615	58,406	1,226.2
沖縄県 北大東村	706	629	1,122.4
東京都 中央区	137,018	141,183	970.5
大阪府 大阪市 福島区	41,015	72,484	565.8
大阪府 大阪市 中央区	43,332	93,069	465.6
北海道 積丹町	942	2,115	445.4
大阪府 大阪市 北区	53,496	123,667	432.6
愛知県 名古屋市 中区	35,809	83,203	430.4
東京都 渋谷区	91,162	224,533	406.0
香川県 直島町	1,184	3,139	377.2
大阪府 大阪市 浪速区	26,070	69,766	373.7
大阪府 大阪市 此花区	24,338	66,656	365.1
沖縄県 与那国町	663	1,843	359.7
東京都 新宿区	108,994	333,560	326.8
大阪府 大阪市 西区	28,623	92,430	309.7
北海道 鷹栖町	2,087	7,018	297.4
島根県 西ノ島町	889	3,027	293.7
茨城県 大洗町	4,738	16,886	280.6
兵庫県 神戸市 中央区	37,914	135,153	280.5
沖縄県 恩納村	2,863	10,652	268.8
沖縄県 北谷町	7,276	28,308	257.0
愛知県 名古屋市 中村区	33,743	133,206	253.3
和歌山県 高野町	827	3,352	246.7
沖縄県 嘉手納町	3,369	13,685	246.2
福岡県 福岡市 中央区	45,808	192,688	237.7
京都府 京都市 中京区	25,930	109,341	237.1
東京都 港区	57,234	243,283	235.3
大阪府 大阪市 天王寺区	17,472	75,729	230.7
鹿児島県 知名町	1,407	6,213	226.5

※都道府県名と市区町村名の組み合わせに誤りが含まれるジオタグと，福島県の一部のジオタグは除外した.

上位 30 市区町村を示している．東京都千代田区や大阪市中央区，名古屋市中区など，多くの人々が集まる大都市の都心に位置する市区町村が上位に入っている．加えて，香川県直島町や北海道鷹栖町，茨城県大洗町，沖縄県恩納村など，人口規模が小さく，中心性の高い都市機能を有していないものの，多くの観光客を惹きつける観光地のある市区町村も上位に入っている．なお，大阪市此花区も大都市の区であるものの，大規模なアミューズメント施設が立地しており，大きな観光地の存在がツイート数を増加させていることは明らかである．さらに，表 3.2 に示した 30 位以内には入らないものの，関西国際空港がある大阪府泉佐野市，田尻町，忠岡町でも多く，大きな空港やターミナル駅が位置する地域においても，旅行者が出発・到着する際にジオタグを付与する例が多いものと考えられる．反対に，郊外に位置し，中心性が低い市区町村は，夜間人口の割にツイート数が少なく，名古屋市北区は 1 千人あたり 25.3 ツイート，千葉市緑区は同じく 31.9 ツイートなどとなっている．

一方で，ツイッタークライアントの設定に気付かないまま，ジオタグを付与してしまうケースも一定数みられるなど（Tasse et al., 2017），必ずしも特定の場所を知らせるためだけに用いられているわけではない．実際，2015 年 10 月の日本国内においてツイートしたユーザーの月間ツイート数を集計し，ツイート数が多い順に示した図 3.2 を見ると，最大のユーザーで 15,404 ツイートであり，1 時間当たりに換算すれば 20.7 ツイートとなる．このユーザーについては極端な例であるものの，1 日当たり 1 ツイートとした場合，10 月の 31 日間で 31 ツイート以上をツイートしたのは 72,794 ユーザーであり，この月のユーザー数 314,686 ユーザーの 23.1 ％を占めている．観光地や何らかの飲食店など，日常生活から離れた場所に赴く機会が毎日 1 回あることは少ないと考えられ，そのようなユーザーが全体の 4 分の 1 弱存在していることは，位置情報の付与をオフにすることを忘れたままジオタグを付与し，必ずしも場所を知らせるためだけにジオタグを使っていないユーザーが相当数存在していることを示唆している．このように，無意識的なジオタグの付与が行われていることで，何気ない会話にもジオタグが付与されることになり，オンライン上の言語表現に関する方言などの研究にも活用できるようになっている．

どのような場面でツイッターユーザーがジオタグを付与するのかはある程度明らかになってきているが，どのような人々がジオタグを付けるのか，という点については，前節でも示したように，ユーザーの属性が十分には明らかになっていないこともあり，いくつかの実験的な試みがなされている．Sloan and Morgan（2015）では，イギリスで適用した Sloan et al.（2015）などの属性の推定手法を応用して，全世界のユーザーの性別や年齢，教育水準，使用言語を求め，どのような属性の人々がジオタグを付与するのかについて明らかにされている．こ

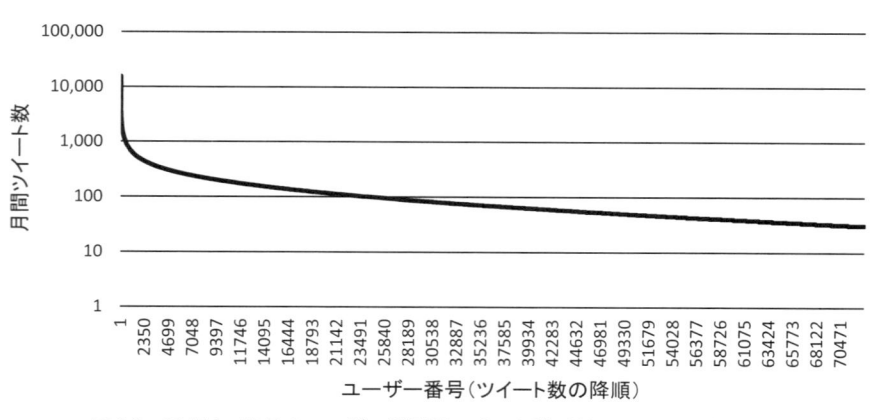

図 3.2　2015 年 10 月のユーザー別月間ツイート数（31 ツイート以上のみ）

れによれば，性別や年齢，教育レベルの違いにおいては，ジオタグを付与するかしないかの差はそれほど大きくはないが，ツイート本文の言語やインターフェースとして利用している言語においては，ジオタグを付けるかどうかに大きな差が存在していることが示されている．そのなかで，日本語をインターフェースに用いるユーザーは，30.6%が位置情報を付与できる状態にして利用しているものの，実際にジオタグを付与するのは0.8%に過ぎず，韓国の0.3%よりは高いが，英語の3.4%，トルコ語の8.8%と比べて低い（Sloan and Morgan, 2015）.

ジオタグ付きツイートを投稿するのは，主に自分が今いる場所を知らせたいという欲求からであるため，自宅などよりも移動先のジオタグを付けることが多く，多くの人々が集まる大都市や観光地において，ジオタグ付きツイート数は相対的に多くなる．反対に，居住地以外への移動の目的地とはなりにくい大都市圏の郊外などでは，ジオタグ付きツイート数は相対的に少なくなる．このような人々の動きと地理的特徴の関係を考慮しながら分析する必要がある．一方で，言語ないしは，そこから想定される国によっては，何らかの文化的・政治的な要因からジオタグを付与するケースが少ないことが指摘されている（Sloan and Morgan, 2015）．したがって，例えば，ジオタグ付きツイートデータを利用して，言語別の外国人観光客の行動を把握しようとするとき，言語ごとのユーザー数の違いのみをもって，特定の言語，国の観光客が多いか，少ないかという議論を進める

ことは難しく，国籍別観光客数などを用いながら補正する必要がある.

3.5　データの時系列的安定性

筆者は，2012年2月からPublic streamsを通して，日本全国を含む矩形の範囲内[8]についてジオタグ付きツイートを収集してきた．収集しているツイート数は，ポイントのジオタグのもの，ポリゴンのジオタグのものを合わせて，2018年9月までで約7億3,468万件[9]である．図3.3は日本国内におけるジオタグ付きツイートの件数の月別推移を示している．Public streamsを通して取得できるのは全体の1%であり，サービスの拡大，普及によって全体のツイート数が増加するにつれて，収集できたツイート数も年々増加してきた．2014年には1千万件を超え，ピークである2015年8月には約1,521万件に達した．2017年1月を最後に，1千万件を下回っており，同年2月以降は月間約800万件前後で推移している.

増加傾向を示してきたことは，それまでツイート数が十分ではなかった地域でも様々な分析が可能になるというメリットがある一方，時系列変化の分析を難しくするデメリットもある．特定の地域でイベントなどがあり，ツイート数ないしはユーザー数が増加したとき，ツイート数がそもそも全国的に増加傾向にあれば，総数としてのユーザーが増えたのか，あるいは，訪問するユーザーが増えたのかを区別す

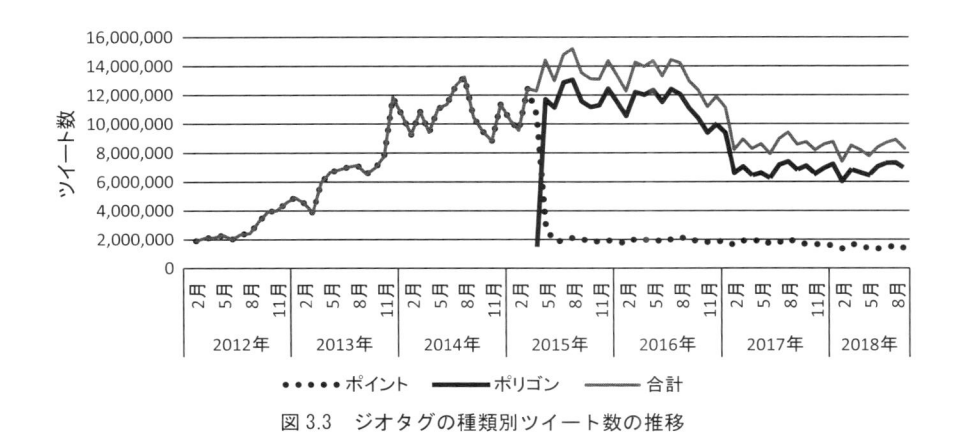

図3.3　ジオタグの種類別ツイート数の推移

ることは難しい．このような場合，4 章で示すような方法でユーザーの居住地を推定したうえで，居住地ごとのユーザー数やツイート数の増加率を算出してから，変化量を補正するなどの対応が必要になる．

　一方で，図 3.3 をみれば，ポイントとポリゴンのツイートの内訳が，2015 年 4 月を境に大きく変化している．これは，ツイッター社によってツイートに付与するジオタグの変更が行われたためであり（Tasse et al., 2017），チェックインサービスを提供する Foursquare Labs 社とのパートナーシップを契機として行われた．ツイッター社は，経緯度の座標値で示された特定の位置（ポイント）ではなく，特定の場所（プレース（＝ポリゴンのジオタグ））でのユーザーの体験に注目したいと考え，「プレースの情報が常にツイートに関連付けられるようになり，座標の情報は時々ツイートに関連付けられるように」なった[10]．その結果，日本国内のジオタグ付きツイートのうちのポイントとポリゴンのジオタグのツイート件数の比は，変更前におおむね 15 〜 19：1 であったのに対し，変更後は 0.2 〜 0.3：1 へと大きく変化した．変更がなされた 2015 年 4 月から 5 月にかけての日単位でのツイート数の推移をみると，4 月 27 日・28 日を境に，ポ

イントのジオタグ付きツイート件数の激減と，ポリゴンのジオタグ付きツイート件数の急増を確認できる（図 3.4）．

　付与されるジオタグの変更によって，ポイントのジオタグ自体の性質はどのように変化したのだろうか．ツイートに利用されたアプリの情報からアプリ別の構成を集計すると，2015 年 3 月の約 1,276 万件の日本国内でのポイント単位のツイートのうち 57.8％が iPhone 用の公式ツイッターアプリから投稿され，次いで Android 用の公式ツイッターアプリから 26.1％が投稿されていた（表 3.3）．Foursquare を経由したツイートは全体の 6.2％であった．ジオタグの変更後の 2015 年 5 月では，約 308 万件の日本国内でのポイント単位のツイートのうち，最多は 27.8％の Foursquare を通したものであり，iPhone 用，Android 用の公式ツイッターアプリからのツイートは合わせて 40.9％に過ぎず，割合は半減している．Foursquare を通したツイートの割合は大きく上昇しているが，2015 年 3 月は約 79 万件，2015 年 5 月は約 86 万件であり，増加の程度は小さい．スマートフォン上の公式ツイッターアプリからのツイートの減少により，Foursquare の割合が高まっていることになる．三重県の伊勢志摩地域[11] に限定すれば，

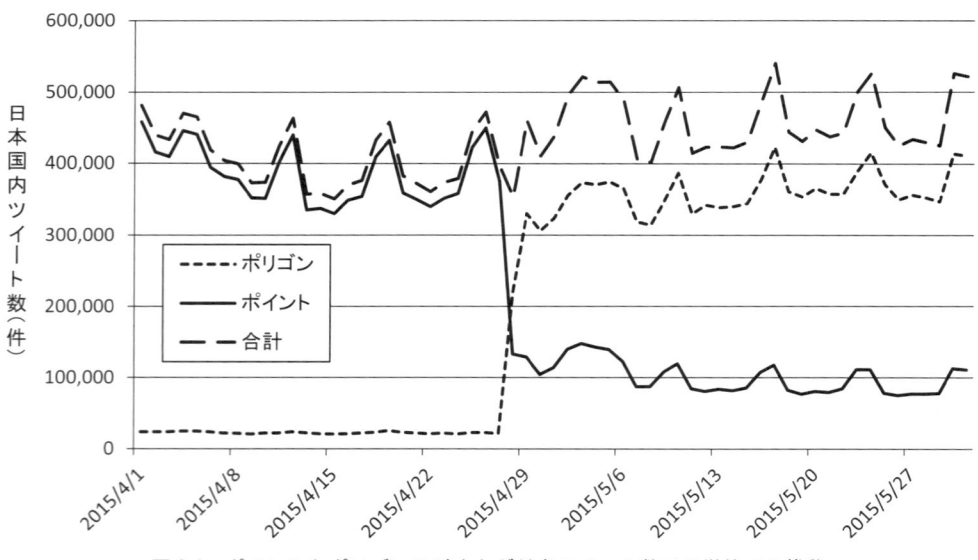

図 3.4　ポイントとポリゴンのジオタグ付きツイート数の日単位での推移
（2015 年 4 月〜5 月）

表 3.3　2015 年 3 月・5 月の主要アプリ別ツイート数（日本国内および伊勢志摩地域）

		日本国内		うち伊勢志摩地域	
		2015 年 3 月	2015 年 5 月	2015 年 3 月	2015 年 5 月
iPhone 用	件数	7,373,807	634,315	15,440	1,291
ツイッターアプリ	割合	57.8%	20.5%	61.2%	25.9%
Android 用	件数	3,329,294	628,986	7,457	1,622
ツイッターアプリ	割合	26.1%	20.4%	29.6%	32.6%
Foursquare	件数	792,448	858,386	1,025	888
	割合	6.2%	27.8%	4.1%	17.8%
その他のアプリ	件数	1,264,855	965,884	1,312	1,174
・サービス経由	割合	9.9%	31.3%	5.2%	23.6%
全体	件数	12,760,404	3,087,571	25,234	4,975
	割合	100.0%	100.0%	100.0%	100.0%

2015 年 3 月は類似した傾向を示すものの，2015 年 5 月の Foursquare が占める割合は日本国内全体のものより低い傾向にあった．Foursquare 上で示すことのできる POI の網羅性や Foursquare の利用率が地域によって異なると考えられ，ポイントからポリゴンへの付与されるジオタグの変更の影響は，地域によって異なる可能性がある．

　ジオタグ付きツイートは，ツイッターのサービスの普及とともに，その件数を大きく増加させてきた．件数の増加は，様々な分析を可能にする反面，時系列的変化の分析の障害にもなり，特に件数が増加してきた 2015 年までのデータを活用する際は，増加による影響を考慮しながら分析する必要がある．一方，2015 年 4 月下旬にツイッター社が付与するジオタグの種類を変更したことにより，ポイントのジオタグが大幅に減少し，ミクロなスケールでの分析を難しくしている．加えて，スマートフォンからの投稿の割合が低下しており，付与されるジオタグの性質自体に変化が生じていることにも注意が必要である．

3.6　データの地理的バイアス

　4 節で示したように，大都市の中心部や観光地で多いなど，人口分布と比較して，ジオタグ付きツイートの空間分布には一定の偏りが生じている．
　Malik et al.（2015）は，アメリカ合衆国本土に

おけるジオタグ付きツイートから，2010 年の国勢調査で使用される小地域単位のユーザー数を求め，社会経済的指標と比較した．その結果として，ジオタグを付けるユーザーはアメリカ合衆国人口を代表するものではなく，若いユーザー，高収入のユーザー，都市域に住むユーザーへの偏りがみられ，ヒスパニック・ラテン系ユーザー，黒人ユーザーへの偏りも見られた（Malik et al., 2015）．日本においても，3 節で触れた「情報通信メディアの利用時間と情報行動に関する調査」によれば，ツイッターユーザーは若年層に多いだけでなく，高学歴者に多く，大都市居住者で若干多い傾向が読み取れる（図 3.5・図 3.6）．

　日本国内におけるジオタグ付きツイートのユーザーはどのような偏りを示すのであろうか．ここでは，最も単純な方法で居住地を推定し，居住地別にユーザー数を集計して，その分布について検討する．
　ユーザーの居住地を推定する最も簡便な方法は，最も多く投稿した地域を居住地とするものである．ただし，その地域をどのような空間単位で捉えるかによって居住地は変動してしまう．例えば，ツイートは，自宅やその近接地域だけでなく，従業地への通勤途上や従業地，帰路の乗換駅など，日常生活における様々な地点で行われる．そのため，市区町村のような単位ではなく，生活圏を含めた都市圏単位で居住地の推定を行うほうがよい．代表的な都市圏の定義として，総務省による大都市圏・都市圏と，

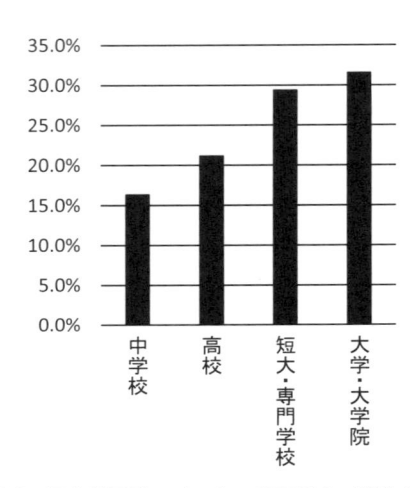

図 3.5　最終学歴別ツイッター利用割合（学生を除く）
資料：総務省情報通信政策研究所「情報通信メディアの利用時間
　　　と情報行動に関する調査」

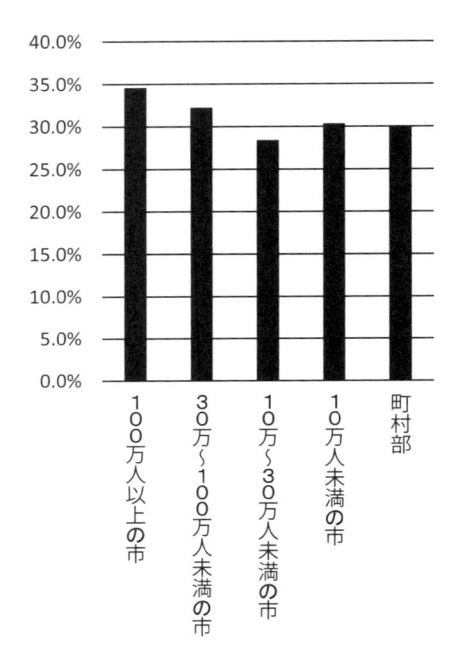

図 3.6　居住都市規模別ツイッター利用割合
資料：総務省情報通信政策研究所「情報通信メディアの利用時間
　　　と情報行動に関する調査」

金本らによる大都市雇用圏（MEA）[12] とがある．
前者はより広域的であり，圏域の数も少ないことか
ら，ここでは 2010 年の国勢調査結果に基づく後者
を用いる．MEA が設定されていない地域について
は 2010 年 10 月 1 日の国勢調査時点の市町村を用い
る．ここで用いるジオタグ付きツイートは，2012
年 4 月から 2015 年 3 月までのポイントのジオタグ
付きツイートである．

　分析対象のユーザー数は約 303 万であり，彼ら
のツイート総数は約 2 億 6,585 万件である．居住
地と判定された MEA 別にユーザー数を集計する
と，最も多い東京 MEA が 924,236 ユーザーであり，
大阪 MEA の 284,294，名古屋市・小牧市 MEA の
106,812 と続いている（表 3.4）．ユーザー数の多い
上位 10 の MEA のうち，国勢調査による 2010 年の
常住人口 1,000 人当たりのユーザー数が日本全国の
23.7 を上回るのは，東京 MEA と京都市 MEA であ
り，名古屋市・小牧市 MEA，神戸市 MEA などは
全国の値を下回っている．ユーザーの居住地は全体
として東京大都市圏に偏った分布を示している．ま
た，大学が集中する京都市 MEA については，常住
人口 1,000 人当たりのユーザー数が 27.1 を示し，東
京 MEA を上回っている．

　次に，観光客実態調査が行われている三重県伊勢
市に注目して，実際の観光客の居住地別構成とジオ

タグ付きツイートのユーザーの居住地別構成を比較
し，居住地分布の偏りについて検討する．

　伊勢市のウェブサイトに詳細な資料が公開されて
いる 2015 年の観光客実態調査の結果 [13] から，都
道府県別に集計された伊勢市以外に居住する観光客
の居住地別構成をみると，愛知県（19.8%），三重
県（14.7%），大阪府（12.4%），東京都（7.1%）の
順に続いており，地元や近隣の大都市圏からの訪問
が多いことがわかる．一方，2012 年 4 月から 2015
年 3 月に伊勢市で投稿したユーザーの居住地別構成
をみると，伊勢市 MEA に居住するユーザー（3,515）
を除いた 21,379 ユーザーのうち，東京 MEA が最
も多い 5,348（25.0%），大阪 MEA が次いで 4,095
（19.2%），名古屋市・小牧市 MEA が 3,213（15.0%）
となっており，集計空間単位の違いを考慮しても，
東京 MEA や大阪 MEA への偏りが大きいものと考
えられる（表 3.5）．

　日本においても，ジオタグ付きツイートにおける
ユーザーの居住地は，常住人口に対する比率，実際
の観光客の居住地別構成のそれぞれと比べても，大
都市圏，特に東京への一定の偏りが存在しているこ

表 3.4 居住ツイッターユーザー数上位 10 の大都市雇用圏（MEA）

大都市雇用圏 （MEA）	居住ツイッター ユーザー数	常住人口 1,000 人当たり 居住ツイッターユーザー数
東京	924,236	26.5
大阪	284,294	23.2
名古屋市・小牧市	106,812	19.5
京都市	72,636	27.1
福岡市	53,890	21.6
札幌市・小樽市	50,784	21.7
神戸市	43,853	18.0
仙台市	37,146	23.6
前橋市・高崎市・伊勢崎市	25,769	17.7
広島市	25,285	17.9
日本全国	3,037,312	23.7

資料：2010 年大都市雇用圏統計データ

表 3.5 伊勢市に訪問経験のあるツイッターユーザーの主要
居住大都市雇用圏（MEA）

大都市雇用圏 （MEA）	居住ツイッター ユーザー数	割合
東京	5,348	25.0%
大阪	4,095	19.2%
名古屋市・小牧市	3,213	15.0%
津市	1,624	7.6%
京都市	1,141	5.3%
その他	5,958	27.9%
伊勢市以外の合計	21,379	100.0%
伊勢市	3,515	-

とは明らかである．ジオタグ付きツイートを用いて何らかの地域差に関する分析を行う際は，この地理的バイアスに留意しながら作業を進める必要がある．観光行動の分析を例にすれば，ユーザーの居住地ごとに観光行動の分析を行うことで，このバイアスの影響を抑えることができる．一方で，観光の目的地ごとに，どの地域に居住するユーザーが多いかという視点から居住地別の構成比を求めるような分析は，この偏りの大きな影響を受けてしまう．居住地ごとの総数ではなく，全体の総数に対する居住地別の割合や内訳について言及する場合は，観光客の実態調査の結果などに基づいて補正を行う必要がある．補正する基準となるデータがない場合は，常住人口や，ユーザーの居住地分布より相関関係の強い別の指標を用いて補正するとよいだろう．

3.7　ツイートデータと社会

ツイートにジオタグを付与するには，その場所の位置情報を取得する必要があり，多くの場合，スマートフォンや携帯電話で位置情報を取得することになる．GPS 受信機が普及するまでは，携帯電話網の基地局の情報をもとにした位置情報が取得されていた．日本では，2007 年 4 月からすべての携帯電話に GPS 受信機を搭載することが義務付けられ[14]，以降は，GPS による従来よりも正確な位置情報がジオタグとして付与されるようになった．GPS 受信機搭載の義務化は，警察や消防等への通報時に，通報者の位置情報が通知されるようにすることを目的としている[15]．一方で，2017 年の最高裁判決では違法と判断されたものの[16]，携帯電話などに搭載された GPS は犯罪捜査にも利用されるようになっており，結果論としては，「監視」にも利用されるようになっている．

ジオタグ付きツイートデータは，ツイッターそのものの普及とともに，義務化された GPS の搭載という環境下で，データ量を増やしてきた．すなわち，社会の様々な現象をリアルタイムに観測できるセンサーのログであるだけでなく，監視の結果のログでもある．ジオタグ付きツイートデータは，他の SNS データや OpenStreetMap（OSM）などとともに，新しく登場した VGI（自発的地理情報）の一種として，議論の対象になってきた（Sui et al., 2013）．し

かし，これらがすべて"自発的"（volunteered）に提供されたものかどうかについて，疑問を呈する研究者もいる．Harvey（2013）は，事前にユーザーの承諾を得て情報を収集する"オプトイン"を自発的であるVGI，承諾なしに情報を収集してユーザーからの求めがあれば停止する"オプトアウト"を寄与的であるCGI（Contributed Geographic Information）とし，OSMのようなデータはVGIであるものの，携帯電話の追跡システムやRFIDによる交通カードのデータはCGIであるとした．Harvey（2013）は，ジオタグ付きツイートデータは，オプトインによって自発的に位置情報を提供することができるため，VGIに分類しているが，4節で示したように，ジオタグの付与を無意識的に行っている例も一定数あると考えられ，CGIである側面も有するものと考えられる．

ツイートデータを研究活用する際，研究者は，プライバシーの保護に配慮する必要があり，過度に詳細な分析を行い，ユーザーを警戒させるようなことがないようにする必要がある．ユーザーの警戒感が広まれば，ジオタグを付与しないようにする動きが広がり，結果としてジオタグ付きツイートデータの量が減少してしまう．場合によっては，位置情報を偽装するアプリを使うユーザーが増え，ジオタグの信頼性が低下することも考えられる．

3.8 まとめ

ジオビッグデータの1つとしてジオタグ付きツイートは注目され，APIを通して誰でも入手できることから，世界中の研究者によって様々な研究が展開されてきたが，データが信頼に足るものなのかについても，同時に議論されてきた．本章では，ややアラカルト的になってしまったものの，ジオタグ付きツイートをめぐる，様々な問題点に関するそのような議論について簡単に整理しつつ，日本国内のジオタグ付きツイートを用いて，日本における状況についてもある程度示すことができた．加えて，指摘されているような問題点に関して，実際の分析上

で，どのように解決，改善するのかについても，可能な範囲で示した．地理情報としてのジオタグ付きツイートデータの分析には，これらの問題点を避けて通ることは難しく，関連する研究動向を踏まえつつ，問題の解消，改善を図っていく必要がある．

文献

Campan, A., Atnafu, T., Truta, T. M. and Nolan, J., 2018. Is Data Collection through Twitter Streaming API Useful for Academic Research? *Proceedings of the 2018 IEEE International Conference on Big Data*: 3638-3643.

Sui, D., Elwood, S. and Goodchild, M. eds., 2013. *Crowdsourcing Geographic Knowledge Volunteered Geographic Information (VGI) in Theory and Practice,* Springer, Dordrecht Heidelberg New York London.

Harvey, F., 2013. To Volunteer or to Contribute Locational Information? Towards Truth in Labeling for Crowdsourced Geographic Information. Sui, D., Elwood, S. and Goodchild, M. eds., *Crowdsourcing Geographic Knowledge: Volunteered Geographic Information (VGI) in Theory and Practice,* Springer, Dordrecht Heidelberg New York London, 31-42.

Longley, P. A., Adnan, M. and Lansley, G., 2015. The geotemporal demographics of Twitter usase. *Environment and Planning A* 47: 465-484.

Malik, M. M., Lamba, H., Nakos, C. and Pfeffer, J., 2015. Population Bias in Geotagged Tweets. *Standards and Practices in Large-Scale Social Media Research: Papers from the 2015 ICWSM Workshop.*

Morstatter, F., Pfeffer, J., Liu, H. and Carley, K. M., 2013. Is the Sample Good Enough? Comparing Data from Twitter's Streaming API with Twitter's Firehose. *Proceedings of the Seventh International AAAI Conference on Weblogs and Social Media*: 400-408.

Sloan, L. and Morgan, J., 2015. Who Tweets with Their Location? Understanding the Relationship between Demographic Characteristics and Geotagging on Twitter. *PLoS ONE* 10 (11): e0142209.

Sloan, L., Morgan, J., Burnap, P. and Williams, M., 2015. Who Tweets? Deriving the Demographic Characteristics of Age, Occupation and Social Class from Twitter User Meta-Data. *PLoS ONE* 10 (3): e0115545.

Tasse, D., Liu, Z., Sciuto, A. and Hong, J. I., 2017. State of the Geotags: Motivations and Recent Changes. *Proceedings of the Eleventh International AAAI Conference on Weblogs and Social Media:* 250-259.

Tromble, R., Storz, A. and Stockmann, D., 2017. We Don't

Know What We Don't Know: When and How the Use of Twitter's Public APIs Biases Scientific Inference. *Working Papers on SSRN*: 1-26.

注

1) https://s22.q4cdn.com/826641620/files/doc_financials/2018/q4/Q4-2018-Slide-Presentation.pdf（2019年2月14日閲覧）.

2) https://japan.zdnet.com/article/35114127/（2019年4月9日閲覧）.

3) https://www.biglobe.co.jp/pressroom/release/2014/06/140609-a（2017年9月15日閲覧）.

4) ボットなどを除いた値. ボットなどを含めると, 11,099,090件となる.

5) https://www.huffingtonpost.jp/2016/02/18/twittet-japan_n_9260630.html（2019年4月9日閲覧）.

6) https://jp.techcrunch.com/2018/12/26/twitter-2/（2019年4月9日閲覧）.

7) 中学校, 義務教育学校, 高等学校, 中等教育学校, 特別支援学校, 専修学校, 各種学校, 大学, 短期大学, 高等専門学校の在学者数の合計値.

8) 東経122.9336111 〜 153.9863889度, 北緯20.42527778 〜 45.55777778度の範囲であり, 日本列島だけでなく, 朝鮮半島の大部分も含んでいる.

9) データベース管理の都合上, ポイントのジオタグについては2012年2月から, ポリゴンのジオタグについては2015年4月からの値の合計である. なお, 内訳は, ポイントのジオタグ付きツイートが約3億5,648万件, ポリゴンのジオタグ付きツイートが約3億7,821万件である.

10) https://twittercommunity.com/t/foursquare-location-data-in-the-api/36065（2017年9月1日閲覧）.

11) 三重県が定める伊勢志摩定住自立圏の範囲であり, 伊勢市, 鳥羽市, 志摩市, 玉城町, 度会町, 大紀町, 南伊勢町, 明和町からなる.

12) http://www.csis.u-tokyo.ac.jp/UEA/（2017年9月13日閲覧）.

13) http://www.city.ise.mie.jp/secure/34591/H27kekkagaiyoukihon.pdf（2017年9月13日閲覧）.

14) https://tech.nikkeibp.co.jp/it/pc/article/NPC/20060925/248858/（2019年3月31日閲覧）.

15) https://tech.nikkeibp.co.jp/it/pc/article/NPC/20060925/248858/（2019年3月31日閲覧）.

16) http://www.courts.go.jp/app/hanrei_jp/detail2?id=86600（2019年3月31日閲覧）.

4章

ユーザー居住地の推定手法

磯田　弦・田中　誠也

4.1　はじめに

　本章では全体の中でも一定量存在するモバイル端末の GPS 機能を利用したジオタグ付きのツイートを用いて，個々のユーザーの居住地を推定する方法を検討する．ジオタグ付きツイートには通常のツイートと同様にユーザー ID と投稿時間のデータも付与されるので，ジオタグ付きツイートを遡ることで，そのユーザーがいつ・どこにいたのかを追うことができる．ユーザーは居住地の近傍でツイートすることが多いため，あるユーザーが最も多くツイートしている場所が特定できれば，そこが居住地であると推定できる．居住地が特定できれば，例えば，旅行先でツイートしたユーザーがどこから来ているかを知ることができ，旅行行動の分析に利用できる．ただし，この例でもわかるように，ユーザーは日常的な生活圏でもツイートするし，旅先などの非日常圏でもツイートする．そのため，居住地を推定するには，非日常圏でのツイートを除いて，最も多くツイートした地点を求める必要があり，工夫を要する．

4.2　手　法

4.2.1　ロバスト推定値

　あるユーザーの居住地を推定する問題は，そのユーザーがツイートしたジオタグの経度・緯度にもとづく 2 次元空間上に配置された点群の最頻値を求めることである．ここで，1 つの点は 1 つのツイートに対応する．一人のユーザーについてそのツイート地点の最頻値を求めるのであれば，点群の 2 次元空間における密度推定を行い，その最大値を求めればよく，地理情報システム（GIS）ではカーネル密度推定などを使って求めることができる．しかし，

非常に多数のユーザーのツイートのカーネル密度をそれぞれ求めるのは現実的ではないため，ここではロバスト推定法を用いてリレーショナルデータベースの演算で最頻値を求める．

　ロバスト推定法とは，分布に外れ値が存在する場合に，その外れ値の影響を極力小さくして，その分布の位置（平均値など）や広がり（標準偏差など）を求める方法である．簡易なロバスト推定法としてよく知られているものとして，トリム平均が知られている．5%トリム平均では分布の上位と下位の 5%のサンプルを取り除いて平均を求めるが，外れ値が存在しかつその外れ値が上位と下位の 5%に含まれる場合には，サンプル全体の平均をとるよりも真の平均に近い平均値を求めることができる．ただし，ここでは外れ値が上位・下位の何%に含まれるかわからないため，別の推定法が必要である．

　最頻値を求めればよいのであれば，何らかの空間的集計単位を仮定して，ユーザーごとのツイート最頻地域を求めてもよい．最頻値も分布の位置についてのロバストな推定値であり，非日常圏でのツイートの影響は除外できる．しかし，適切な空間的集計単位はユーザーの日常生活圏の広さやジオタグ付きツイート数によって異なると考えられ，また空間的集計単位内のどこが最頻値となるかについてはわからない．

　そこで本章では，位置についての M 推定法を用いる．M 推定法では，まずサンプル全体を用いて仮の平均を求め，仮の平均からの乖離にもとづいて重みづけした加重平均を求める．そして，新しい平均からの乖離にもとづいて新たに重みづけをし，より真の平均に近い平均を求める．これを収束するまで繰り返すことにより，外れ値の影響を除去した平均を求める方法である．

　図4.1にツイッターユーザーの居住地を推定する
シナリオに合わせたM推定法の概念図を示した.
図中の点は,あるユーザーがツイートした地点を示
しており,実際には未知である日常におけるツイー
トと旅先でのツイートに色で分類してある.目的は,
日常におけるツイートの中心を求めることであり,
もし日常のツイートが最も空間的にまとまっている
のならば,M推定法で居住地を推定できる.図中
に＋1で示した中心は全データを用いて求めた仮の
中心であるが,この仮の中心からの乖離にもとづい
て加重して求めた中心が＋2である.同様に繰り返
して求めた中心（＋3）は,日常のツイートの中心
となる.

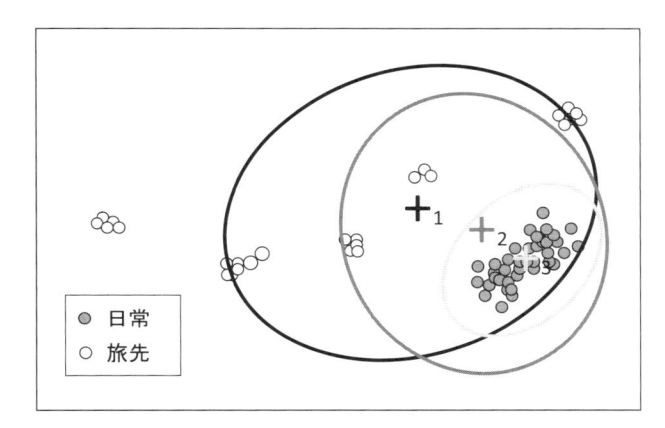

図 4.1　ユーザーの居住地の M 推定法

　なお,重みづけにはカーネル関数が用いられ,
bisquare weight がよく使われるが,これは（仮の）
平均に近い値に大きな重みを,平均からの乖離が
大きくなるにつれ小さな重みをつける関数であ
る.

4.2.2　居住地の推定

　具体的にあるユーザーのツイートの経度成分の平
均のM推定値は次のようになる.ここで,x_{ij}をユー
ザーiのj番目のツイートの経度とするとき,M推
定値はユーザーiの経度の加重平均である.

$$x_i^* = \frac{\sum_j w_{ij} x_{ij}}{\sum_j w_{ij}}$$

　ここで,重みw_{ij}がすべてのjについて1のとき,
上式は重心のx成分となるが,M推定値のうち
biweight estimate と呼ばれるものでは,重みに次を
用いる.

$$w_{ij} = \begin{cases} \left[1 - \left(\dfrac{x_{ij} - x_i^*}{cS_i} \right)^2 \right]^2 & \cdots \left(\dfrac{x_{ij} - x_i^*}{cS_i} \right)^2 < 1 \\ 0 & \cdots \left(\dfrac{x_{ij} - x_i^*}{cS_i} \right)^2 \geq 1 \end{cases}$$

　つまり,ツイートの経度が（仮の）平均と同じ値
の時に最大の重みである1とし,平均から離れる
にしたがって重みを小さくし,平均からcS_i以上離
れている場合には重みを0とする（つまり考慮し
ない）.ここで,cS_iはユーザーごとのツイートの経
度の広がりを表す尺度で,S_iに絶対偏差のメジアン
median absolute deviation（MAD）を用い,$c = 7$と
するとよい推定値が得られることが知られている
（Andersen,　2008: 19）.

$$S_i = median(| x_{ij} - x_i^*|)$$

　以上をみてわかるように,重みw_{ij}を算出するに
は平均のM推定値x_i^*が必要で,平均のM推定値
を算出するには重みが必要である.したがって,平
均のM推定値は繰り返し計算で収束するまで求め
られる.また,繰り返し計算を用いるため,初期値
が不適切であると適切な値に収束しない.そのため,
平均の初期値には平均よりも外れ値の影響を受けに
くいメジアンを用いる.なお,ツイートの緯度の平
均のM推定値も同様にして求めることができる.

　さて,多数のユーザーからなるツイートデータ
のようなビッグデータにおけるM推定にはリレー
ショナルデータベースの集計とテーブル結合を繰り
返して使うのが現実的である.そのアルゴリズムは
以下のとおりである.

　まず,ユーザーごとのM推定値とMADの初期
値の算出はつぎのようにして行う（図4.2）.

(1) ツイートを集計して,ユーザーごとにメジアン
　　を求め,これをM推定値の初期値とする.

(2) ユーザーごとの M 推定値の初期値を，one-to-many で各ユーザーのツイートにテーブル結合する．

(3) すべてのツイートについて，M 推定値の初期値からの絶対偏差を算出する．

(4) ツイートを集計して，ユーザーごとに絶対偏差

(0) 元データ

ユーザー	ツイート	X
1 Aさん	1	x_{11}
1 Aさん	2	x_{12}
1 Aさん	3	x_{13}
…	…	…
2 Bさん	1	x_{21}
2 Bさん	2	x_{22}
…	…	…
3 Cさん	1	x_{31}
3 Cさん	2	x_{32}
…	…	…

(1) 集計して、ユーザーごとのM推定値の初期値を算出

ユーザー	M推定値
1 Aさん	$x_1{}^*$
2 Bさん	$x_2{}^*$
3 Cさん	$x_3{}^*$
…	…

(2) 元データにユーザーごとのM推定値をテーブル結合
(3) 絶対偏差を算出

ユーザー	ツイート	X	M推定値	絶対偏差
1 Aさん	1	x_{11}	$x_1{}^*$	$|x_{11}-x_1{}^*|$
1 Aさん	2	x_{12}	$x_1{}^*$	$|x_{12}-x_1{}^*|$
1 Aさん	3	x_{13}	$x_1{}^*$	$|x_{13}-x_1{}^*|$
…	…	…	…	…
2 Bさん	1	x_{21}	$x_2{}^*$	$|x_{21}-x_2{}^*|$
2 Bさん	2	x_{22}	$x_2{}^*$	$|x_{22}-x_2{}^*|$
…	…	…	…	…
3 Cさん	1	x_{31}	$x_3{}^*$	$|x_{31}-x_3{}^*|$
3 Cさん	2	x_{32}	$x_3{}^*$	$|x_{32}-x_3{}^*|$
…	…	…	…	…

(4) 集計して、ユーザーごとのMADを算出

ユーザー				MAD
1 Aさん				S_1
2 Bさん				S_2
3 Cさん				S_3
…				…

(5) ユーザーごとのM推定値にMADをテーブル結合

ユーザー	M推定値	MAD
1 Aさん	$x_1{}^*$	S_1
2 Bさん	$x_2{}^*$	S_2
3 Cさん	$x_3{}^*$	S_3
…	…	…

図 4.2　M 推定の初期値の算出手順

のメジアン（MAD）の初期値を算出する．

(5) ユーザーごとの MAD 初期値をユーザーごとの M 推定値の初期値にテーブル結合する．

ユーザーごとの M 推定値と MAD の初期値から，繰り返し計算で M 推定値を求めるには次のようにして行う（図 4.3）．

(1) 元データにM推定値とMADをテーブル結合
(2) 重みと絶対偏差を算出

ユーザー	ツイート	X	M推定値	MAD	重み	絶対偏差
1 Aさん	1	x_{11}	$x_1{}^*$	S_1	w_{11}	$|x_{11}-x_1{}^*|$
1 Aさん	2	x_{12}	$x_1{}^*$	S_1	w_{12}	$|x_{12}-x_1{}^*|$
1 Aさん	3	x_{13}	$x_1{}^*$	S_1	w_{13}	$|x_{13}-x_1{}^*|$
…	…	…	…	…	…	…
2 Bさん	1	x_{21}	$x_2{}^*$	S_2	w_{21}	$|x_{21}-x_2{}^*|$
2 Bさん	2	x_{22}	$x_2{}^*$	S_2	w_{22}	$|x_{22}-x_2{}^*|$
…	…	…	…	…	…	…
3 Cさん	1	x_{31}	$x_3{}^*$	S_3	w_{31}	$|x_{31}-x_3{}^*|$
3 Cさん	2	x_{32}	$x_3{}^*$	S_3	w_{32}	$|x_{32}-x_3{}^*|$
…	…	…	…	…	…	…

(3) 集計して、ユーザーごとのM推定値とMADを算出

ユーザー				M推定値	MAD
1 Aさん				$x_1{}^*$	S_1
2 Bさん				$x_2{}^*$	S_2
3 Cさん				$x_3{}^*$	S_3
…				…	…

(4) M推定値が収束するまで、(1)〜(3)を繰り返す

図 4.3　繰り返し計算による M 推定値の算出手順

(1) 各ユーザーのツイートに，ユーザーごとの M 推定値と MAD を one-to-many でテーブル結合する．

(2) すべてのツイートについて，重みを算出し，絶対偏差を算出する．

(3) ツイートを集計して，ユーザーごとに重みで加重平均した M 推定値を求め，絶対偏差のメジアンをとって MAD を求める．

(4) M 推定値が収束するまで (1) 〜 (3) を繰り返す．

　次の節に示す推定では，各ユーザーの緯度と経度の平均の M 推定値（biweight estimate）をそれぞれ算出して，居住地を推定した．テーブル結合と集計はリレーショナルデータベースの基本機能であるため，どのソフトウェアを使ってもできるが，ここではオープンソースの PostgreSQL を用いた．

4.2.3　日常生活圏の推定

ツイートユーザーの居住地が推定できれば，そのユーザーの日常生活圏の範囲を知りたくなる．そのために，分散の M 推定値である biweight midvariance を求めればよい．Biweight midvariance も平均の M 推定値と同様に，平均（のロバスト推定値）から外れたサンプルの重みを小さくして推定する分散であり，次の式で定義される．

$$s_i^{\ 2} = \frac{\sum_j (x_{ij} - x_i^*)^2 (1 - Z_{ij}^2)^4}{\left[\sum_j (1 - Z_{ij}^2)(1 - 5Z_{ij}^2)\right]^2}$$

ここで，Z_{ij} は重みの要素で次のように定義する．

$$Z_{ij} = \begin{cases} \dfrac{x_{ij} - x_i^*}{cS_i} \cdots \left(\dfrac{x_{ij} - x_i^*}{cS_i}\right)^2 < 1 \\[4mm] 0 \qquad \cdots \left(\dfrac{x_{ij} - x_i^*}{cS_i}\right)^2 \geq 1 \end{cases}$$

ここで，S_i には平均の M 推定値と同様に MAD を用いるが，c は 9 が用いられる（Andersen, 2008: 23）．そして，日常生活圏の閾値として 2 標準偏差を用いるなどして，ツイートされた地点がそのユーザーの日常生活圏に含まれるか否かを判定することができる．

この章では，日常生活圏の推定結果は割愛するが，7 章では本章で説明した方法を用いて，旅行先でのツイート，つまりそのユーザーが日常生活圏外でツイートした場所についての分析例が示されている．

4.3　ツイッターユーザーの居住地

4.3.1　ユーザーの居住地の空間的分布

2012 年 2 月〜 2014 年 11 月（2 年 9 か月）間の日本付近のジオタグ（経度・緯度）付ツイートのうち，モバイル端末から 10 ツイート以上発信しているユーザー約 41 万ユーザーの約 1 億ツイートにもとづいて，各ユーザーの居住地を推定し，その空間

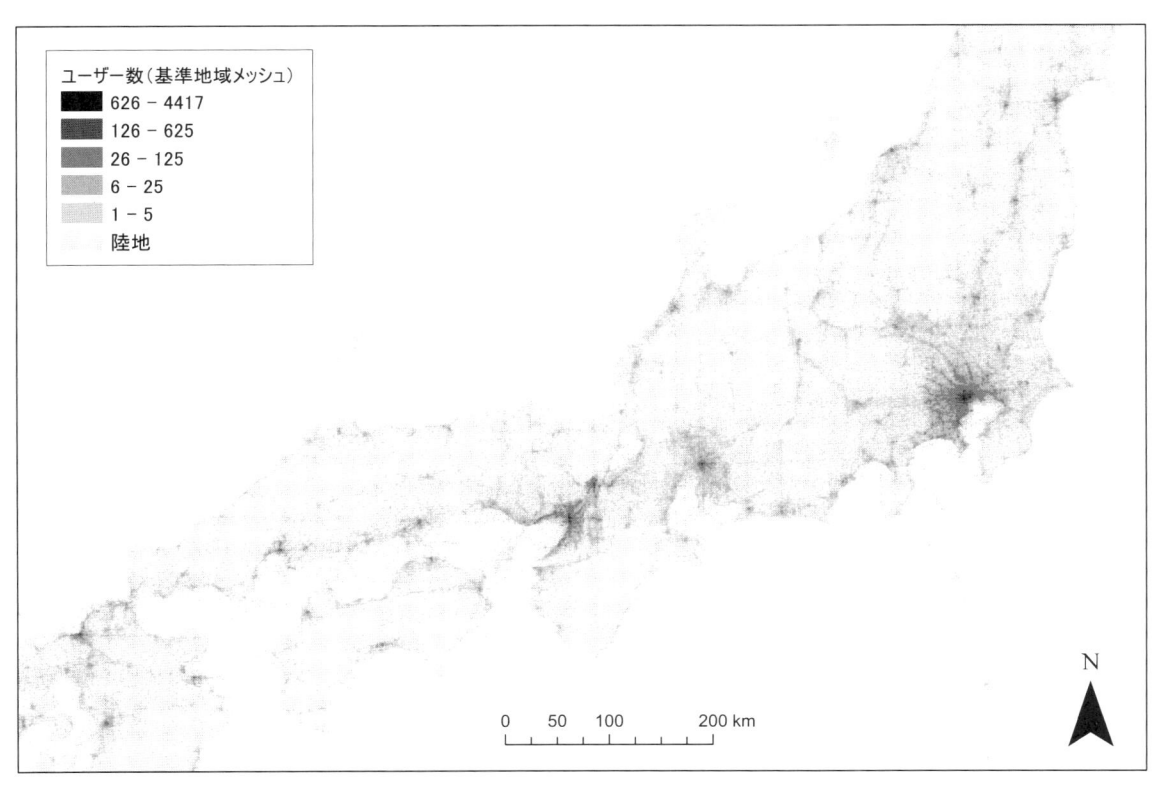

図 4.4　ユーザー居住地の推定結果（基準地域メッシュ別のユーザー数）

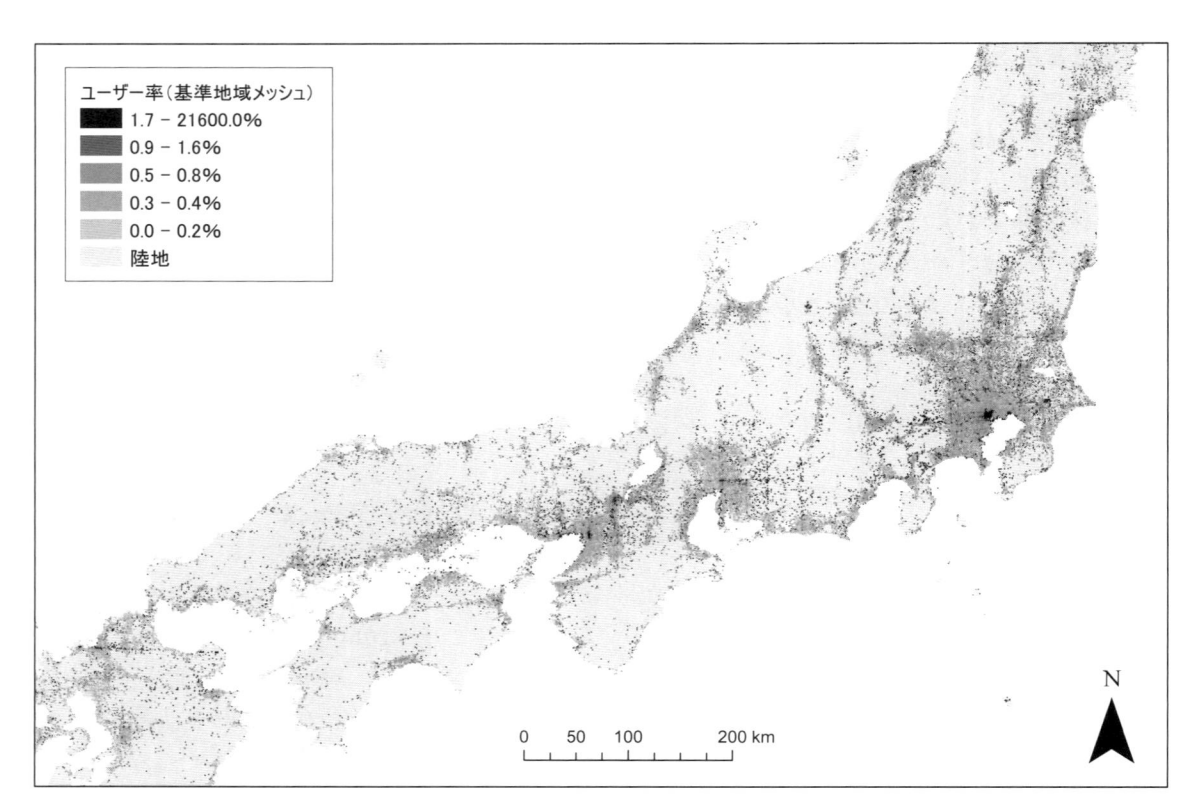

図 4.5　総人口に対するユーザー率（基準地域メッシュ単位）

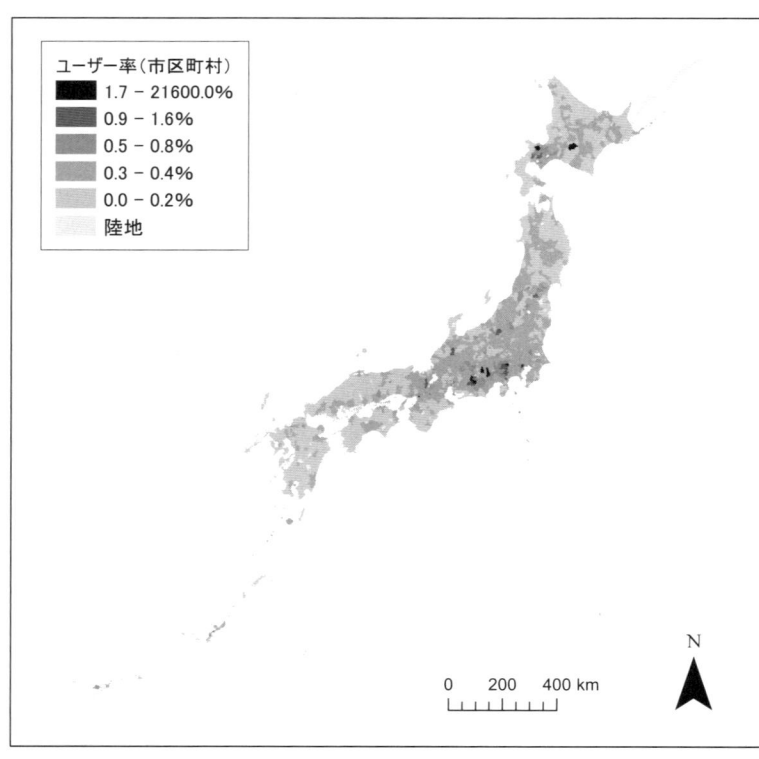

図 4.6　総人口に対するユーザー率（市区町村単位）

的分布を求めた（図4.4）．この図は基準地域メッシュ（概ね 1 km²）で集計してあり，その分布は人口の分布によく似ていることがわかる．

どの地域で人口に比してユーザーが多いかを知るために，平成22年（2010年）国勢調査の地域メッシュ統計の人口総数を用いてユーザー率を算出したのが図4.5である．なお，総務省調査によれば，全国のツイッターユーザー率は15.7%であるが[1]，ジオタグ付きツイートを発信するユーザーは，ツイッターユーザーのごく一部であるため，総人口に対するユーザー率の平均値は0.34%である．この図からは，ツイッターユーザー率が大都市（概ね政令指定都市以上）の都心部で極めて高いことがわかる．そのほか，人口希薄な地域や主要観光地等（成田空港，東京ディズニーランド，箱根）でユーザー率が高くなっている．また，大都市の都心と同経度または同緯度の人口希薄地域で，ユーザー率のきわめて高い地点が散在する．

より広域でのユーザー率の違いをみるために，市区町村単位でユーザー率を求めたのが図4.6である．ここでも，大都市の都心部に当たる市区でユーザー率が高いことがわかるが，全体的な傾向としては近畿地方よりも東の地域でユーザー率が高く，また沖縄県でも全般的にユーザー率が高い．そのほか，ユーザー率のきわめて高い小規模な市区町村も散見される．

4.3.2 考 察

以上の推定結果から，ツイッターユーザーの居住地が概ね人口に比例しており，中でも都心部でユーザー率が高い，という点については現実を反映していると筆者は考えるが，推定結果から手法の限界をみることもできる．

まず，この章ではユーザーの居住地の推定と銘を打っているものの，実際にはユーザーのツイート地点の最頻値を求めているために，それは居住地とは限らないということである．もし，あるユーザーが居住地付近よりも就業地付近でツイートすることが多いのならば，本章の手法ではそのユーザーの就業

地が特定される．都心部でユーザー率が極めて高い理由の一部になっていると考えられる．その点で，この章で特定しているのはユーザーの日常行動圏の中心というべきかもしれない．

また，ユーザーによっては自身の個人情報への配慮から旅行時のみにジオタグ付きツイートを発信しているかもしれない．その場合には，旅行先のうちもっとも多くツイートした地点が，誤って居住地として特定される．主要観光地にてユーザー率が高くなる一因にはこのようなケースが一定割合あるためであると考えられる．これに類似したこととして，海外居住者のツイートの影響がある．使用したジオタグ付きツイートは，日本付近のものを用いており，海外居住者のツイートを排除していない．海外からの旅行者が日本付近でツイートした場合，そのユーザーがもっとも多くツイートした地点が，誤ってそのユーザーの居住地と特定される．主要観光地に加え，成田空港で（また，関西国際空港でもそうであるが）でユーザー率が高くなる原因がそこにあると考えられる．

推定結果に表れた，大都市の都心部と同経度または同緯度に表れる，不自然に高いユーザー数やユーザー率は，より高度な手法をつかうことで改善することができる．ここでは，経度と緯度の平均のM推定を，それぞれ独立して求めたが，M推定において，仮の中心からのマハラノビス距離にもとづいて重みづけをした加重平均を求めれば，この不自然な結果は消滅すると考えられ，ユーザー率のきわめて高い人口希薄地域も減少すると考えられる．

4.4 おわりに

この章では，ツイッターユーザーがジオタグ付きで発信するツイートの位置情報にもとづいて居住地あるいは日常生活圏の中心を求めた．その際に，ツイッターユーザーが旅行先などの非日常圏からのツイートを除外して居住地を求めるために，ロバスト推定法を用いた．その結果，ツイートのユーザーには次の特性があることがわかった．

(1) ツイートユーザーの居住地または日常生活圏は都市部に偏っており，特に都心部を日常行動圏とするユーザーに偏っている．

(2) ツイートユーザー率は，近畿地方よりも東で高い．

　また，4.3.2 で述べた限界はあるものの，本章の手法で個々のツイートユーザーについて，その居住地ないしは日常行動圏の中心を座標値として特定することができる．また，4.2.3 で説明したロバストな分散をもとめることにより，日常生活圏の大きさも推定することができる．これにより，ツイートが，日常生活圏でツイートされたものか否かが推定でき，日常生活圏外からのツイートであれば，どこの地域から来たユーザーのものかを知ることができる．

参考文献

Andersen, R., 2008. Modern Methods for Robust Regression, Sage, Los Angels.

注

1) 総務省情報通信政策研究所「平成 24 年情報通信メディアの利用時間と情報行動に関する調査 報告書」http://www.soumu.go.jp/iicp/chousakenkyu/data/research/survey/telecom/2013/01_h24mediariyou_houkokusho.pdf（2019 年 6 月 4 日閲覧）．

5章 ツイート内容のテキストマイニング

桐村　喬・藤原　直哉

5.1　ツイート内容の分析方法

　1章でも示してきたように，個々のツイートデータにおける Tweet オブジェクトの text フィールドから，ツイート内容を取得することができる．データベースで管理することで，特定のキーワードを含むツイートデータを抽出することは容易である．例えば，「京都」を含むツイートが必要であれば，SQL の LIKE 演算子を使うことで，「京都」を含む（"%京都%"）ツイートや,「京都」で終わる（"%京都"）ツイート，「京都」で始まる（"京都%"）ツイートを容易に抽出できる．

　しかし，このような抽出方法の場合，「京都」で始まるという条件設定をしない限りは，「東京都」も含まれてしまうことになる．また，蚊に関する分析をしようとして，「蚊」を含むツイートを抽出した場合，「蚊に刺された」や「蚊に食われた」のような表現を含むツイートが抽出できるものの，「飛蚊症」（虫のようなものが動いて見える症状）や「蚊帳の外」という言葉を含むツイートも抽出される．「蚊」の前後に漢字を含まない，という条件設定も，正規表現を使えば可能であるものの，検索するキーワードによってはすべてのパターンを満たすことができる条件設定を考えることができないかもしれない．

　このような場合，文脈に応じたキーワードを持つツイートのみを抽出できると，問題を回避できる．具体的には，「東京都」ではなく，固有名詞としての「京都」を含むもの,「蚊帳」や「飛蚊症」ではなく，一般名詞としての「蚊」を含むものを抽出できるとよい．このような抽出を実現するには，ツイート内容を解析し，単語単位に区切る必要がある．最小の単語に区切り，それぞれの品詞や活用形などを判断

する作業を，形態素解析と呼ぶ．形態素解析を行ったうえで，データベースにツイートデータを登録しておけば，前述のような固有名詞「京都」や一般名詞「蚊」を含むツイートを容易に抽出することができる．ただし，データベースに格納する前段階として,すべてのツイートデータに形態素解析を適用し，単語に区切っておくと，データ量が膨大になるため，あまり現実的ではない．検索したいキーワードでツイートデータを抽出したうえで，形態素解析を実施し，必要なツイートのみをさらに抽出する手順がよいだろう．また，その際には，URL などのツイートの本文以外の情報を取り除いておくことで，より効率的に形態素解析ができるようになる．

5.2　テキストマイニングとは

　テキストマイニングとは，形態素解析のような自然言語処理の手法を用いて，テキスト，すなわち文章を分析し，そこから有用な知見を得ようとする分析フレームワークである．分析対象となる文章は，小説のような数万字レベルのものから，新聞記事，ブログの記事，もちろん 140 字のツイートデータまで様々である．テキストマイニングにおいては，形態素解析だけではなく，N-gram モデルと呼ばれる，文字単位の出現頻度を算出し，分析する手法も用いられるが，ここでは形態素解析を中心に取り扱う．

　一般的に，形態素解析を行うことで，文章を単語に分解し，それぞれの単語の原形とその品詞を判定することができる．厳密には，分かち書きと呼ばれるプロセスがこの間に行われ，文章が単語に区切られる．原形と品詞が把握できることで，単語の出現頻度を求めることができる．

　例えば，2015 年 9 月から 11 月の 3 か月間におけ

る東京都千代田区でのポリゴンのジオタグが付与された日本語ツイートを抽出し，5.6 節で後述する方法で形態素解析を行い，地名の出現頻度を求めた．表 5.1 は出現頻度の上位 30 の単語を示している．千代田区には東京の玄関口である東京駅があることから，「東京」や「東京駅」が多く，「秋葉原」や「神保町」などの区内の地名のほか，「新宿」（新宿区）や「池袋」（豊島区），「銀座」（中央区）など，都内の地名の出現頻度も高い．また，移動の前後のツイートが多いためか，「大阪」や「名古屋」，「京都」などの他都市も一定数，出現している．なお，「カレー」は，ドーバー海峡に面するフランスのカレー（地名）として形態素解析で判断されているものと考えられ

るが，恐らくはカレーとツイートしたものの大部分は食べ物のカレーに関するツイートと考えられる．

出現頻度の高い単語をより直感的に視覚化する方法として，ワードクラウドと呼ばれるものがある．図 5.1 は，Python の WordCloud モジュールを用いて作成したワードクラウドであり，表 5.1 と同じデータをもとに作成している（出現頻度 31 位以下も含めて作成している）．出現頻度が高いほど，文字が大きく，目立つ場所に表示される．ワードクラウドを使えば，具体的な頻度はわからないものの，それぞれの単語の出現頻度の相対的な関係については一目で把握できるようになる．

表 5.1　出現頻度上位 30 の地名

順位	単語	出現数	1,000 ツイート当たり出現数
1	東京	3,824	17.3
2	秋葉原	3,162	14.3
3	東京駅	1,224	5.5
4	新宿	830	3.8
5	池袋	797	3.6
6	銀座	700	3.2
7	渋谷	675	3.1
8	大阪	662	3.0
9	上野	598	2.7
10	神保町	510	2.3
11	神奈川	449	2.0
12	有楽町	400	1.8
13	埼玉	392	1.8
14	関東	374	1.7
15	宇佐	354	1.6
16	名古屋	339	1.5
17	横浜	333	1.5
18	パリ	327	1.5
19	西日暮里	326	1.5
20	千葉	266	1.2
21	東大和	254	1.2
22	日暮里	252	1.1
23	小平	230	1.0
24	鶯谷	229	1.0
25	京都	226	1.0
26	赤坂	224	1.0
27	神田	217	1.0
28	沖縄	198	0.9
29	カレー	183	0.8
30	浅草橋	183	0.8

図 5.1　千代田区におけるすべての地名によるワードクラウド

テキストマイニングにおいては，有償，無償を問わず，様々なツールが用いられている．ここでは，立命館大学の樋口 耕一氏が開発・公開しているテキストマイニングの総合的なパッケージである KH Coder と，Python の形態素解析モジュールである Janome を利用した，テキストマイニングの一例を紹介する．いずれも無償で利用でき，比較的小規模なデータであれば KH Coder を，数十万件以上の大規模なデータであれば Janome を利用するなど，処理するツイートの件数などに応じて，使い分けるとよいだろう．また，分析する意図や注目する単語などが明確な場合は，様々な分析手法がパッケージ化された KH Coder を用いて分析を進めるほうがよ

く，多くのデータから探索的にテキストマイニング
を進める場合は Janome をはじめとする Python のモ
ジュールを組み合わせながら，分析を行うほうがよ
い．

5.3　KH Coder によるテキストマイニング

　KH Coder は，開発元のウェブサイト [1)] からダウ
ンロードできる．本書の執筆時点では，2019 年 3
月 4 日公開の Windows 版の 3.Alpha.15 が最新である．
Mac でも動作させることができるが，有償または公
開されているソースコードのコンパイルによって利
用できる．ここでは，Windows 版を利用する．また，
ここで利用するデータは，前節で利用した 2015 年
9 月から 11 月のツイートデータのうち，地名であ
るかどうかに関係なく，「東京」を含む 6,586 件の
ツイートデータである．

　まず，KH Coder の最新版をダウンロードし，指
定したフォルダに展開する．デスクトップに，「KH
Coder 3 Folder」というショートカットが生成される
ので，ダブルクリックして当該フォルダを開き，「kh_
coder.exe」を実行すると，KH Coder が起動する（図
5.2）．

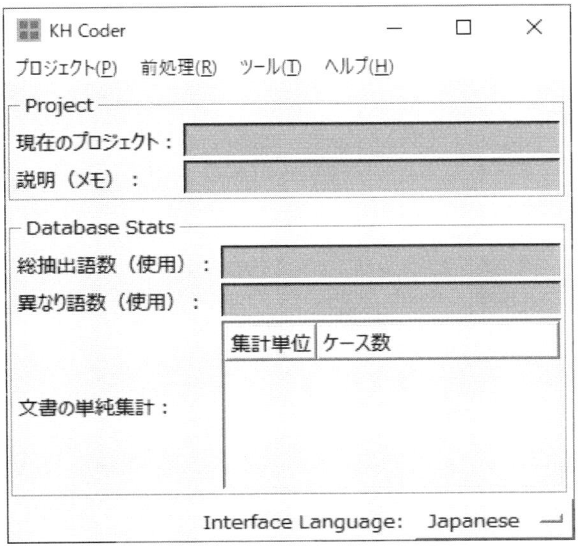

図 5.2　KH Coder の起動画面

　KH Coder では，テキストファイルや CSV ファイ
ル，Excel ファイルを読み込むことができ，読み込
む際に，言語や形態素解析に用いるエンジンを選択
することができる．ただし，UTF-8 形式のデータに
ついては，すべてを正しく処理できるわけではな
いため，絵文字などの一部の文字については，KH
Coder で扱うことができない．新規プロジェクトを
作成した後の，データのチェックの段階で，修正を
施す必要がある．データのチェックを行うと，図 5.3
のように結果が表示され，問題点がある場合は修正
する必要がある．修正が終われば，前処理を実行す
る．KH Coder における前処理とは，内部的に稼働
させているデータベースへのデータの格納作業など
であり，分析の前に必ず必要となる処理である．

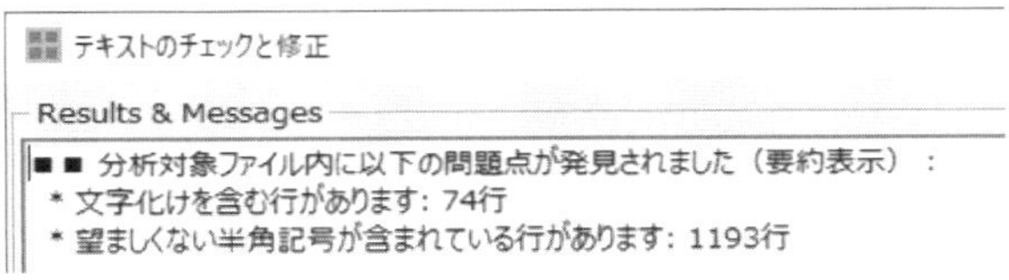

図 5.3　チェックの結果

　まず，形態素解析によって抽出できた単語のリス
トである抽出語リストを出力する．抽出語リストは，
Excel 形式のほか，CSV 形式でも出力できる．図 5.4
は，抽出語リストを Excel で開いたものであり，品
詞ごとに出現頻度が高い順に，単語と出現頻度が示
されている．出現頻度については，単純な回数のほ
か，文書数でも出力することができる．名詞をみれ
ば，「新幹線」や「メトロ」などの交通機関に関す
る名詞の頻度が高く，サ変名詞では，「到着」や「移
動」，「乗車」などの移動に関する単語が多くなって
いる．形容動詞については様々な単語が抽出されて
おり，必ずしも移動と関連するものばかりというわ
けではなく，様々な内容のツイートが存在している
ことがわかる．

　一方，固有名詞の「東京ドーム」や組織名の「東
京大学」など，「東京」を含むものの，地名の「東京」
とは分けて抽出されているものがある．これは，形
態素解析に用いられている辞書データに「東京ドー
ム」などが登録されているためである．しかし，比

名詞	頻度	サ変名詞	頻度	形容動詞	頻度	固有名詞	頻度	組織名	頻度	人名	頻度	地名	頻度
新幹線	179	到着	195	詳細	61	東京ドーム	74	阪急	52	笑	357	東京	6475
バス	142	開催	97	可能	49	成田空港	34	日経	33	弘之	59	新宿	158
電車	124	一括	92	好き	40	京葉	31	ライカ	28	小西	59	大阪	126
ライブ	88	限定	84	無事	33	タワー	28	ディズニー	15	神田	31	上野	125
ライン	87	仕事	68	普通	30	ワイ	21	ホークス	15	押切	17	秋葉原	99
国際	82	移動	63	マジ	21	東京モータ	21	東京大学	15	大塚	16	千代田	98
ホーム	78	乗車	63	綺麗	21	東海道新幹	20	三菱	12	ボール	12	日本	87
フォーラム	77	出発	60	自由	20	京浜東北	18	日本テレビ	14	モー	12	名古屋	81
月々	69	参加	58	大変	20	京葉線	18	広島	11	リア	12	山手	67
イベント	67	一緒	56	大丈夫	19	馬喰横山	17	ロ	8	広尾	12	有楽町	61
メトロ	65	視聴	56	元気	18	東北新幹線	16	東証	8	安田	11	秩父	57
場所	64	公演	55	幸せ	18	秋葉原	14	カーブ	10	安倍	10	関東	54
中央	61	撮影	48	暇	18	常磐線	14	京王	7	羽田	10	調布	51
部屋	58	観光	47	高級	14	ひかり	13	毎日新聞	7	田中	10	埼玉	51
無料	58	相談	47	特別	14	丸ノ内線	11	リバー	6	ロックフェラ	9	品川	50
感じ	57	電話	47	無理	14	平成	10	旭化成	6	真理	9	渋谷	46
外国	56	販売	46	ギリギリ	13	昭和	9	巨人	6	長谷川	9	六本木	46
若葉	56	編成	44	大好き	13	武道館	9	聖心	6	ドール	8	丸の内	45
乗り換え	54	終了	43	意外	12	さいたま	8	川崎	6	羽田	8	横浜	44
写真	53	出張	41	残念	12	スマ	8	東急	6	京	8	長野	44
メンズ	52	予定	40	完全	11	丸ビル	8	テレビ東京	5	錦	8	米国	43
自分	52	クロス	37	素敵	11	カツ	7	パ	5	幸洋	8	銀座	42
ホテル	51	是非	36	便利	11	宇都宮線	7	三井	5	ユニ	7	八重洲	39
世界	51	平均	35	確か	10	総武線	7	西武	5	太郎	7	京都	37

図 5.4　抽出語リスト（数字は出現頻度）

較的頻度の高い名詞の「メトロ」については，単独で「メトロ」と使われることもあろうが，「東京メトロ」などとして，複合的な名詞として使われる機会も多いものと考えられる．KH Coder では，このような複合的な単語も抽出できるようになっており，前処理の機能の1つとして，複合語の検出が可能になっている．図 5.5 はその結果であり，「東京到着」については頻度が高いものの，「東京」と「到着」に区別すべきと考えられるが，「東京国際フォーラム」や「東京メトロ」，「上野東京ライン」は固有名詞であり，複合的な名詞と考えるべきものである．ここでは，「東京メトロ」を「東京」と「メトロ」に分割して抽出しないように，語の取捨選択機能で「東京メトロ」を強制的に抽出させるようにし（図 5.6），再度前処理を実行する．抽出語リストを再度確認すると，名詞欄の「メトロ」が下位に移動した一方で，タグ欄に出現頻度 61 の「東京メトロ」が表示されるようになった．

　それぞれの単語は，どのような文脈で使われているのだろうか．KWIC コンコーダンス機能を使えば，指定した単語の前後の内容をリストとして表示することができ，前後の出現位置で集計することも

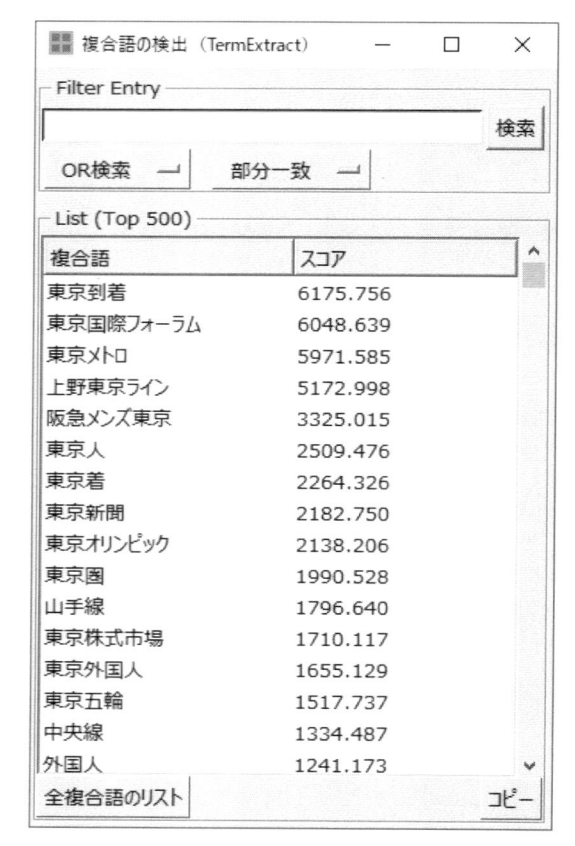

図 5.5　複合語の検出結果

できる．「東京」で検索し，右下の集計ボタンを押すと，コロケーション統計ウィンドウが表示される（図5.7）．例えば「上野」は，「東京」のすぐ左に出現することが多い．前述の通り，「上野東京ライン」としての使われ方が多いものと考えられる．「来る」や「着く」，「到着」は，「東京」の直後か助詞を挟んだ後によく出現する．「さらば」は「さらば東京」のような形で出現することが多いこともわかる．

テキストマイニングでは，単語の出現パターンが似通っている単語の組み合わせを直感的に理解するために，共起ネットワークが描画されることが多い．KH Coderでも共起ネットワークを描くことができる．抽出語メニューから共起ネットワークを作成すると，図5.8のような抽出語の共起ネットワー

クが得られる．「東京」とは「行く」や「今日」という単語と出現パターンが近く，「乗る」や「新幹線」なども同じグループに属している．このデータのなかに見られる「大阪」は，「帰る」や「楽しい」などと同じグループに属し，東京への来訪者によるツイートが多いものと予想される．そのほか，個別に検討していけば，「東京」を含むツイートの内容に関する様々な場面が直感的に想像できるようになろう．

特定の属性をもつツイートごとに，共起ネットワークを描画することもできる．共起関係の種類として，外部変数や見出しとの関係を描画するように設定すればよい．例えば図5.9は，1時間単位のツイート時間との関係を示したものである．数字

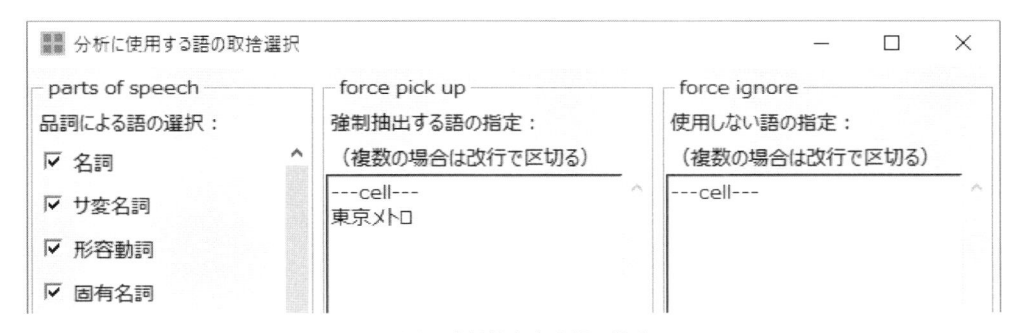

図 5.6　強制抽出する語の設定

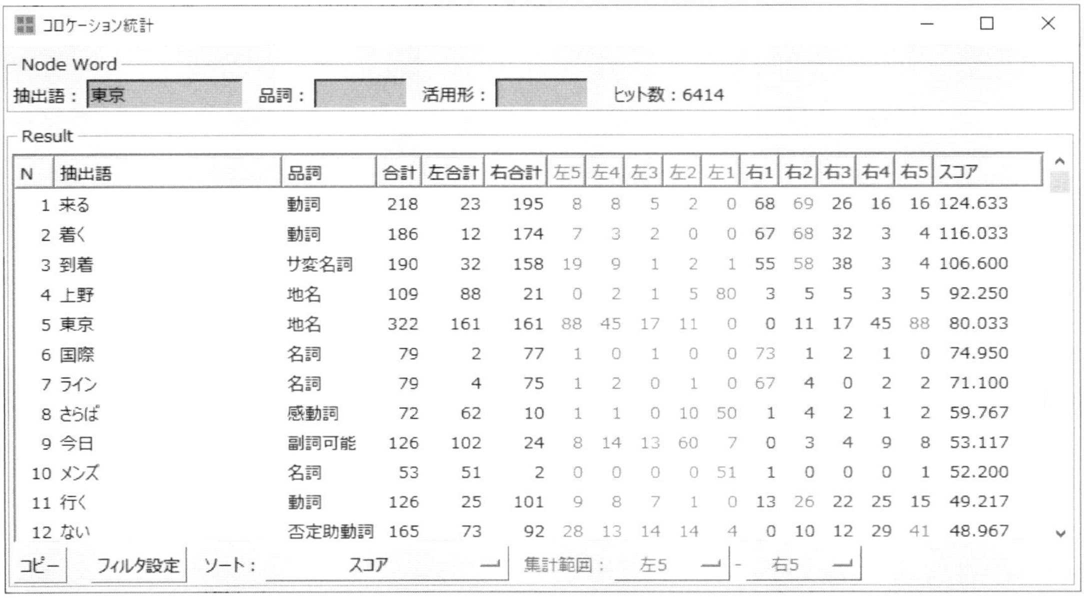

N	抽出語	品詞	合計	左合計	右合計	左5	左4	左3	左2	左1	右1	右2	右3	右4	右5	スコア
1	来る	動詞	218	23	195	8	8	5	2	0	68	69	26	16	16	124.633
2	着く	動詞	186	12	174	7	3	2	0	0	67	68	32	3	4	116.033
3	到着	サ変名詞	190	32	158	19	9	1	2	1	55	58	38	3	4	106.600
4	上野	地名	109	88	21	0	2	1	5	80	3	5	5	3	5	92.250
5	東京	地名	322	161	161	88	45	17	11	0	0	11	17	45	88	80.033
6	国際	名詞	79	2	77	1	0	1	0	0	73	1	2	1	0	74.950
7	ライン	名詞	79	4	75	1	2	0	1	0	67	4	0	2	2	71.100
8	さらば	感動詞	72	62	10	1	1	0	10	50	1	4	2	1	2	59.767
9	今日	副詞可能	126	102	24	8	14	13	60	7	0	3	4	9	8	53.117
10	メンズ	名詞	53	51	2	0	0	0	0	51	1	0	0	0	1	52.200
11	行く	動詞	126	25	101	9	8	7	1	0	13	26	22	25	15	49.217
12	ない	否定助動詞	165	73	92	28	13	14	14	4	0	10	12	29	41	48.967

コロケーション統計　抽出語：東京　ヒット数：6414

図 5.7　コロケーション統計

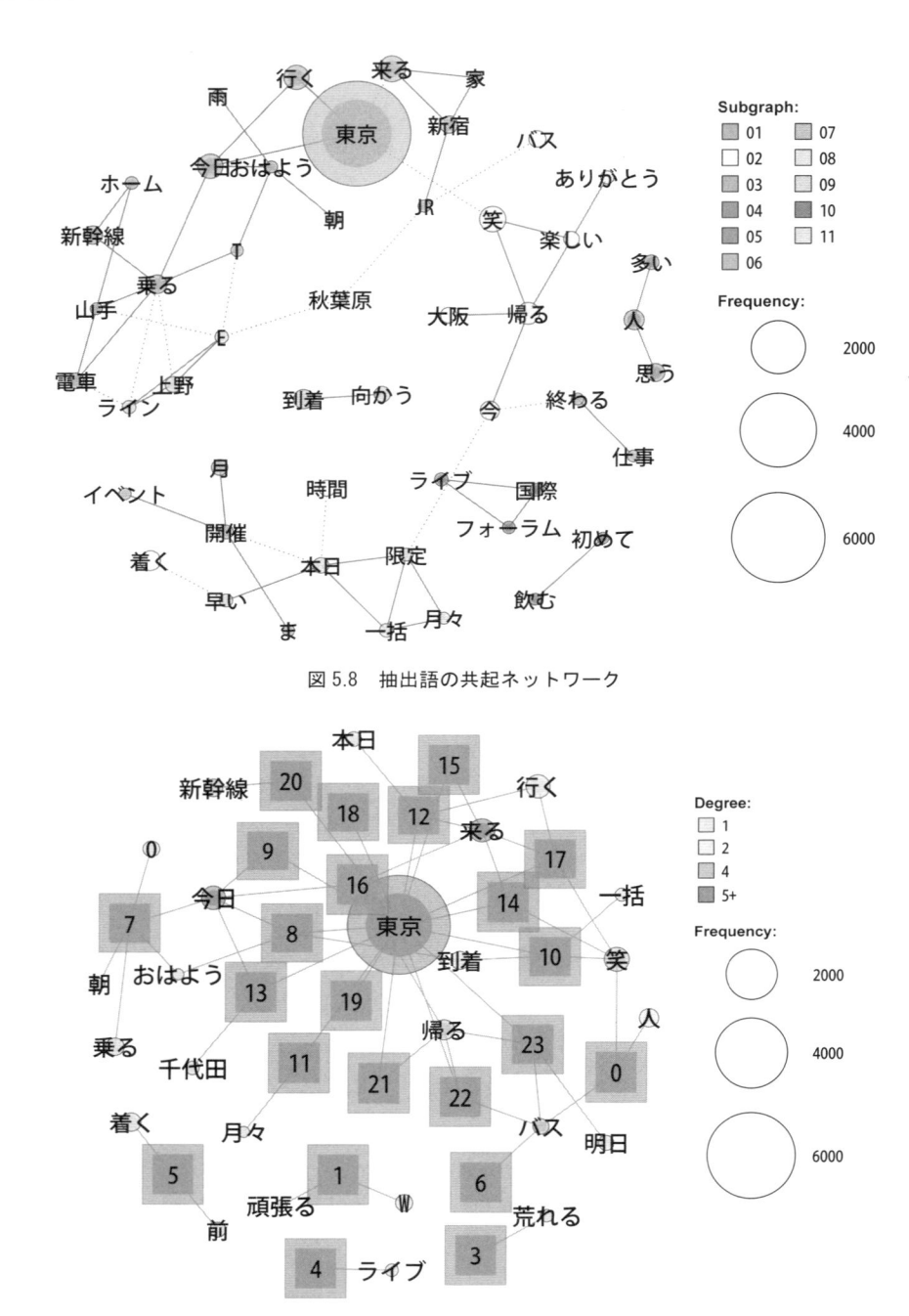

図 5.8　抽出語の共起ネットワーク

図 5.9　ツイート時間との関連を示した抽出語の共起ネットワーク

は 24 時間制の時間を示しており，昼間時間帯はほとんど差がないものの，21 時以降は「帰る」との関係が強く，東京駅周辺から自宅への帰宅途上のツイートが多いものと考えられる．また，22 時以降と 6 時台は「バス」との関係も強く，東京駅から発着する夜行バスに関するツイートと考えられる．こ

のような外部変数には，Excel データに含まれるそのままの値を用いることでもできるが，例えば，パターンが類似している昼間時間帯をまとめ，その値を用いることもできる．このような場合はツールメニューの「外部変数と見出し」から，外部変数の値ごとに見出し（ラベル）を設定したうえで，共起ネッ

トワークを再度描画するとよい.

　KH Coder には，地理的なデータを直接的に扱うような機能はなく，今回示したような，特定の地域，場所で投稿されているツイート内容のテキストマイニングを行う場合に適している．例えばポリゴンのジオタグデータを使って，東京圏のどこでどんな単語がよく使われるのかを分析するなど，地図を描画する必要性がある場合は，KH Coder はそれほど最適というわけでもない．後述する Janome などを用いて，各自で必要な統計量を計算して分析し，GIS で描画するほうがよいだろう.

　なお，KH Coder は豊富な分析機能を持つ，テキストマイニングの総合的な解析パッケージであり，ここですべてを紹介することはできない．より詳細な情報は配布元のウェブサイトや，開発者による解説書（樋口，2014）などを参照されたい.

5.4　Janome による形態素解析

　Janome は，Python で形態素解析を行うためのモジュールであり，リファレンスなどは開発元のウェブサイト[2]で公開されている．2019 年 3 月時点では 0.3.7 が最新であり，Python にモジュールをインストールするためのアプリケーションである「pip」を利用して，パスを通したコマンドライン上で「pip install janome」と実行すればインストールできる.

　Janome には，代表的な形態素解析ソフトウェアである MeCab と同じ辞書が組み込まれており，MeCab と同等の解析結果が得られるとされている[3]．また，NEologd と呼ばれるウェブ上の言語資源を活用して構築された辞書があり，これを内包した Janome のパッケージも Janome の開発者のサイトで配布され

ている[4]．ツイートデータに関しては，最新の流行語や新たな施設名などの固有名詞も多く含まれると考えられることから，NEologd を使った Janome のほうが，形態素解析に適しているものと考えられる．なお，ここで利用するデータは，2015 年 10 月 10 日における東京 23 区内のポリゴンのジオタグが付与された日本語ツイート 38,459 件である.

　Janome の開発者の打田 智子氏のサイト[5]から，「neologd 辞書内包の janome パッケージをダウンロードできるようにしました（不定期更新）」という名称の記事[6]を探し，Google Drive 上にあるビルド済みのパッケージ（拡張子 tar.gz のファイル）と README.txt ファイルをダウンロードする．README.txt ファイルには，インストール方法が書かれている．README.txt にあるように，コマンドライン上で，パスが通った状態で，ダウンロードしたファイルの場所に移動し，「pip install < ダウンロードした拡張子 tar.gz のファイル名 > --no-compile」とすると，Python へのモジュールのインストールが始まる．エラーメッセージが表示されず，インストールが成功したことを確認する．続いて，コマンドラインで「python -c "from janome.tokenizer import Tokenizer; Tokenizer(mmap=True)"」と実行する．メモリに関するエラーが発生した場合は，メモリが十分に搭載されていることを確認したうえで，64bit の Python 環境で実行しなおす.

　Janome での形態素解析は図 5.10 のようなスクリプトで実現できる．1 行目では，Janome の形態素解析クラスを読み込んでおり，2 行目で初期化している．3 行目は対象データに含まれるあるツイートの本文であり，4 行目と 5 行目で，形態素解析した結果を，単語ごとに画面に出力している．このスク

```
1  from janome.tokenizer import Tokenizer
2  t = Tokenizer(mmap=True)
3  text = "シネマライズが来年閉館。高校時代良くいきました。"
4  for token in t.tokenize(text):
5      print(token)
```

図 5.10　Janome による形態素解析を行う Python スクリプト

リプトの実行結果は図 5.11 のとおりである．それぞれの単語と品詞，原形，読みなどが出力されている．

Janome の Analyze フレームワークを用いると，前処理や解析後の処理を，形態素解析とともに一連のフローとして実行できる．例えば，「だ」と「た゛」を同一のものとして処理できるようにするには，Unicode 正規化する必要があり，文字処理に関するフィルターを設定することで，Janome 上で実現で

きる．また，記号を除去したり，名詞のみを抽出したりといった，特定の品詞のみの抽出，除去も，解析結果に関するフィルターを設定することで簡単に実行できる．図 5.12 は，Unicode 正規化を行いつつ，記号を解析結果から除外して出力するものである．また，分析対象のテキストにおけるカタカナは半角カタカナとしている．Unicode 正規化については，3 行目で必要なクラスを読み込んでおり，7 行目で設定し，11 行目で解析手順に組み込んでいる．

```
シネマライズ    名詞,固有名詞,一般,*,*,*,シネマライズ,シネマライズ,シネマライズ
が        助詞,格助詞,一般,*,*,*,が,ガ,ガ
来年      名詞,副詞可能,*,*,*,*,来年,ライネン,ライネン
閉館      名詞,サ変接続,*,*,*,*,閉館,ヘイカン,ヘイカン
。        記号,句点,*,*,*,*,。,。,。
高校時代    名詞,固有名詞,一般,*,*,*,高校時代,コウコウジダイ,コーコージダイ
良く      形容詞,自立,*,*,形容詞・アウオ段,連用テ接続,良い,ヨク,ヨク
いき      動詞,自立,*,*,五段・カ行促音便,連用形,いく,イキ,イキ
まし      助動詞,*,*,*,特殊・マス,連用形,ます,マシ,マシ
た        助動詞,*,*,*,特殊・タ,基本形,た,タ,タ
。        記号,句点,*,*,*,*,。,。,。
>>> |
```

図 5.11　Janome による形態素解析の結果

```
1  from janome.tokenizer import Tokenizer
2  from janome.analyzer import Analyzer
3  from janome.charfilter import *
4  from janome.tokenfilter import *
5
6  t = Tokenizer(mmap=True)
7  char_filters = [UnicodeNormalizeCharFilter()]
8  token_filters = [POSStopFilter(['記号'])]
9
10 text = "ｼﾈﾏﾗｲｽﾞが来年閉館。高校時代良くいきました。"
11 a = Analyzer(char_filters, t, token_filters)
12
13 for token in a.analyze(text):
14     print(token)
```

図 5.12　フィルターを活用した形態素解析を行う Python スクリプト

```
シネマライズ    名詞,固有名詞,一般,*,*,*,シネマライズ,シネマライズ,シネマライズ
が        助詞,格助詞,一般,*,*,*,が,ガ,ガ
来年      名詞,副詞可能,*,*,*,*,来年,ライネン,ライネン
閉館      名詞,サ変接続,*,*,*,*,閉館,ヘイカン,ヘイカン
高校時代    名詞,固有名詞,一般,*,*,*,高校時代,コウコウジダイ,コーコージダイ
良く      形容詞,自立,*,*,形容詞・アウオ段,連用テ接続,良い,ヨク,ヨク
いき      動詞,自立,*,*,五段・カ行促音便,連用形,いく,イキ,イキ
まし      助動詞,*,*,*,特殊・マス,連用形,ます,マシ,マシ
た        助動詞,*,*,*,特殊・タ,基本形,た,タ,タ
>>>
```

図 5.13　フィルターを適用した場合の形態素解析の結果

記号の除去については，必要となるクラスを4行目で組み込み，8行目で設定し，11行目で同じく組み込んでいる．これを実行すると，図5.13のような結果が得られる．Unicode正規化の結果，半角カタカナとして入力したデータは，解析結果の段階では全角カタカナとして認識されている．また，記号は出力結果からは除外されていることがわかる．解析結果に関するフィルターであるtokenfilterには，このほかに，連続する名詞をひとまとめにし，複合名詞とするCompoundNounFilterや，指定された品詞のみを残すPOSKeepFilterなどがある．

　ツイートデータからテキストを読み込むスクリプトを追加すれば，大量のデータの形態素解析が可能になる．また，抽出された単語を集計することで，ワードクラウドも作成できる．図5.14は，千代田区，新宿区，江戸川区のツイートデータから固有名詞と複合名詞のみを抽出して作成したワードクラウドである．千代田区や新宿区では，地名が目立つ一方で，江戸川区においてはゲームに関する単語が主に抽出されており，地域によってツイートされる単語が大

きく異なることがわかる．また，「笑」が固有名詞として抽出されており，いずれの区においても高い出現頻度となっている．厳密には，固有名詞ではなく，一般名詞などに分類すべきだろうが，NEologdの辞書においては固有名詞として登録されており，このような結果が得られている．ワードクラウドについては，WordCloudモジュールとmatplotlibモジュールをインストールしたうえで，図5.15のようなスクリプトを作成すれば，描画することができる．1行目では，WordCloudクラスを読み込んでおり，2行目以降で描画，ファイルに保存している．実際は，4行目にある辞書型オブジェクトを作成するために，1行目と2行目の間で，抽出した語の集計を行うスクリプトが必要となる．辞書型オブジェクトは，単語がkey，出現頻度がvalueとなっている必要がある．3行目では，フォントファイル名を指定しているが，ここで適切なフォントファイルを指定しないと文字化けが生じてしまう．5行目では，出力先のファイル名を指定する．設定できるオプションの内容など，WordCloudモジュールの詳細な仕様

千代田区

新宿区

江戸川区

図5.14　3つの区におけるワードクラウド

```
1  from wordcloud import WordCloud
2  wordcloud = WordCloud(background_color="white",
3     font_path="〈フォントファイル名〉",
4     width=400,height=400).generate_from_frequencies(〈辞書型オブジェクト〉)
5  wordcloud.to_file("〈ファイル名〉")
```

図5.15　ワードクラウドを描画するためのPythonスクリプト

については，開発者のウェブサイト[7]を参照されたい．

Python 上で Janome を利用することで，1 章で紹介したスクリプトと組み合わせて，API からのツイートデータの取得と同時に，形態素解析を行い，特定の品詞の単語のみを収集するスクリプトを作成することもできる．また，地域ごとに集計するなど，分析者の目的に応じたカスタマイズも可能であり，独自のテキストマイニングを行うことができる．Python を利用したより高度なテキストマイニングについては，山内（2017）などを参照のこと．

5.5 まとめ

本章では，ツイートデータのテキストマイニング手法について，代表的なソフトウェアである KH Coder を利用した簡単なテキストマイニングと，Python を使って形態素解析を行い，ワードクラウドを作成する手順を紹介した．テキストマイニングには，より多くの機能が実装された有償ソフトウェアも利用できる．分析の目的に応じて，それぞれのソフトウェアやツールを利用すればよいと考えられるが，まずは KH Coder を利用して基本的な特徴を確認したうえで，KH Coder で十分な分析ができない場合は，必要に応じて Janome などを使った Python スクリプトでより高度なデータ処理を行っていくことが望ましい．

文献

樋口耕一 2014.『社会調査のための計量テキスト分析―内容分析の継承と発展を目指して』ナカニシヤ出版．

山内長承 2017.『Python によるテキストマイニング入門』オーム社．

注

1) http://khcoder.net/（2019 年 4 月 9 日閲覧）．

2) https://mocobeta.github.io/janome/（2019 年 4 月 9 日閲覧）．

3) https://mocobeta.github.io/janome/（2019 年 4 月 9 日閲覧）．

4) https://medium.com/@mocobeta/neologd-%E8%BE%9E%E6%9B%B8%E5%86%85%E5%8C%85%E3%81%AE-janome-%E3%83%91%E3%83%83%E3%82%B1%E3%83%BC%E3%82%B8%E3%81%AE%E3%83%80%E3%82%A6%E3%83%B3%E3%83%AD%E3%83%BC%E3%83%89%E3%81%A7%E3%81%8D%E3%82%8B%E3%82%88%E3%81%86%E3%81%AB%E3%81%97%E3%81%BE%E3%81%97%E3%81%9F-%E4%B8%8D%E5%AE%9A%E6%9C%9F%E6%9B%B4%E6%96%B0-71611ab66415（2019 年 4 月 9 日閲覧）．

5) https://medium.com/@mocobeta（2019 年 4 月 9 日閲覧）．

6) 記事名は 2019 年 3 月 16 日現在のもの．

7) https://amueller.github.io/word_cloud/（2019 年 4 月 9 日閲覧）．

II 部

空間分析の実例

6 章

ツイッターの空間分析の研究動向

桐村 喬

6.1 研究活用のはじまり

ツイッターの初めての投稿が行われたのは 2006 年 3 月 21 日である．創業者の 1 人である Jack Dorsey 氏による「just setting up my twttr」[1] というツイートであった．2006 年 9 月には API の最初のバージョンが公開されており [2]，ツイートデータの活用が本格的に始まった．学術論文の検索サービスである Google Scholar[3] から，「Twitter」をタイトルに含む論文を検索すると，2006 年時点では，鳥のさえずりという本来の意味での「twitter」が使われている例がみられるのみであり [4]，ソーシャルメディアの 1 つとしてのツイッターに関する学術論文が登場するのは 2007 年ごろからである．例えば修士論文である Mischaud（2007）では，60 人のユーザーの投稿の内容分析を通じて，ほとんどのユーザーが「今何をしているか？」というツイッターの基本的な枠組みを超えた使い方をしていることを示した．また，Java et al.（2007）は，コミュニケーションの新しい形としてのマイクロブログ [5] サービスであるツイッターに注目し，ユーザー数や投稿件数の動向の整理，プロフィール情報に基づくユーザーの地理的分布の可視化，ユーザーコミュニティの構造の分類などを行っている．ジオタグを利用した地図化ではないが，世界的な普及を受けて，すでにユーザーの地理的分布に関心が寄せられており，アメリカやヨーロッパ，日本にユーザーが多く，特に東京，ニューヨーク，サンフランシスコで使用率が高いことが指摘されている（Java et al., 2007）．

一方，日本においてツイッターに関する学術研究が本格的に進展するのは 2009 年以降である．例えば，Fujisaka et al.（2009）では，地理空間メディアとしてのマイクロブログに注目し，人々の行動が反映されたマイクロブログに基づく地域的特徴の発見を目的として，都市解析の手法が提案された．ここでは，ジオタグ付きツイートデータが主に用いられており，ユーザーの行動パターンを集合・離散の 2 種類に分類して，東京駅や品川駅，お台場周辺での時空間的な変化を分析している．Fujisaka et al.（2009）はジオタグ付きツイートデータを活用した，日本における研究の最初期のものといえる．また，宮城ほか（2009）は，日本語オントロジー辞書システムを構築することを目的に，Wikipedia の文章をコーパスとして用いて構築したシステムを評価するために，ツイートデータを利用している．ツイートデータの分析が主題にはなっていないものの，既存の研究課題に対してツイートデータの応用が早くも行われているといえる．加えて，桑原ほか（2009）では，ツイートデータのテキストを解析し，興味や志向が類似したユーザーを発見・推薦するシステムの構築も行われている．

このように，ツイートデータの活用が日本において図られつつあった初期の頃から，この時代に新しく生まれたツイートデータそのものの分析だけでなく，それまでに議論されてきた研究課題に対して，応用的に利用することも行われてきた．また，ツイートデータにみられる地理的な特徴や，ジオタグにも当初から高い関心が寄せられており，分析の対象になってきた．

本章では，ジオタグ付きツイートデータを中心とする，ツイートデータや，ウェイボー（微博）のような類似するサービスのデータに関する空間分析の動向について，いくつかのテーマを設定して，日本を中心としつつ，欧米や中国などの事例を紹介しながら整理する．まず，Fujisaka et al.（2009）のように，初期にジオタグ付きツイートの活用が進んだ

ユーザーの行動分析や，その延長上にある観光行動の分析に関する動向を整理する．そして，ツイートデータの中身，すなわちテキストの解析と空間分析を組み合わせ，そこから読み取ることができる主として行動以外の現象に関する研究動向に注目する．ツイートデータのテキストからは，特定の地域という視点でみれば，その地域における文化や流行の分析が可能であり，個人単位でみれば，個人の感情や精神状態の分析も可能である．続いて，ツイートデータの利用ではなく，データ自体に関する批判や評価に関する研究に注目する．様々な研究分野において，あたかも万能な特効薬のようにデータが活用されている一方，地理的なバイアスなどの点でいくつかの問題を抱えている．そこで，最後に，ツイートデータの活用を図る前に把握しておくべき問題点，特に地理的バイアスに関する研究を紹介する．

6.2　ユーザー行動の分析

ジオタグ付きツイートデータには，ユーザー ID が含まれており，ユーザー ID で集計することで，ユーザーの行動を分析することができ，都市内部や地方，国レベルなど，様々な空間的スケールからの行動分析が行われてきた．

前述の Fujisaka et al.（2009）は，ジオタグ付きツイートデータを用いて，都市内部でのユーザー行動の分類を行い，特徴を整理している．また，坂巻ほか（2011）は，ジオタグ付きツイートデータを利用して，主として都市の内部において，ユーザーが行動する場所とその内容を推定する手法を提案している．一方，李ほか（2012）は，より大きな空間的スケールでのユーザー行動に注目し，行動に基づき近畿地方を 145 地域に区分したうえで，ヤフージャパンが提供している施設情報を活用してそれぞれの地域の特徴づけを行っている．

2011 年の東北地方太平洋沖地震による東日本大震災では，情報収集ツールとしてのツイッターが注目を集めた．また，災害や防災に関する研究も増加し，災害時の避難行動などに関する分析事例での活用もみられる．篠田ほか（2013）は，ユーザーのプロフィール情報に基づく都道府県単位で，震災前後のツイッターの利用状況やリツイート，メンションの使われ方によるコミュニケーションの動向について分析した．また，原（2013）は，ジオタグ付きツイートデータを用いて，2011 年 3 月 11 日における首都圏での帰宅行動の推測を行い，その意思決定要因についても明らかにした．ユーザーごとに位置情報を分析するだけでなく，テキスト内容についても分析することで，ユーザー行動の背景や要因も把握することができる．

ジオタグ付きツイートデータからは，日常的なユーザー行動だけでなく，非日常的なユーザー行動も把握できる．そのため，近年の観光研究の高まりを受けて，観光行動の分析にもジオタグ付きツイートデータは活用されつつある．例えば桐村（2013）は，二大都市圏に投稿が集中する傾向があるというデータの基本的特徴を示したうえで，京都市への訪問ユーザーの観光行動の一端を示した．図 6.1 は，玄関口である京都駅を含むメッシュと，繁華街である四条河原町を含むメッシュにおける時間帯別の訪問ユーザー数を示したものであり，京都駅周辺には，新幹線が発着し始める早朝からも一定数のユーザーがいる一方で，四条河原町周辺では夜間を含めた午後に多く，18 時台にピークがあることがわかる．また，渡辺（2016）は，金沢市を事例として，観光行動分析の手法を提案しており，市内の主要な訪問地間のトリップの構造から，金沢駅を中心とする移動パターンを抽出している．

一方，2010 年代以降のインバウンド（訪日外国人観光客）の急増に伴い，外国人による観光行動にも注目が集まっている．佐伯ほか（2015）は，ツイートでの主な使用言語によって日本人か外国人かを判断し，外国人の投稿頻度によって在日外国人か訪日外国人かを判断し，訪問先の特徴を日本全国で整理している．中谷（2015）も使用言語と投稿頻度によって外国人であるかを判定し，言語ごとの外国人ユーザーによる観光行動の差異を明らかにしている．また，相原（2017）は，主として携帯電話の位置情報

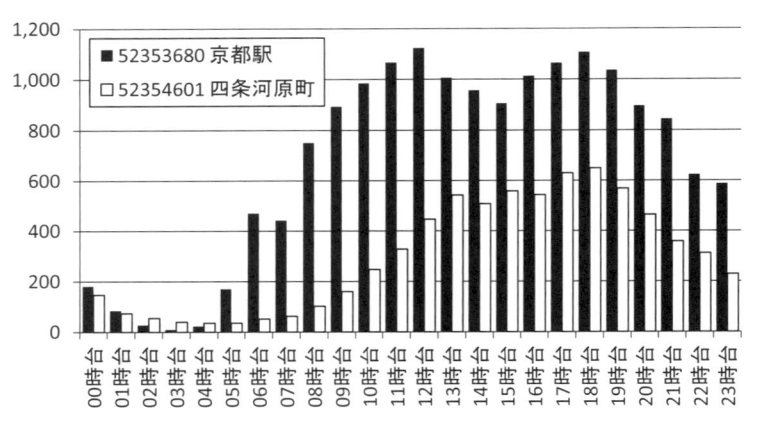

図 6.1　時間帯別の訪問ユーザー数
出典：桐村（2013）

による訪日外国人観光客のビッグデータ解析を紹介するなかで，ツイッターだけでなく，シナウェイボーなど，訪日外国人観光客の利用の多い SNS を活用した，瀬戸内海周辺地域での分析結果を示している．加えて，SNS データの活用の際には，国・地域ごとの偏りが大きいことから，訪日外国人観光客全般の傾向を把握する目的での利用は適当ではなく，国籍別に分けて論じるほうが望ましいとも指摘している（相原，2017）.

ツイッターユーザーのうちの特定の人々に注目する例は他にもあり，「アニメ聖地」の巡礼行動に注目したものとして，田中（2015）がある．田中（2015）は，居住地推定を行ったうえで，日本最大の同人誌即売会の開催会場である東京ビッグサイトを開催期間中に訪問したユーザーを「アニメファン」とみなした．「アニメファン」が他に訪問した地域を抽出し，「アニメ聖地」や鉄道に関連する観光資源がある地域にアニメファンが訪問していることを示した（詳細は 7 章を参照のこと）.

SNS データを活用した観光行動分析が盛んになると同時に，SNS データやその解析結果は商品として販売されるようにもなった．2011 年に創業したナイトレイは，SNS データの解析結果をメッシュ単位で集計した結果の販売を 2013 年に開始している[6]．2015 年には，訪日外国人観光客の観光行動分析に特化したウェブサービスである，「inbound insight」の提供も開始された[7]．このような商業利用の拡大によって，ジオタグ付きツイートデータを含む，SNS データによる観光行動の分析と政策的な活用も進みつつある.

一方，3 章で示したように，2015 年 4 月以降は，付与されるジオタグの種類が変化し，詳細な行動分析には欠かせないポイントのジオタグ付きツイートデータが大きく減少している．桐村（2018）では，ポイントのジオタグ付きツイートデータを活用して，伊勢志摩地域における市区町村内の移動を含んだ観光行動分析の事例を示した（図 6.2）．しかし，3 章および桐村（2018）で述べられているように，ポリゴンのジオタグ付きツイートの場合，市区町村内での移動を把握することは難しい．テキスト内容などから特定の滞在場所を推定することも可能かもしれないが，推定可能なデータは非常に少ないことが予想される．ユーザー行動分析に関する研究がどの程度減少したのか，また，それらの研究において，分析の空間単位がどのように変化してきたのかは明らかではないが，このようなデータの変化は，ジオタグ付きツイートデータを活用したユーザー行動分析に重大な影響を与えていることは明らかである．また，少なくともツイッターに限れば，2019 年現在のポイントのジオタグ付きデータにみられる偏りは 2015 年 4 月以前よりもさらに大きくなっていると考えられ，研究での活用はもちろんのこと，政策的な活用においても，この点に十分に留意しながら取り扱う必要がある.

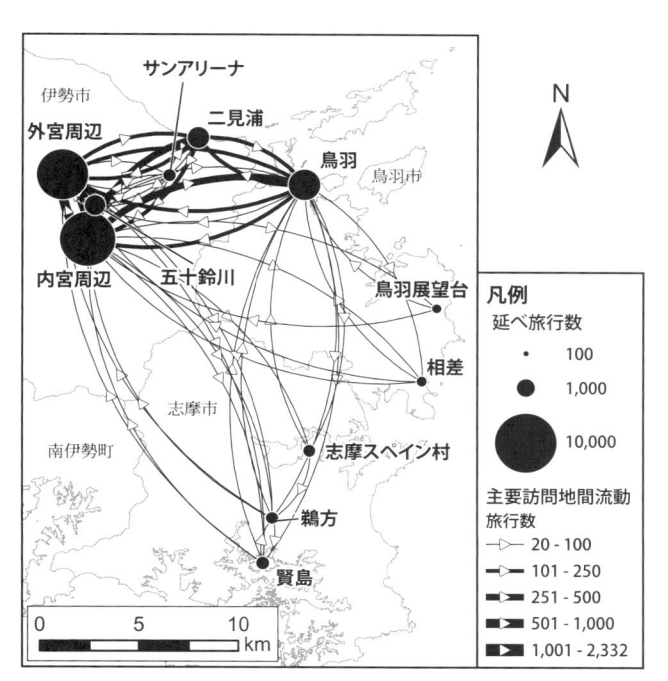

図 6.2　伊勢志摩地域における観光行動
出典：桐村（2018）

　ジオタグ付きツイートデータが持つ，リアルタイム性から，ツイッターユーザーの行動に注目が集まり，その分析が進むのは必然的である．筆者の管見の限りでは，少なくとも日本においては，様々な分野でのユーザーの行動分析への適用例が多くなっているように思われ，ここでは十分に紹介できなかったが，感染症に関するモデリング研究などにも活用されている（Wakamiya et al., 2018）．一方，個々のツイートの公開はしていても，ツイートデータの蓄積から把握されるユーザー行動は，ユーザーが意図して公開したものではない．ツイートデータから把握されるユーザー行動は，各ユーザーのプライバシーとも密接に関わる．ジオタグ付きツイートデータからのユーザー行動の分析においては，相原（2017）が指摘するように，ユーザーのプライバシーへの十分な配慮が必要である．

6.3　地域社会の状態把握

　原（2013）のように，ユーザー行動分析においても，ジオタグ付きツイートデータのテキストの分析

が行われてきたが，テキストからは様々な情報を得ることができる．例えば地域ごとによく使用される言葉を集計することで，地域特有の文化や，それぞれの地域社会の現況を把握することができる．

　鈴木ほか（2011）は，ツイッターデータを活用して，ユーザーのプロフィール情報から地域を判断し，地域別の食生活の現状を把握するための調査システムを提案した．これによれば，全体のうちの0.15％程度のツイートに食品情報を含むテキストが含まれているとされる．Zook and Poorthuis（2014）は，ジオタグ付きツイートにみられるビールとその関連語に注目して，アメリカを対象として，その分布を検討した．その結果，ワインに関するツイートは，ワイン産業が成長し，大きな消費市場である東海岸と西海岸で特徴的にみられ，中西部ではビールへの言及が多くなっていた．さらに，安価なビールへの言及についても詳細に分析し，アメリカにおける「ビール空間」（beer space）を可視化している．桐村（2015）も，食文化に注目して，ラーメンに関する簡単な分析を行っている．分析の結果，ジオタグ付きツイートにおけるラーメンへの言及は，東日本，とりわけ日本海側で多くなっていることがわかる（図6.3）．また，「うどん」に関するツイートについて時間帯別にみると，東京都や大阪府では，昼食時と夕食時にピークを迎える一方で，香川県では，8時台のような午前中も一定の投稿があり，夕方以降はむしろ少ないことが示されるなど，地域ごとの食生活の違いが明らかにされている（図6.4）．

　一方，ツイートのテキストに注目したもう1つの研究として，方言に関する研究が挙げられよう．桐村（2015）では，助動詞＋順接の助詞または順接の接続詞である「だから」と「やから」の分布を示し，「だから」が東日本で，「やから」が近畿地方を中心とする西日本で卓越することを示している．このような分布は，日本語学における"東西対立"として知られており，方言研究のための資源としてジオタグ付きツイートデータが活用できる可能性を示した．峪口ほか（2019）は，大学生へのアンケート調査結果と比較しながら，ジオタグ付きツイートデータの

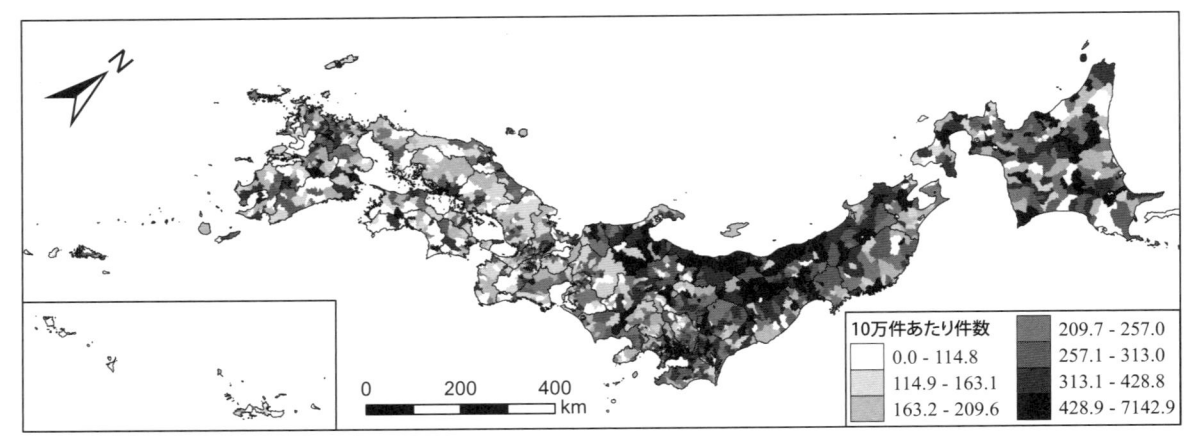

図6.3 「ラーメン」を含むツイートの分布
出典：桐村（2015）

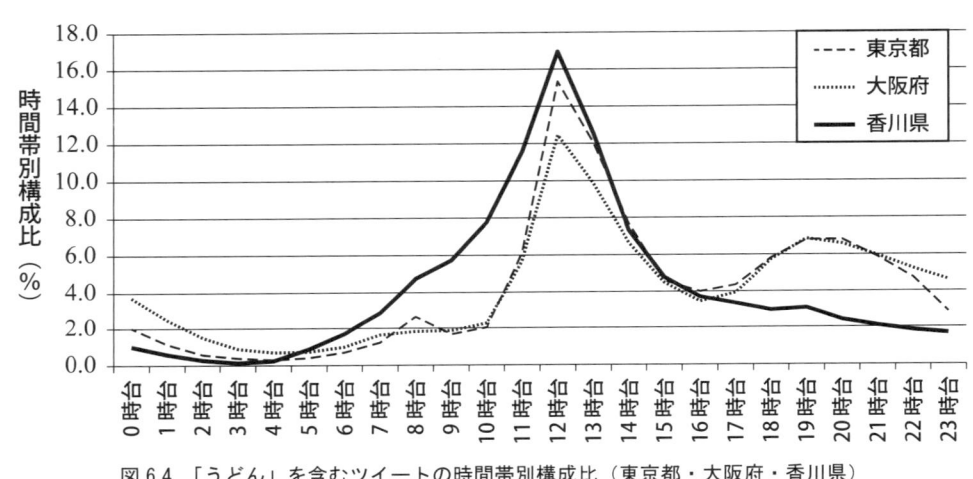

図6.4 「うどん」を含むツイートの時間帯別構成比（東京都・大阪府・香川県）
出典：桐村（2015）

方言研究への適用可能性を論じている．また，方言ではないものの，ユーザーの使用言語別の分布状況と，対応する国籍別外国人人口のデータを，主に東京23区において比較し，対応関係を明らかにした例もある（桐村，2016）．

食生活や方言などは，たいていの場合，地域に根付いていることが多く，静態的な現象といえる．一方で，リアルタイム性を有するツイートデータを活用すれば，直近に発生した出来事に対する社会の反応などを分析することもできる．Shelton et al.（2014）は，2012年10月にアメリカ東海岸に甚大な被害をもたらしたハリケーン「サンディ」に関するジオタグ付きツイートを分析し，被害の大きい地域でツイートが多く，遠く離れた地域で少ないこ

とが示されている．一見すると至極当然の結果といえるものの，それを実証できるデータはほとんどなく，ジオタグ付きツイートデータは，特定の出来事への社会の関心やその地域差を可視化できる研究資源といえる．言い換えれば，ジオタグ付きツイートデータは，スマートフォンやタブレットという，地域社会のデジタルなセンサーを通して出力されたログ（記録）データと考えることができる．

6.4 ユーザー個人の状態把握

ジオタグ付きツイートデータをユーザーごとに観察，分析すれば，各ユーザーの行動だけでなく，気持ちや考えも把握でき，場合によっては健康状態も

知ることができるかもしれない．いわば，ユーザーの感情や体調に関するセンサーとしても機能するはずである．

矢野ほか（2011）は，「眠い」というキーワードを発信したユーザー数を眠気の指標として，地域ごとの気象データとの関係を検討している．また，Allisio et al.（2013）は，ジオタグ付きツイートをもとに，イタリアの都市における幸福度を推定し，可視化するシステムを構築した．このシステムでは，テキスト内容から，ツイートがネガティブかポジティブかを判定しており，都市や地方ごとに地図化できるようになっている．Shelton et al.（2014）も，ハリケーンに対する個々人の関心を地図化したものである．

テキスト内容をより詳細に検討することで，健康状態を判定しようとする研究もある．Yang and Mu（2015）は，ツイッターユーザーにみられるうつに関する空間分析を行った．うつに関する診断基準を参考にしつつ，テキスト分析を通じて大うつ性障害（MDD）のユーザーを自動で推定し，ニューヨーク近郊では，カウンティ単位のMDDユーザーの比率と白人率に正の相関があり，中間的な世帯収入の地域でMDDユーザーの比率が高いことが示されている（Yang and Mu, 2015）．

テキスト内容の分析を通して，様々な情報を把握できる一方で，把握できる情報は言語に依存してしまう．例えば「鬱」という日本語は，インターネット上では単に気分が沈んでいるだけの状態でも使われることがあり，形態素解析した結果として「鬱」というキーワードを多くツイートするユーザーがいたとしても，うつ病患者であるかどうかを判定することは難しい．もちろん，英語の「depressed」についても同様であるものの，言語や文化，ツイートで使われる言葉に対する社会的背景を十分に理解したうえで分析する必要がある．

ジオタグ付きツイートデータによる感情や健康状態に関する研究は，ユーザー行動分析ほど多くはなく，研究を積極的に展開するためには，解決すべき問題が数多く残されているのかもしれない．例え

ば，「インフルエンザ」に言及したツイートがあったとしても，ユーザー本人の感染なのか，あるいはインフルエンザ流行に対する感想や予防を意図したものであるのかなど，様々な状況が想定でき，これらの状況を適切に判断しないと，ユーザーごとの健康状態は判定できない．もしインフルエンザに罹患しているのであれば，当該ツイートの内容や前後のツイート内容，ツイートの頻度などにも影響を与えると考えられることから，機械学習などの手法を援用すれば，総合的に判断することも可能になるかもしれない．

6.5　データに含まれる地理的バイアス

ジオタグが付与されているかどうかにかかわらず，ツイートデータは様々な研究者によって分析され，何らかの学術的知見が得られている．しかし，そのデータにどれほどのバイアスが含まれているのか，また，そのバイアスが分析結果にどのような影響を与えうるのかについて，十分な事前の検討を行ったうえで分析している事例はそれほど多くはない．ここでは，特に地理的なバイアスに注目した研究について整理する．

それでは，ジオタグ付きツイートデータには，どのようなバイアスが内在しているのであろうか．ジオタグのないツイートも含めて，ユーザーのプロフィール情報から地域を判断して，アメリカにおけるツイッターユーザーの地理的分布と人口構造を明らかにしようとした Mislove et al.（2011）は，ツイッターユーザーは主に男性であり，人口の集中する地域を過剰に代表しており，人種や民族に偏っていることを示した．また，3章でも示した，Malik et al.（2015）では，ジオタグ付きツイートデータに関する人口バイアスについて議論されており，若いユーザーや，高収入のユーザー，都市域に住むユーザー，ヒスパニック・ラテン系ユーザー，黒人ユーザーに偏っている傾向が確認されている．また，Malik et al.（2015）は，東海岸，西海岸でより多く

のツイートが投稿されていることも明らかにしており，ジオタグ付きツイートデータが，すべてのツイッターユーザーを代表できるか，また，アメリカ国内の人口を代用できうるものなのかについて判断することはできないとしている．都市と村落との差も確認されており，Hecht and Stephens（2014）は，いくつかの VGI（自発的地理情報）における都市的なバイアスを検証する作業のなかで，ジオタグ付きツイートデータを利用して都市と村落の差を検討し，ユーザー率やツイートの頻度は都市的な地域ほど高いことを示している．

ツイートデータにみられる地理的バイアスに関する研究の多くはアメリカを対象とするものであり，必ずしも日本にそのまま適用できるとは限らない．しかし，3 章や桐村（2018）で示されたように，日本においても大都市圏，特に東京に偏る傾向が確認されており，日本が例外であるとは考えにくい．また，ポイントのジオタグが多くなり，Foursquare を通したチェックインのデータの割合が高まったため，チェックインできる地点に関するバイアスの影響も大きくなっている．3 章で示したように，三重県の伊勢志摩地域では，日本全国と比べて Foursquare に基づくジオタグが付与されたツイートの割合は低く，地方都市と大都市圏との地点の数の差が存在している可能性もある．

ジオタグ付きツイートデータに限らず，ツイートデータを研究で活用する際には，これらのようなバイアスに十分に配慮する必要があるが，若年層のユーザーが多いことを前提とするものはあっても，大都市圏などへの地理的な偏りについて言及したうえで，何らかの対応を行っている分析事例はほとんどみられない．このような地理的な偏りが存在することから，相原（2017）が主張するように，「意見の多寡で判断する，件数等で順位を付ける，肯定的意見と否定的意見の数を比較する，などを安易に行ってはならない」と考えられ，ジオタグ付きツイートデータを利用した地域に関する分析，例えば，大阪よりも東京からの来訪ユーザーのほうが多いといった比較をそのまま行うことはできないだろう．

このようななかで，市販されているジオタグ付きの SNS データなどを活用して，政府や自治体が自ら観光行動分析や，政策的な応用を図ろうとした場合，果たして現実に合った成果が得られるのだろうか．例えば，ユーザー比率の高い東京からの観光客の割合を実態以上に高く見積もってしまう可能性はないだろうか．ツイートデータからはユーザーの評価を把握することもできるため，東京からのユーザーの評価に合わせて，観光地整備を進めることも可能である．その場合，本来は多かったはずのそれ以外の地域からの観光客が減少してしまうことにもなりかねない．ジオタグ付きかどうかに限らず，ツイートデータは社会的にも役立つ有用なデータであることは確かだが，同時に様々なバイアスを抱えるデータであることにも，研究者に限らず注意を払うべきである．

6.6　今後の展開

日本におけるジオタグ付きツイートデータの研究活用は，初期には，工学系，情報科学系を中心とする研究者によって着手されはじめ，ユーザー行動の分析を中心とする研究が行われてきた．近年は，徐々に地理学や日本語学などの人文・社会科学系の研究者にも活用されつつある．しかし，ある程度データの利用が定着しつつある工学や情報科学の分野においても，ジオタグ付きツイートデータが抱える地理的バイアスに関するアメリカでの議論に注意を払う事例はこれまでにもそれほどなく，ほとんど無批判に活用される傾向にある．今後，地理学だけでなく，人文・社会科学全般で広く利用していくためには，歴史学における史料批判のような手続きを行いながら，ジオタグ付きツイートデータの信頼性と限界，そして，既存の学術研究が解決できなかったどのような課題を解決しうるのかについて整理していく必要がある．本章および 3 章はそのような問題意識を持ちながら構成しているものの，紙幅の都合上，十分な議論を展開できてはいない．この点に関しては，今後，稿を改めて考察を加えたい．

一方，少なくともデータがもつ地理的バイアスに留意して，それによる分析結果への影響を軽減させる必要があると考えられるものの，ツイッター社によるAPIを通したデータの公開が続く限り，ジオタグ付きツイートデータによる，行動分析を中心とする空間分析は今後も蓄積されていくものと考えられる．特に，誰にでも自由に入手できる行動に関する地理情報として，ジオタグ付きツイートデータは，地理学に限らず空間分析を行う様々な分野において，新たな知見をもたらしうる．例えば，人々の行動に関する地理情報としては，東京大学空間情報科学研究センターが提供する人の流れデータ[8]が知られているものの，パーソントリップ調査に基づくものであり，利用可能な範囲は大都市圏に限られている．また，携帯電話のGPS情報を利用した研究もみられるが，プライバシーなどへの配慮から利用には制約が多く，研究目的であれば誰でも利用できるという状況ではない．ジオタグ付きツイートデータであれば，ユーザーの地理的バイアスの問題は存在するものの，大都市圏という空間的な制約はなく，例えば大都市圏間の日常的な移動や，平日に大都市圏に滞在し，週末には非大都市圏で過ごすような二地域居住の状況を分析できる．また，全世界のデータを収集することで，国際的な人口移動に関する分析も可能になる．ジオタグ付きツイートデータは，既存の統計では把握しにくい，人口の動態的特徴の解明に役立てることができる．

一方，ツイート内容に注目することで，日常的な会話でのやり取りが生じうるような現象に関する実態や意識の調査を代替できるかもしれない．例えば，11章で取り上げる方言については，従来，それぞれの地域に赴いてアンケート調査を実施するなどの方法が取られてきた．しかし，全国規模で方言の調査を実施するには多大な費用と時間が必要であり，大学院生や若手研究者は容易には行うことができない．ジオタグ付きツイートデータを活用すれば，ユーザー属性のバイアスが存在するものの，全国的な動向をリアルタイムに把握できる．長期間のデータがあれば，方言の変化や新たな表現の派生なども確認できる可能性がある．また，予備的な分析として，ジオタグ付きツイートデータをもとに全国的な動向を確認したうえで，効率的にアンケート調査を実施するなど，様々な活用の方向性が考えられる．

今後も，ジオタグ付きツイートデータを中心として，ツイッターに関する空間分析の研究蓄積が進んでいくものと考えられる．このとき，それぞれの分野での単なる利活用だけでなく，データそのものに対する批判的な見方を含めた多様な視点からの研究が展開されることで，地理学をはじめとする様々な学問分野における研究課題を解決していくことができると期待している．

文献

相原健郎 2017．ビッグデータを用いた観光動態把握とその活用—動体データで訪日外客の動きをとらえる．情報管理 59（11）：743-754．

桐村　喬 2013．位置情報付きツイッター投稿データにみるユーザー行動の基本的特徴—観光行動分析への利用可能性—．地理情報システム学会講演論文集 23：（CD-ROM）．

桐村　喬 2015．ビッグデータからみた地域の諸文化—方言と食文化を事例に—．立命館地理学 27: 23-37．

桐村　喬 2016．位置情報付き SNS ログデータにみる使用言語の多様性—世界都市東京と観光都市京都の比較．地理情報システム学会講演論文集 26：（CD-ROM）．

桐村　喬 2018．位置情報付き Twitter データの観光行動分析への有用性と限界—伊勢志摩地域における事例分析を通して—．皇學館大学紀要 56: 133-155．

桑原　雄・稲垣陽一・草野春章・中島伸介・張　建偉 2009．マイクロブログを対象としたユーザ特性分析に基づく類似ユーザの発見および推薦方式．情報処理学会研究報告 2009-DBS-149（18）：1-3．

佐伯圭介・遠藤雅樹・廣田雅春・倉田陽平・横山昌平・石川　博 2015．外国人 Twitter ユーザの観光訪問先の属性別分析．DEIM Forum 2015: C4-3．

坂巻智宏・岩井将行・瀬崎　薫 2011．マイクロブログのジオタグを用いたユーザの行動パターンの調査に関する研究．第 73 回全国大会講演論文集 2011(1)：787-788．

峪口有香子・岸江信介・桐村　喬 2019．Twitter データを利用した言語地理学的研究の可能性：「おもしろい」「おもしろくない」を事例として．計量国語学 31（8）：537-554．

篠田孝祐・榊　剛史・鳥海不二夫・風間一洋・栗原　聡・野田五十樹・松尾　豊 2013．東日本大震災時における Twitter の活用状況とコミュニケーション構造の分析．知能と情報 25（1）：598-608.

鈴木貴文・堀　幸雄・今井慈郎 2011．Twitter を用いた地域別食生活調査．第 73 回全国大会講演論文集 2011（1）：519-520.

田中誠也 2015．SNS ログデータを活用したアニメ聖地巡礼者の行動分析—九州での活用可能性．九州経済調査月報 69（10）：2-7.

中谷友樹 2015．外国人旅行者の行動空間に関する地理的可視化—京都市を対象とした Twitter および GPS 調査資料の解析—．立命館大学地理学教室編『観光の地理学』文理閣：84-110.

原　祐輔 2013．Twitter を用いた東日本大震災時の首都圏の帰宅意思決定分析．自然言語処理 20（3）：315-334.

宮城良征・當間愛晃・遠藤聡志 2009．日本語オントロジー辞書システム Ontolopedia の構築と興味抽出手法への応用検討．知能と情報 21（5）：815-826.

矢野裕司・加藤由花・横井　健 2011．マイクロブログと気象データを利用した眠気の予測．第 73 回全国大会講演論文集 2011（1）：691-692.

李　龍・若宮翔子・角谷和俊 2012．Tweet 分析による群衆行動を用いた地域特徴抽出．情報処理学会論文誌データベース 5（2）：36-52.

渡辺隼矢 2016．位置情報付き Twitter 投稿データを利用した観光行動分析の手法開発．地理情報システム学会講演論文集 26:（CD-ROM）.

Allisio, L., Mussa, V. Bosco, C., Viviana, P. and Ruffo, G., 2013. Felicittà: Visualizing and Estimating Happiness in Italian Cities from Geotagged Tweets. *Proceedings of the First International Workshop on Emotion and Sentiment in Social and Expressive Media: approaches and perspectives from AI (ESSEM 2013)*: 95-106.

Fujisaka, T., Lee, R. and Sumiya, K., 2009. Exploring Regional Characteristics Using the Movement History of Mass Mobile Microbloggers. *IPSJ SIG Technical Report* 2009-DBG-149 (17): 1-8.

Java, A., Song, X., Finin, T. and Tseng, B., 2007. Why We Twitter: Understanding Microblogging Usage and Communications. *Proceedings of the 9th WebKDD and 1st SNA-KDD 2007 Workshop on Web Mining and Social Network Analysis*: 56-65.

Hecht, B. and Stephens, M., 2014. A Tale of Cities: Urban Biases in Volunteered Geographic Information. *Proceedings of the Eighth International AAAI Conference on Weblogs and Social Media*: 197-205.

Malik, M. M., Lamba, H., Nakos, C. and Pfeffer, J., 2015.

Population Bias in Geotagged Tweets. *Standards and Practices in Large-Scale Social Media Research: Papers from the 2015 ICWSM Workshop*.

Mischaud, E., 2007. Twitter: Expressions of the Whole Self: An investigation into user appropriation of a web-based communications platform. Master dissertation of London School of Economics and Political Science.

Mislove, A., Lehmann, S., Ahn, Y.-Y., Onnela, J.-P., and Rosenquist, J. N., 2011. Understanding the Demographics of Twitter Users. *Proceedings of the Fifth International AAAI Conference on Weblogs and Social Media*: 554-557.

Shelton, T., Poorthuis, A., Graham, M. and Zook, M., 2014. Mapping the data shadows of Hurricane Sandy: Uncovering the sociospatial dimensions of 'big data'. *Geoforum* 52: 167-179.

Wakamiya, S., Kawai, Y. and Aramaki, E., 2018. Twitter-Based Influenza Detection After Flu Peak via Tweets With Indirect Information: Text Mining Study. *JMIR Public Health and Surveillance* 4 (3): e65.

Yang, W. and Mu, L., 2015. GIS analysis of depression among Twitter users. *Applied Geography* 60: 217-223.

Zook, M. and Poorthuis, A., 2014. Offline Brews and Online Views: Exploring the Geography of Beer Tweets. Patterson, M. and Hoalst-Pullen, N. eds., *The Geography of Beer*, Springer Science+Business Media, Dordrecht: 201-209.

注

1）https://twitter.com/jack/status/20（2019 年 4 月 9 日閲覧）.

2）https://blog.twitter.com/en_us/a/2006/introducing-the-twitter-api.html（2019 年 4 月 9 日閲覧）.

3）https://scholar.google.co.jp/（2019 年 4 月 9 日閲覧）.

4）2019 年 3 月 29 日時点での検索結果に基づく.

5）一般的なブログに対して，文字数の少ないツイッターは，マイクロブログと呼ばれるサービスに分類されることもある.

6）https://nightley.jp/archives/969（2019 年 3 月 31 日閲覧）.

7）https://nightley.jp/archives/2801（2019 年 3 月 29 日閲覧）.

8）https://pflow.csis.u-tokyo.ac.jp/（2019 年 5 月 27 日閲覧）.

アニメ聖地の巡礼行動を追う

7章

田中 誠也・磯田 弦

7.1 はじめに

アニメ聖地巡礼とは，アニメやマンガ・ゲームなどのストーリーやシーンで利用された場所（アニメ聖地）に訪れる観光行動のことを指し，大型観光に替わる着地型観光の1つである．近年では自治体，観光業，地域商業などから新たに観光地を作り出す観光行動として，注目されている．

アニメ聖地巡礼のはじまりは諸説あるが，現象として確認され始めたのは，2007年にテレビ放映されたアニメ「らき☆すた」[1]のオープニング映像で使用され，後に版元の（株）KADOKAWA（角川書店：東京都千代田区）や久喜市商工会鷲宮支所が協力して様々な施策を打っていった，鷲宮神社（埼玉県久喜市）への巡礼行動である．

その他にも多くの事例があるなか，アニメ聖地として著しい成功を見せた例として，茨城県大洗町が挙げられる．同町は，TVアニメ「ガールズ＆パンツァー」[2]でその街並みが舞台となって放映され「巡礼者」が来訪し始めてから，大洗町商工会青年部や同町の各商店街が中心となり，様々な商品やサービスを店舗ごとに企画している．また，地域のイベントにスタッフや声優を呼ぶ，限定のノベルティを配布・販売するといったように，聖地巡礼を地域の関係者が積極的に取り入れている．地域のイベントを知ってもらうことで，聖地巡礼者を地域のファンに変えていくための取組を行っている．その結果，同町で毎年11月に開催される地域の祭事「大洗あんこう祭」では，2011年3.5万人だった来場者数が，放映された2012年には6万人，2013年・2014年には10万人となり，現在もその集客力を維持している．

先に挙げた2例はあくまでアニメをきっかけに巡礼者の地域への取込に成功した例であり，実際に取組を行ったものの集客に至らなかった地域もある．しかし，自治体や商工会，個人事業主などがステイクホルダーと協力して取組んでいくことにより，アニメがきっかけで地域が観光地として成立する可能性を大いに秘めているのである．

アニメ聖地巡礼は，仮想のアニメ作品に登場する実在の場所を巡るというだけではなく，アニメ作品の背景や舞台に使われた場所を探しだし，聖地をつくりあげていく過程でもある．ファンのブログには，作中の地名との類似性や景観の一致性などをたよりに，アニメ作品の背景の場所を特定する考証がなされており，これがその他のファンによって追認されている．そして，多くの巡礼者を集める場所が聖地として認知されるのである．マニアックな場所を探す活動は，個々には以前から行われてきたことかもしれないが，近年の聖地巡礼の隆盛はインターネットを介した情報交換によって支えられている．

さて，観光を研究していく上で，全体的な観光行動をみるための指標としては，各都道府県の観光動態調査が挙げられる．しかし，観光動態調査は都道府県によって調査方法および調査項目が異なる．1996年に（社）日本観光協会（現（公財）日本観光振興協会：東京都港区）が「全国観光統計基準」を作成しその利用を自治体に呼びかけているが，普及は進んでおらず，このような新しい観光行動は，既存の観光統計のみからは把握しづらい．さらにアニメ聖地の場合は特定の建造物や観光名所だけではなく，日常的な風景や場所が自然発生的に観光資源になるため，どこにどれだけの人が訪れ，何をしていったかを把握することは難しい．

そのため，このような観光行動の分析はアンケート調査や聞き取り調査を行うのが主流である．しか

し，どちらもサンプル数や地域が限られてしまう．また，最近では聖地巡礼の記念にと巡礼地の店舗に設置してある来訪者ノートや，巡礼地の周辺の神社に奉納された痛絵馬（アニメのキャラクターが描かれた絵馬）を用いた研究が行われているが，いずれの場合も日付などのデータの欠損や取得データの限定性，すなわちノートや絵馬の存在を知っていて，かつ利用できるタイミングがあったケースしか捕捉できないという問題がある．

本章では，そのように捕捉困難なアニメ聖地巡礼者の行動をツイッターのジオタグ付きログデータから傾向を読み取れないか，様々なアプローチでの分析を試みる．

7.2 手　法

投稿者の発地（日常空間）を簡易に推定する方法として，その投稿者の全投稿の重心点や最頻地域から推定する方法がある．しかし，投稿者は日常生活での投稿以外に，出張先や観光地で投稿する事もあり，単純に重心点や最頻地域からの推定ではそれらの外れ値（非日常空間）が反映されたまま計算されてしまう．本稿では，より安定した結果を得るために，ロバスト推定法である M 推定値を用いて重心点を求めることで発地を推定した．その手法については 4 章にて解説しているのでそちらを参照されたい．

今回の分析で使用するデータは 2012 年 2 月から2014 年 2 月までに投稿されたジオタグ付き投稿データのうち，移動先ないしは移動中にモバイル端末から投稿された投稿データである．

7.3 活用例

7.3.1 聖地巡礼者の特徴を見る

アニメ聖地として知られる地域に来訪したユーザーの傾向をミクロ・マクロの両方の視点で分析する．

まず，聖地巡礼者の居住傾向からみていくこととする．

今回は茨城県大洗町（TV アニメ「ガールズ＆パンツァー」），滋賀県豊郷町（TV アニメ「けいおん！」[3]），また，作品の種類による比較のために大河ドラマ「八重の桜」[4] の主な舞台となった福島県会津若松市鶴ヶ城周辺，そして，毎年 8 月と12 月に東京ビッグサイトで開催され，それぞれ 3日間で約 50 万人が来場する日本最大規模の同人誌即売会であるコミックマーケット 85（以下，コミケ 85）の会場である東京ビッグサイトの開催期間内（2013 年 12 月 29 日から 31 日）を対象とした．これらの場所を訪問した投稿者の全投稿データを抽出し，各投稿者の発地を求めた．図 7.1 は対象の各地点を訪れたユーザーの居住地を地図上に提示したものである．

それぞれの発地から対象の地点への訪問頻度は，2 地点間の距離の関数として推定することができる．ある観光地を訪問した投稿者について発地を推定し，その発地を市区町村別に集計したものを従属変数としたポアソン回帰を行う．主な独立変数は，観光地から各市区町村の人口重心点までの距離であり，また，市区町村人口をオフセットとして使用し，以下のように計算した．

$$\log(\text{カウント数}) = \text{切片}$$
$$+ \log(\text{市町村人口})$$
$$+ \beta_1 \cdot \log(\text{対象地からの距離})$$
$$+ \beta_2 \cdot (\text{放映の有無})$$

訪問頻度に関するポアソン回帰の係数をまとめたのが表 7.1 である．表中の「対象地からの距離」の係数は，対象の地点からの距離が遠くなるにつれてどの程度訪問頻度が減少するか（距離低減）を表す．この傾き距離低減は各作品で多少の違いが見られるが，作品の種類（今回はアニメと大河ドラマ）による明瞭な違いは見られなかった．つまり，アニメ聖地は，全国放送された大河ドラマの舞台とそん色なく，広域から訪問客を集めていることがわかる．

また切片から，ツイッター利用者層に限って言え

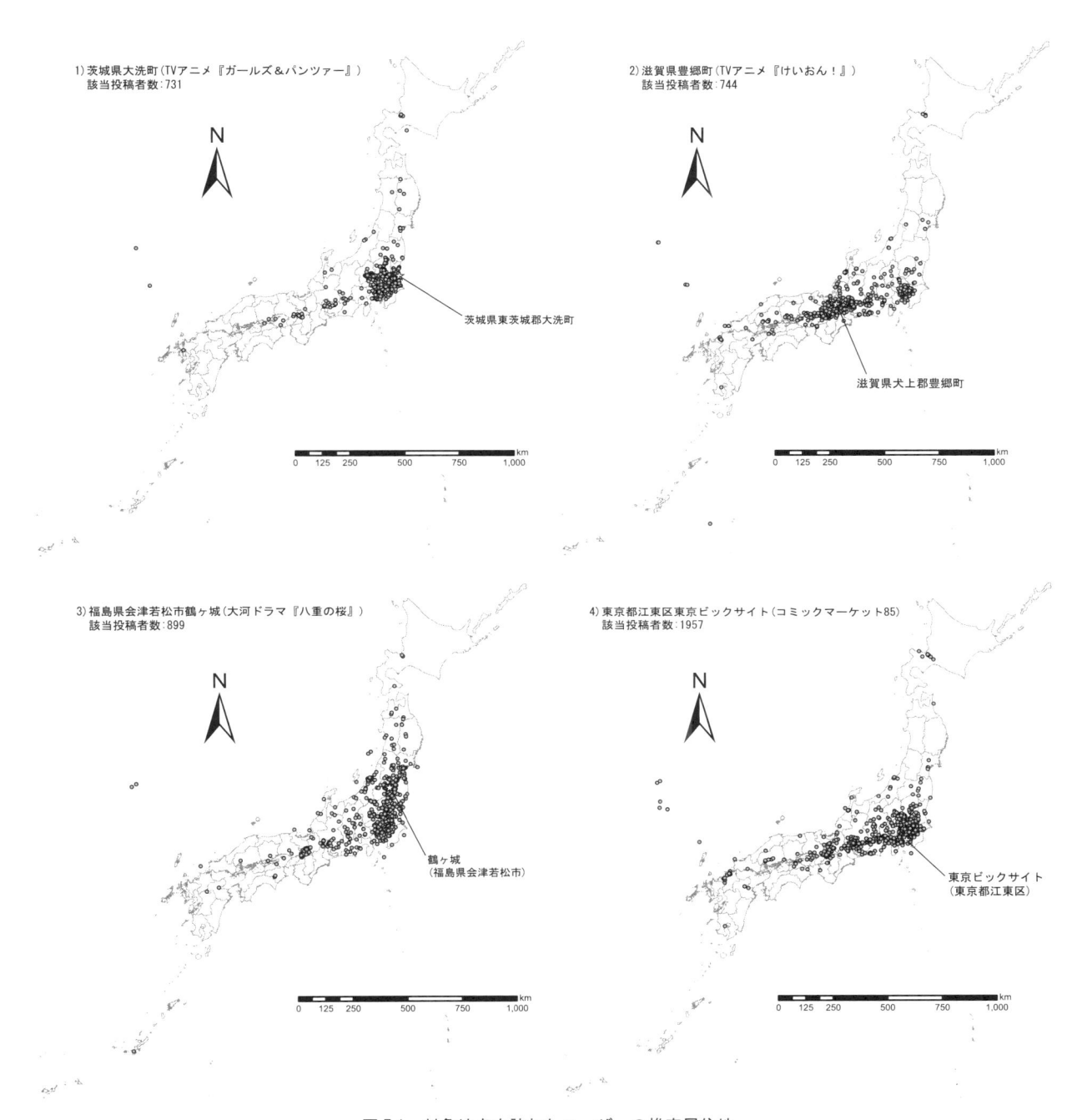

1) 茨城県大洗町 (TVアニメ『ガールズ&パンツァー』)
　該当投稿者数：731

茨城県東茨城郡大洗町

2) 滋賀県豊郷町 (TVアニメ『けいおん！』)
　該当投稿者数：744

滋賀県犬上郡豊郷町

3) 福島県会津若松市鶴ヶ城 (大河ドラマ『八重の桜』)
　該当投稿者数：899

鶴ヶ城
(福島県会津若松市)

4) 東京都江東区東京ビックサイト (コミックマーケット85)
　該当投稿者数：1957

東京ビックサイト
(東京都江東区)

図 7.1　対象地点を訪れたユーザーの推定居住地

ば，アニメ聖地は大河ドラマと同規模の訪問客動員力を持つこともわかる．

　アニメ聖地となった 2 地点に関しては，その作品のテレビ放映地域が限られているため，放映の有無を説明変数に取り入れたが，有意差は見られなかった．つまりアニメは放映地域が限られるものの，昨今では公式のインターネット配信や BD・DVD などによる視聴が可能なため，放映地域外からでも同等の来訪がみられていると考えられる．

　次に，得られたデータから，アニメファンが訪れる全国各地のアニメ聖地を特定する．あるユーザーが日常生活圏を超えて訪問した先は，先のロバスト

表 7.1　対象地点への訪問頻度の係数（標準誤差）

	大洗	豊郷	会津若松	コミケ85
切片	-6.302***	-7.789***	-6.776***	-7.016***
	-0.089	-0.354	-0.08	-0.071
対象地からの 距離（対数）	-1.148***	-0.876***	-0.954***	-0.995***
	-0.021	-0.032	-0.016	-0.02
放映の有無 （ダミー）	0.025	0.206	-	-
	-0.079	-0.318	-	-
N	1,898	1,898	1,898	1,898
Null deviance	2,803.0	2,112.9	3,066.4	6,430.5
Residual deviance	1,176.1	1,553.7	1,526.6	3,180.3
AIC	1,788.7	2,334.8	2,333.1	4,228.5

***：有意水準 0.1% で有意
資料：田中（2015）

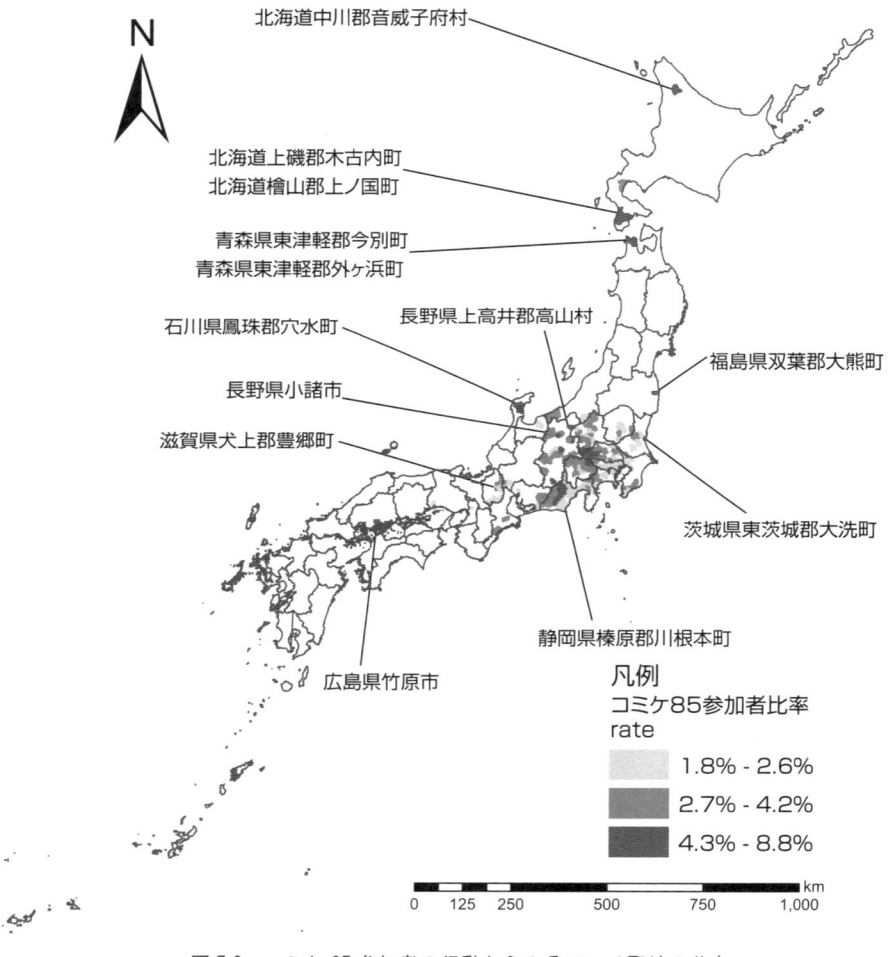

図 7.2　コミケ 85 参加者の行動からみるアニメ聖地の分布

推定法を行った際に除外された地点を見ることでわかる．しかし，どのようにすればアニメファンを特定することができるであろうか．

特定のために本稿では，前述のコミケ 85 を利用する．2013 年 12 月 29 日〜12 月 31 日の 3 日間に，東京ビッグサイトで投稿した投稿者を本稿での「ア

ニメファン」とみなし，この投稿者群について，全国の各市区町村への訪問者数を集計した．

　ある集団の特徴的な観光行動をみるためには，まず一般的な観光行動を明らかにしてその中でその集団の観光行動の割合が高い地域を見ればよい．そこで，全投稿者についても同様の集計を行い，これを分母とする「コミケ85参加者比率」（各市区町村への訪問者のうち，コミケ85参加者の比率）を算出した．さらにより詳細に特定するために比率の検定を行った．有意な結果が得られ，来訪比率が高い市町村を地図化したものが図7.2である．

　「コミケ85参加者比率」が有意に高い地域をみると，茨城県大洗町のほかにも，滋賀県豊郷町，広島県竹原市（TVアニメ「たまゆら」シリーズ[5]），石川県穴水町（TVアニメ「花咲くいろは」[6]），青森県今別町・外ヶ浜町（TVアニメ「CLANNAD ～ AFTER STORY ～」）など，アニメ聖地として知られる地域が挙げられ，コミケ85参加者の行動からアニメ聖地を検出することができることがわかった．ただし，SLが運行されている大井川鐵道が通る静岡県

川根本町や，旧天北線で知られる北海道音威子府村などといった鉄道に関する観光資源を有する地域も有意な値を示す場合もあった．つまり，コミケ85には，アニメファンだけではなく，鉄道ファンも参加していることが考えられる．また，コミケ85参加者比率が有意に高い地域は，関東および近県に集中する傾向がみられるが，これは，コミケ85に参加する投稿者の居住地が関東に偏っているためである．

7.3.2　地域内での聖地巡礼者行動を追う

　前節では，聖地巡礼者の広域的な動きを分析してきたが，次に聖地巡礼者が地域内でどのように行動しているのかを追うことができないか検討する．

　今回は茨城県大洗町の中でのツイート地点について2012年2月から2015年4月の期間でのツイートを分析する．当該期間でのツイートユーザー数とツイート数の推移を示したものが図7.3である．当該期間内でロバスト推定によって判別した茨城県大洗町を旅行先としてジオタグ付ツイートを投稿したユーザーは2,932ユーザーであり，投稿されたツイー

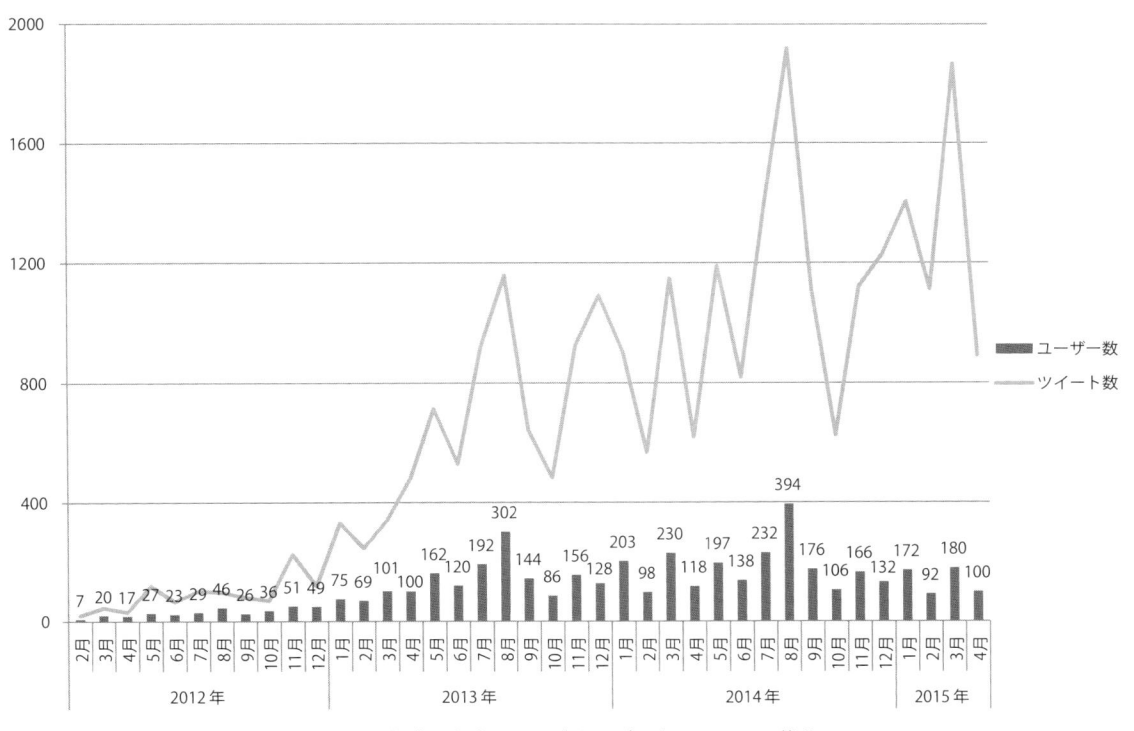

図7.3　茨城県大洗町でのジオタグ付きツイートの推移

ト数は 26,731 ツイートであった.

さて，今回の分析対象である大洗町についてであるが，沿岸部には大洗サンビーチ海水浴場や大洗リゾートアウトレット，大洗マリンタワーといった観光資源が立地している。また，大洗町の街なかは複数の商店街で構成されており，西から大貫商店街，髭釜商店街，新道商店街，永町商店街，新町商店街，通り町商店街，曲がり松商店街，東町商店街となっている.

前述の TV アニメ「ガールズ＆パンツァー」では，大洗磯前神社や大洗マリンタワー，大洗リゾートアウトレットなどの観光施設の他にも曲がり松商店街，通り町商店街，永町商店街，髭釜商店街，そして大貫商店街の一部が背景として登場した.

月別の推移を見ていくと，アニメ聖地巡礼というのはアニメ放映直後に来訪が増えるものと考えられがちであるが，放映開始直後である 2012 年 10 月から急激に増えているわけではなく，11 月の町内の祭りであるあんこう祭で投稿ユーザー，投稿ツイー

ト数が少し増えたが，翌 12 月にはまた減少している．大洗町での投稿ユーザー，投稿ツイートの増加のきっかけとなったのは，町内の祭りである海楽フェスタが開催された 2013 年 3 月であり，このイベントの際に大洗町商工会によって各商店に作中のキャラクターパネルが設置された．また，2013 年 6 月には同様に作中に登場した戦車のパネルが設置された（それぞれのパネル設置位置については図 7.4 の通りである）．その結果，一人のユーザーがパネルを各地で撮影し複数のツイートをするようになり，2013 年 5 月以降投稿ユーザー，投稿ツイートが急激に増加している.

さて，次に各月ごとにどの地点でツイートが集中しているのかをカーネル密度によって分析する．今回の分析においては，2012 年 8 月の検索範囲，表示範囲で分析・表示を統一する．検索範囲，表示範囲を統一することによって，期間全体を通しての密度を示すことができる．今回は特徴的な密度分布を示したものを図 7.5 〜 7.8 に示した.

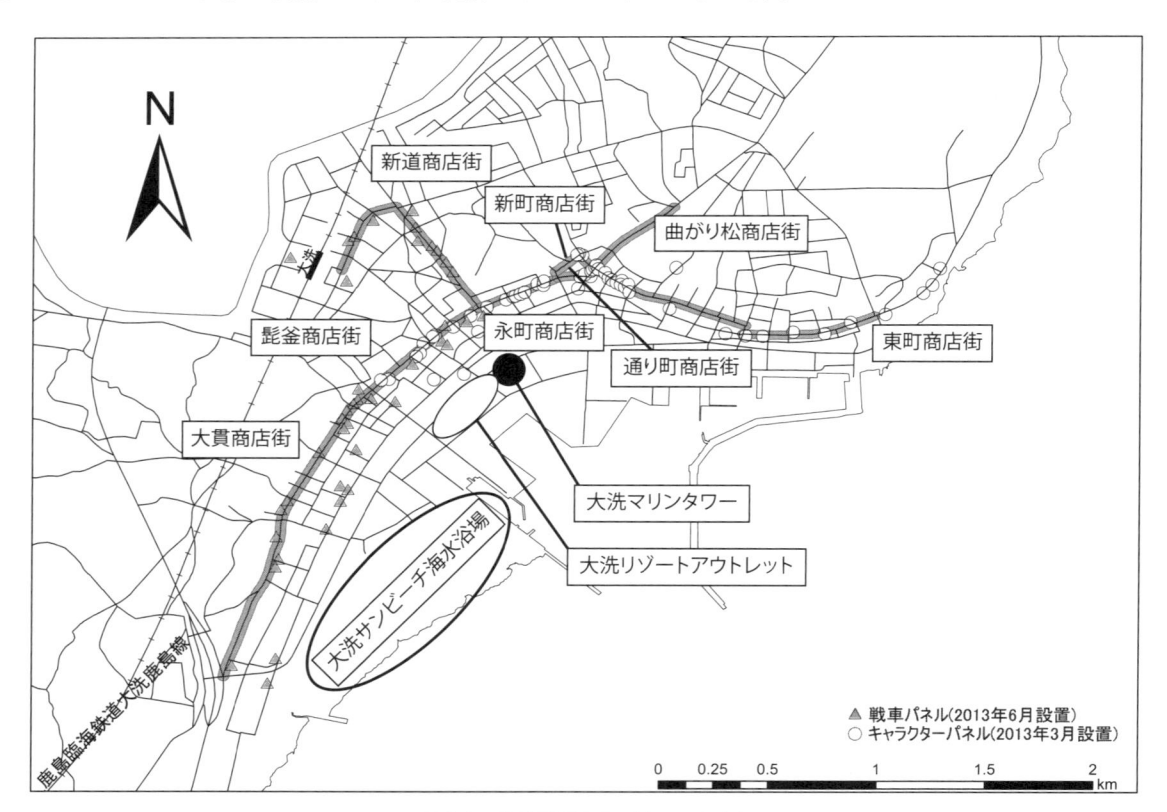

図 7.4　分析範囲と各パネルの配置

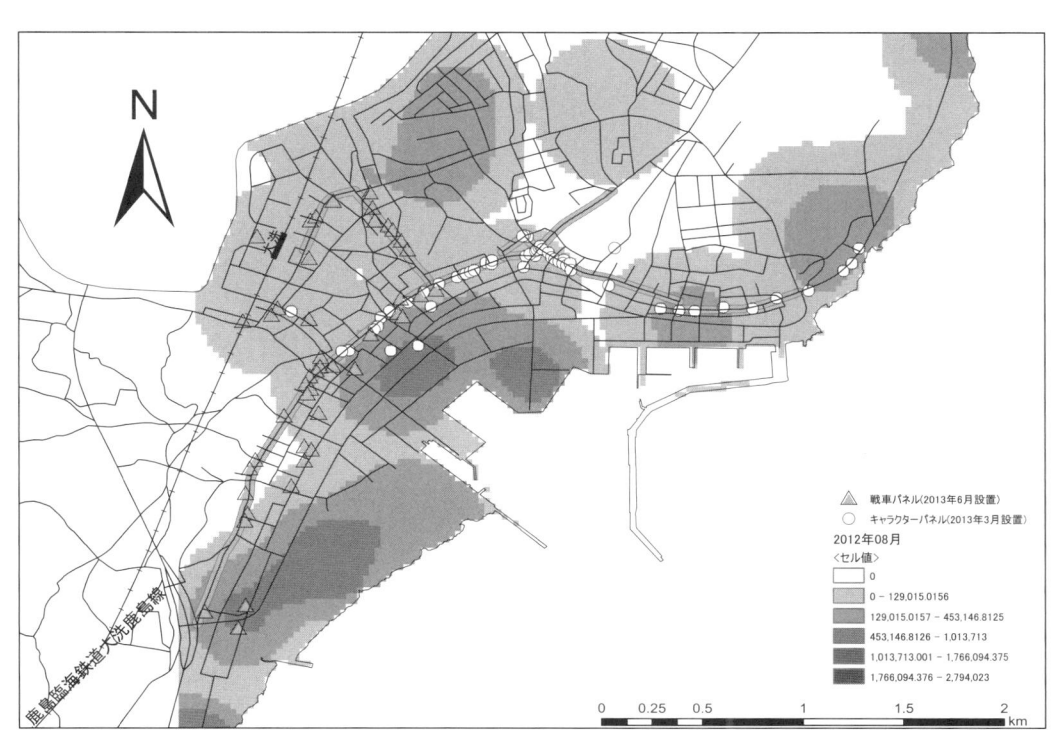

図 7.5　地域内での投稿ツイートのカーネル密度分布
（2012 年 8 月 / アニメ放映開始前）

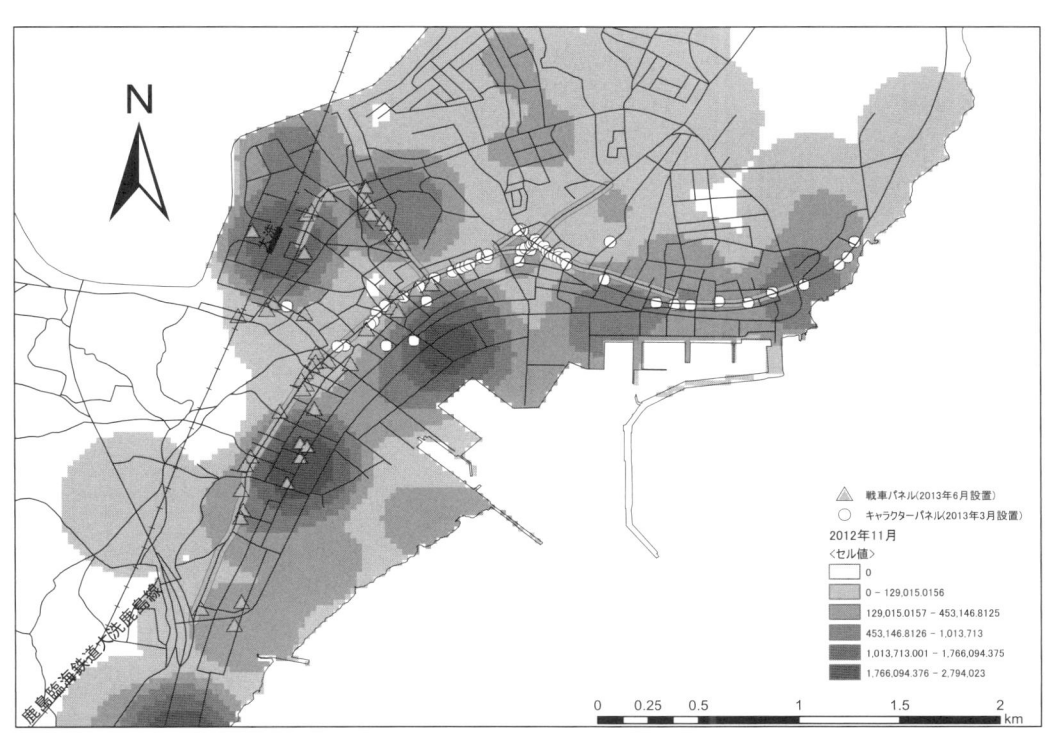

図 7.6　地域内での投稿ツイートのカーネル密度分布
（2012 年 11 月 / アニメ放映開始後・パネル設置前）

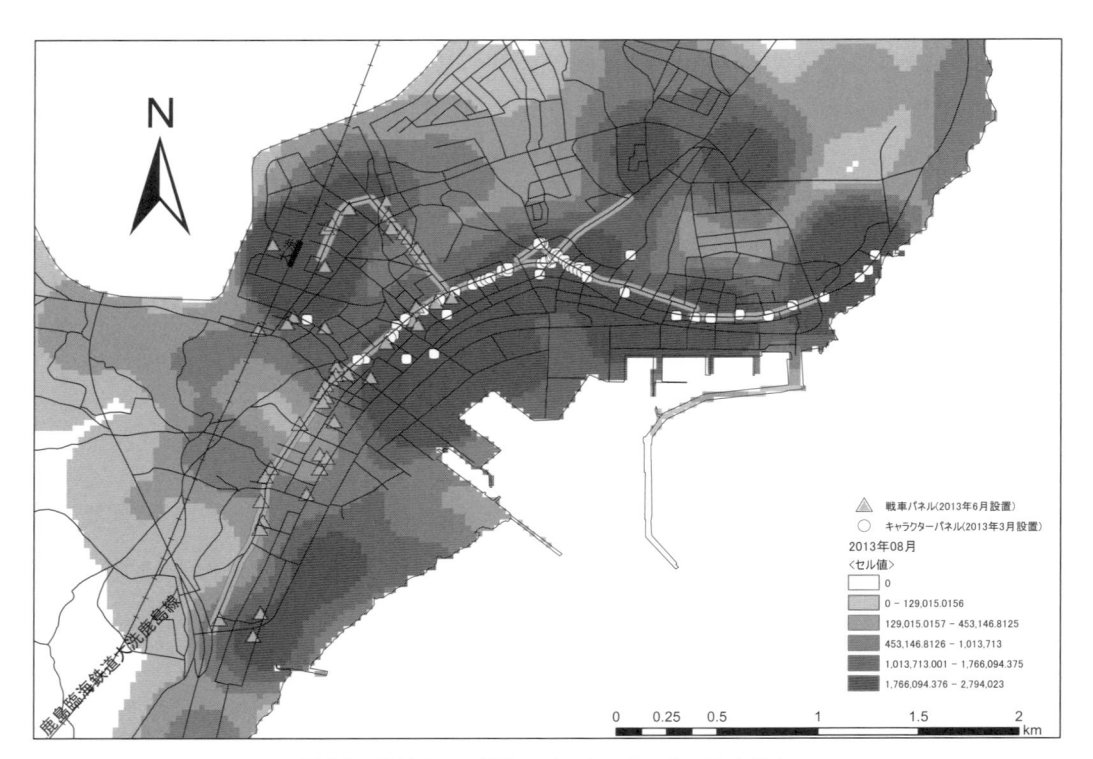

図 7.7　地域内での投稿ツイートのカーネル密度分布
（2013 年 8 月 / 両パネル設置後）

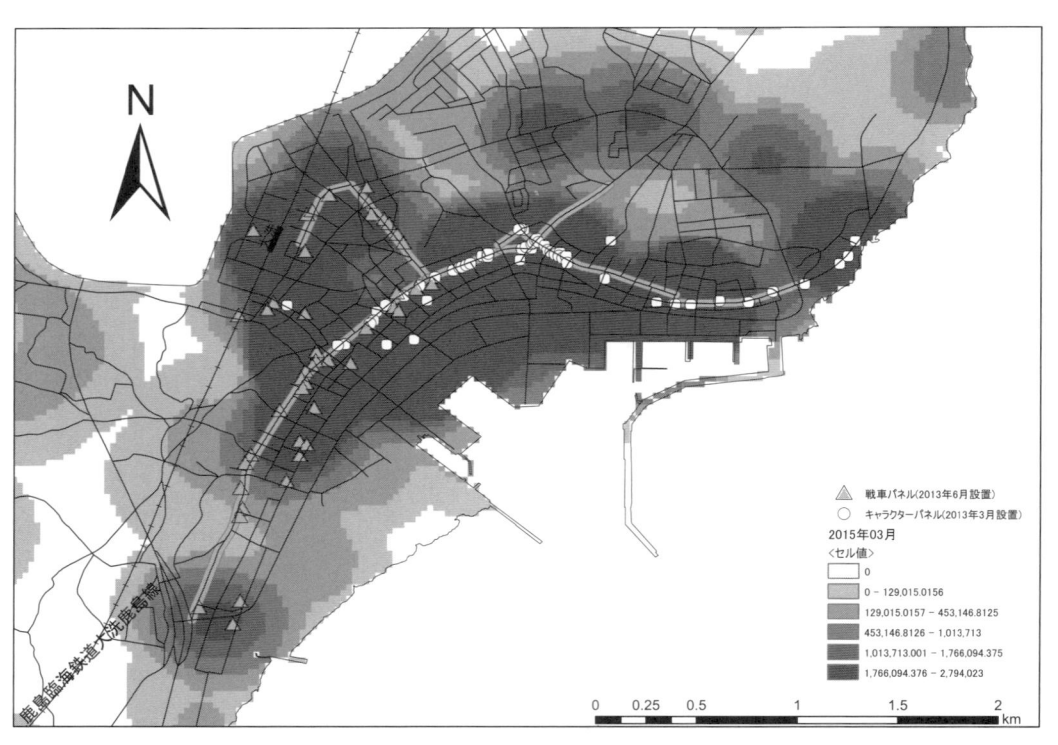

図 7.8　地域内での投稿ツイートのカーネル密度分布
（2015 年 3 月）

図 7.5 は 2012 年 8 月の分布である．この時点では TV アニメ「ガールズ＆パンツァー」は放映前であり，沿岸部の大洗サンビーチ海水浴場や大洗リゾートアウトレット，大洗マリンタワーといった観光資源に分布が集中していることがわかる．

図 7.6 はアニメ放映後の 2012 年 11 月の分布である．この月には前述の通り町内の祭りであるあんこう祭が開催されているため，メイン会場である大洗マリンタワー周辺では投稿ツイートの集中が見られるが，背景として利用された商店街周辺での投稿はあまり多くない．また，この時期から観測することができる現象として，公共交通機関である鹿島臨海鉄道大洗鹿島線の大洗駅での投稿の密度が大きくなっていることである．この傾向はこれ以降の分析期間内の 2015 年 3 月まで続けて観測することができ，自家用車中心での来訪から公共交通機関での来訪も徐々に増えつつあることを推測することができる．

図 7.7 は TV アニメが完結し，大洗町商工会によって，各商店に作中で登場したキャラクターや戦車のパネルが設置された後の分布である．この時期になると，聖地巡礼者は作品の背景となった場所へ来訪し，作品の追体験をし，また，キャラクターパネルを撮影して投稿するといった行動が多くなり，作品の背景となった地域の投稿密度の集中がうかがえる．一方で，2013 年 6 月に戦車のパネルが設置されたが，TV アニメの背景としては登場しなかった髭釜商店街の西部や大貫商店街の投稿密度は背景として登場した東部の商店街と比較すると低いことが確認できる．

最後に図 7.8 は 2015 年 3 月の分布であるが，この時期になると背景としての巡礼のみならず，両パネルの設置した効果が投稿密度からうかがうことができる．

以上のことから，アニメ聖地巡礼としての効果やそれに伴う取り組みの効果が顕著に現れ始めるのは，しばらく経過した後であり，即時性を期待してはいけないことがわかる．

また，今回の分析はロバスト推定によって旅行先

として投稿したものを対象とした分析であり，アニメ聖地巡礼に限らず，海水浴やリゾートアウトレットへの買い物，出張など目的は考慮していない．そのため，図 7.7 のように大洗サンビーチ海水浴場での投稿が多くなっており，大洗マリンタワーや大洗リゾートアウトレットなどの巡礼者も海水浴客などの巡礼以外の来訪者も訪れる場所や時期の分析は困難であることがわかる．

7.4　おわりに

本章では，ツイッターの位置情報を用いて聖地巡礼の発地と訪問先を分析する方法を検討した．その結果，聖地と呼ばれる地域へどこから人が来ているかがわかった．ただし，それらの人々が聖地巡礼目的で来ているとは限らないということを留意しなくてはならない．また，コミケ 85 参加者をアニメファンとみなすことで，どのような地域が聖地となっているかがわかった．しかし，分析に使用したのはアニメファンの巡礼行動の（ツイッター利用者層に限っても）ごく一部であり，特定できた聖地はコミケ 85 参加者の多い関東に偏っている．

また，大洗町での分析においても「旅行として投稿したもの」を利用したため，その旅行の内容が聖地巡礼によるものであるのか，海水浴として来訪したものなのか，出張として来訪したものなのかということを追求せず行っているため，その点についても考慮する必要がある．

このような制限はあるものの，把握困難な聖地巡礼の空間的な広がりについて，位置情報付きツイートデータは，貴重な情報源であり，観光研究および実務に生かすことができると考えられる．また，アニメ聖地巡礼に限らず，特定の集団によって行われる新たな観光行動や訪問先を検出することも同様の手法で可能と考えられるため，こうした新たな観光行動をいち早く察知することができるのではないだろうか．

しかし，データに制限があるものの過去のツイートを遡ることでその地域で行った取り組みの評価の

きっかけとなり，今後の事例に生かすことができる可能性を秘めている．

また，今回はいずれの分析もツイートの内容を使用せず投稿ユーザーの ID，投稿した日時，投稿した地点のみを用いて行っているため，今後ツイート内容を精査することで居住地における分析も聖地巡礼における分析もより詳細に行うことができると考えられる．

文献

田中誠也 2015. SNS ログデータを活用したアニメ聖地巡礼者の行動分析－九州での活用可能性．九州経済調査月報 69（10）: 2-7.

注

1) 2007 年 7 月から 9 月にかけてテレビ放映された，美水かがみの同名の 4 コマ漫画作品を原作とした，女子高生の日常を描いたテレビアニメ作品である．

2) 2012 年 10 月から 12 月までと 2013 年 3 月に放送された，兵器である戦車を美少女達が運用するという，ミリタリーと萌え要素を併せ持った TV アニメ作品である．2013 年 7 月に作中描写を補填する OVA 作品を発売し，2015 年 11 月に劇場アニメが公開された．

3) 2009 年 4 月から 6 月，2010 年 4 月から 9 月までの 2 シリーズにかけて放映された，かきふらいの同名の 4 コマ漫画作品を原作とした，軽音楽部に所属する女子高生の日常を描いた TV アニメ作品である．2011 年 12 月に後日談となる劇場アニメが公開された．

4) 2013 年 1 月から 12 月まで放映された，福島県会津出身の八重の生涯について幕末の戊辰戦争を描いた会津編と，夫の新島襄とともに同志社大学設立を目指した京都編を描いた大河ドラマ作品である．

5) OVA として 2010 年 11 月から 12 月にかけて発売され，その後 TV アニメとして 2011 年 10 月から 12 月，2013 年 7 月から 9 月の 2 シリーズにかけて放映されたアニメ作品である．その後，完結編 4 部作のうち第 1 部が 2015 年 4 月に劇場公開された．

6) 2011 年 4 月から 9 月に放映された，東京育ちの女子高生が金沢の旅館で仲居見習いとして働きながら，高校に通い成長していく姿を描いた TV アニメ作品である．2013 年に TV アニメの続編を描いた劇場アニメが公開された．

渡辺　隼矢

| 8章 | 写真を利用した観光地への関心の時系列変化分析 |

8.1　はじめに

　本章では，ツイッター投稿データを観光分析に利用した事例として，兵庫県朝来市の竹田城跡とその周辺地域（以下，竹田地区）を対象に，観光客が観光地に抱くイメージや関心の時系列変化を分析した事例を紹介する．

　観光客が抱く観光地へのイメージや印象，関心は観光学において重要なトピックの1つである（Urry，1990; 中村，2013）．そのイメージや関心を計る方法として，従来はガイドブック・紀行文・小説・パンフレットなどの紙媒体情報を利用してイメージ・印象を調査する手法（神田，2001），アンケート等を用いて観光客などに直接質問する手法（石見・安倍，1990）が用いられてきた．ただこれらの手法では，文献調査では数年単位など短期間での変化を逐一追いきれない点，聞き取り調査では時系列的な変化を追うことが難しい点などそれぞれに欠点がある．特に近年は TripAdvisor のような口コミサイト，また Instagram のような SNS から，観光客自身が主体となって観光地の印象やイメージを発信するようになった．その結果として，これらイメージや関心は急速に変化するようになった．SNS に投稿された1枚の写真を契機として観光客が殺到するようになった事例も，近年ではそう珍しくない．

　本章ではそれら観光地に対するイメージ，関心を観光客の SNS への投稿から読み取り，数年単位における時系列変化を考察することを目的とする．特に本章では，観光との親和性の高さが指摘される（Boorstin，1962; Sontag，1977）「写真」に着目し，ツイッター投稿データから観光客が投稿した写真付き投稿を収集する．

　対象施設として選定した竹田城は，兵庫県に位置する古城山山頂に築かれた山城で，16世紀後半，当時の城主である赤松広秀が石工集団として著名な穴太衆[1] を招聘して城郭を築かせた．同城は1600年に廃城となったが，野面積みという伝統工法で築かれた優美な石垣造り，またそれが雲海から顔を出す姿が評価され，竹田城跡は2006年に日本100名城の1つに認定された．

　100名城認定以降，「天空の城」「日本のマチュピチュ」という異名のもと徐々に観光地として認識されるようになった．とりわけ2012年8月に上映開始された高倉　健主役の映画「あなたへ」，そして2013年11月に公開された Google ジャパンの CM「さがそう．冬のお出かけ」に竹田城跡が登場してからは，竹田城跡や眺望スポットである立雲峡へ，とりわけ雲海がよく発生する秋の早朝を中心に観光客が殺到し，「天空の城ブーム」という一大ブームを巻き起こした．竹田城の最寄り駅である JR 竹田駅周辺にも宿泊施設や観光客向け店舗が出店するなど，ブームを通して竹田地区全体での観光地化が進んだが，ブーム収束により2015年頃より観光客は減少に転じている．

8.2　分析データについて

8.2.1　分析データの抽出

　本章で使用するデータは，2012年2月から2017年2月までの間に日本国内に所在する携帯電話・タブレット PC などから投稿され一般に公開されたツイッター投稿データのうち，緯度経度情報が付与されたデータである．このデータには，投稿ユーザーの ID，投稿本文，時間情報，位置情報が含まれている．なお，このうち写真・動画等が付与された投稿には，投稿本文中にその写真・動画をオンライ

ン上で閲覧可能な URL（ツイッター公式アプリから投稿した場合や Swarm などの一部の外部 SNS の投稿をツイッターにて共有した場合は https://twitter.com/ 〜 /photo/1，Instagram の投稿をツイッターで共有した場合は https://www.instagram.com 〜を短縮 URL に変換したもの）が含まれている[2]．

　この投稿データから，竹田地区の位置情報が付与され，かつ文中に上記の写真投稿を示す URL が含まれている投稿を抽出した．また，期間内に投稿のあった日数が 7 日以上であった 16 ユーザーに関しては，投稿本文から全ユーザーが竹田地区または近隣で居住，または勤務するユーザーであると推察されたため，分析からは除外した．その結果，1,779 ユーザーによる 3,021 件の投稿データが本分析の対象となる．

8.2.2　データ概要

　本研究の分析対象である 3,021 件の写真付き投稿を，年月別で投稿数及び投稿のあったユーザー数（以下，ユーザー数）からその推移を示したのが図 8.1 である．これをみると，2012 年から 2013 年にかけて投稿数は増加傾向であり，2014 年も前年を上回る投稿数がみられたが，2015 年は大幅に減少し，2016 年は停滞傾向であることが明らかとなり，この動きは竹田城跡の入場者数の推移に概ね一致す

る．月別では，例年 3 月・4 月・10 月・11 月に投稿数及びユーザー数が多いことが分かる．このうち 10 月・11 月の増加は分析開始時からの傾向であるが，3 月・4 月の増加は 2014 年以降如実に表れている．これら時期は早朝に雲海が発生する頻度が高く，また竹田城跡や立雲峡で桜や紅葉の鑑賞が可能であるため，竹田地区を訪問する観光客が多いことが要因である．一方で，竹田城跡が冬季閉鎖となる 12 月〜2 月における投稿数の減少，また 6 月〜8 月における減少も 2014 年以降は目立っている．年月別で最も投稿が多かったのは 2014 年 11 月で，以下 2014 年 1 月，2013 年 11 月と続く．

　この投稿数とユーザー数を，竹田城跡入場者数を軸としてその推移を詳細にみると（図 8.2），2012 年以降竹田城跡入場者数に対する投稿数やユーザー数，またその移動平均値が増加傾向にあることが分かる[3]．つまり，竹田地区を訪問する観光客のうち，ツイッターに画像を投稿するユーザーの割合が 2014 年より増加し，それが 2015 年以降も継続していることが明らかとなった．ツイッターの利用率が高い若年層の割合が 2014 年に増加し，それが以降維持されていることが推測される．そのような客層の変化に関しては，現地観光事業者も「Google ジャ

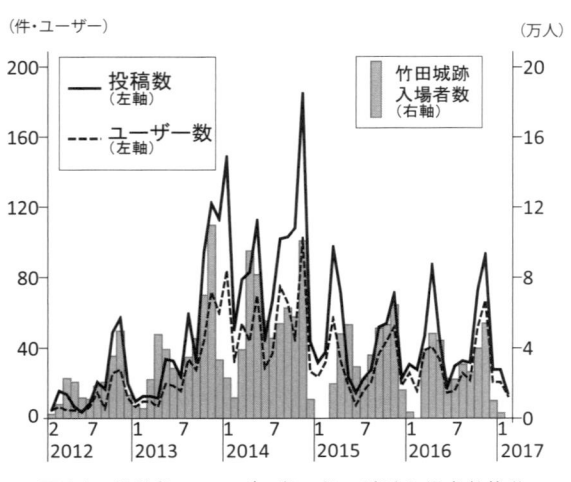

図 8.1　投稿数・ユーザー数・竹田城跡入場者数推移
投稿データ，朝来市提供資料より作成

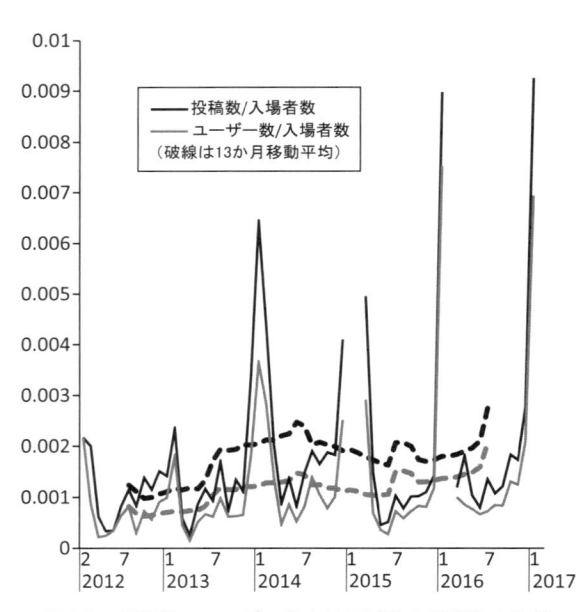

図 8.2　投稿数・ユーザー数と竹田城跡入場者数の比較
投稿データ，朝来市提供資料より作成

表 8.1　時間帯別投稿数推移

時＼年	2012	2013	2014	2015	2016	2017
0 ～ 4	5	30	21	20	26	3
5	15	31	27	16	14	0
6	19	79	101	30	21	2
7	23	55	107	22	25	3
8	24	47	68	26	22	1
9	21	32	68	31	29	3
10	13	29	79	32	40	2
11	11	48	121	44	45	5
12	15	23	97	59	50	2
13	3	38	107	46	51	0
14	12	37	103	37	37	5
15	13	33	82	42	39	2
16	15	27	69	29	30	4
17	19	14	31	31	23	5
18	2	13	17	15	18	1
19	2	5	8	7	14	1
20	2	7	15	13	19	0
21 ～ 23	5	12	15	28	43	3

各年総投稿数に占める割合が，数字は 4 % 以上，数字は 8 % 以上，
数字は 12 % 以上
投稿データより作成

パンの CM 放映以降，若年層の来訪が増えた」という印象がもたれているなど，Google ジャパン CM の放映をきっかけに，竹田城跡を訪問する客層が変化したと考えられる．

また，時間帯別投稿数を年次で比較すると（表 8.1），2012 年や 2013 年では，雲海が発生する朝の時間帯に投稿数のピークがあるのに対し，2015 年及び 2016 年では正午前後にピークが移行したことが分かる．観光客の竹田城跡への訪問が，2012 年頃には雲海が発生する早朝に集中していたものが，知名度が上昇し一般的な観光地と変容する中で，桐村（2013）の京都の事例など他の観光地と同様に，正午周辺に写真付きツイッター投稿のピークが移行している．

8.3　分析の方法と結果

8.3.1　分析データの分類

撮影対象から写真を分類する手法として，本研究では杉本（2012）を参考に，撮影対象の主要素や撮影意図を勘案して単純に分類する手法を利用する．具体的には，竹田地区特有の撮影対象や撮影構図を考慮し，18 のラベルを設定し（表 8.2），以下のフローで各写真にラベルを割り振る．

まず，写真に撮影者の同行者など特定の人が移された写真には「人」のラベルを付与する．この「人」が付与された写真については，その次なる撮影対象としての前景・背景の分類を行う．次に竹田城特有の「フォトジェニック構図」に該当する写真を選出する．観光宣伝に用いられる竹田城跡の写真は，大きく竹田城跡内部から撮影されたもの，城跡外部から竹田城跡全体を撮影したものに二分され，城跡内部から撮影されたものはさらに，城郭の撮影の有無や撮影角度によってさらに三パターンに分類される．これらの構図に該当する写真を抽出することを目的に，表 8.2 中の分類ルールを満たす写真は全て「フォトジェニック構図」とみなし，竹田城跡内部から撮影された写真には「竹田城からの風景①～③」，城跡外部から撮影された写真には「竹田城遠景」のラベルを付与した．

それらの構図に該当しない写真のうち，明確な撮影対象が存在する写真については「主景あり」と認定し，9 つに分類したいずれかのラベルを付与した．明確な撮影対象が複数存在すると判断できる写真に関しては，①投稿本文②写真の焦点③写真内で占める面積の順番に考慮したうえで，いずれか 1 つを主景として分類した．また 9 つのラベルいずれにも該当しない写真は「その他」のラベルを付与した．一方，明確な撮影対象が存在しない写真に対して，複数の要素の集合体としての空間を撮影対象としている場合，「空間的広がりを撮影」と認定し，3 つのラベルに分類した．そしてこれらのいずれにも当てはまらないもの（例えばスマートフォン画面のスクリーンショットなど）にも「その他」のラベルを付与した．

また主景，または前景・背景が「竹田城からの風景①」「竹田城からの風景②」「竹田城からの風景③」「竹田城遠景」「城郭類」に分類された写真については，分類後に雲海の撮影の有無を判断した．この結

表 8.2　写真キャプション一覧

		主景	分類ルール・条件	前景・背景の確認	雲海の有無の確認
記念写真	1	人	特定の人が撮影されている	○（2〜17）	○
フォトジェニック景観	2	竹田城からの風景①	竹田城跡から撮影された写真のうち，城郭・城外の双方を望み，竹田城跡を正視する構図にある	–	○
	3	竹田城からの風景②	竹田城跡から撮影された写真のうち，城郭・城外の双方を望み，竹田城跡を見下ろす構図にある	–	○
	4	竹田城からの風景③	竹田城跡から撮影された写真のうち，城外を望むもの（城郭を含まない）	–	○
	5	竹田城遠景	竹田城外から竹田城跡を望むもの	–	○
明確な撮影対象	6	雲海	明確な撮影対象が複数存在する場合は，①投稿本文②写真の焦点③写真内で占める面積の順に考慮した上で単一の主景を付与する	–	■
	7	動植物		–	–
	8	食事・商品		–	–
	9	祭り・イベント		–	–
	10	寺社仏閣		–	–
	11	城郭類		–	○
	12	交通・交通系建築物		–	–
	13	その他建築物・構造物		–	–
	14	看板・パンフレット類		–	–
空間的広がり	15	屋内景観		–	–
	16	町並み景観		–	–
	17	自然的景観		–	–
	18	その他		–	–

注）「城外を望む」は，写真中に円山川氾濫原が確認される，または写真中における古城山を除いた陸地の構成比が竹田城・古城山に対しておよそ2割以上であると定義する.

注）■は雲海ありと認定

写真 8.1　「竹田城の風景①」の例
筆者撮影

写真 8.2　「竹田城の風景②」の例
筆者撮影

写真 8.3　「竹田城の風景③」の例
筆者撮影

写真 8.4　「竹田城遠景」の例
筆者撮影

写真 8.5　「城郭類」の例
筆者撮影

写真 8.6　「食事・商品」の例
筆者撮影

写真 8.7　「交通・交通系建築物」の例
筆者撮影

果「雲海あり」と判断された写真と主景「雲海」の写真を，雲海が撮影された写真とみなした．なお，動画や複数の写真がコラージュされて作成された画像はラベル付与による分析からは除外した．また 1 投稿に複数の写真が添付されていた場合も対象外とした．

8.3.2　分析結果

　SNS に投稿された写真を確認し，投稿の主景を集計した結果が図 8.3 である．3,021 件の写真付き投稿のうち，815 件の投稿についてはユーザーによ

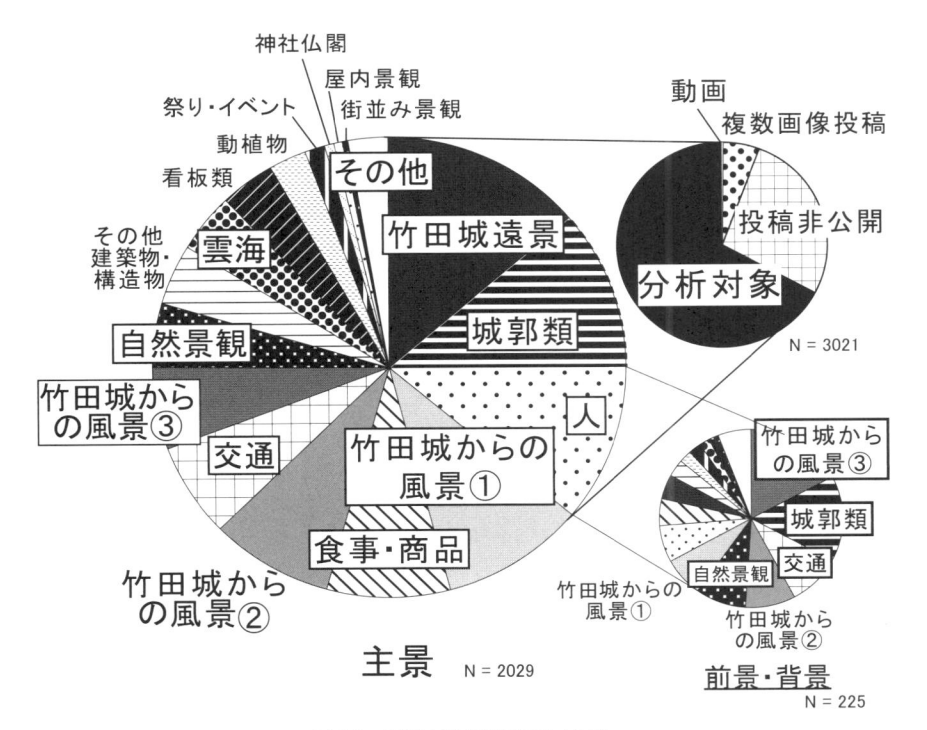

図 8.3　撮影対象別投稿写真枚数
投稿データより作成

り投稿が削除された，または投稿が非公開に設定変更されたため写真が確認できなかった．また分析の対象外となる複数画像・コラージュ画像投稿は172件，動画投稿は5件で，それらも除いた残りの2,029件の投稿について単一の画像が確認できた．この2,029枚の写真のうち，主景として最も多かった撮影対象ラベルは「竹田城遠景」で，総数280枚，分析対象のうち13.8%であった．以下「城郭類」（227枚），「人」（225枚），「竹田城からの風景①」（200枚），「食事・商品」（171枚），「竹田城からの風景②」（170枚），「交通」（134枚），「竹田城からの風景③」（117枚）と続き，これら8つのラベルで全体の約4分の3を占める．なお，主景および前景・背景のラベルが「雲海の有無の確認」の対象である写真のうち，実際に雲海が撮影されていた写真は，主景・前背景のラベ

ルが「雲海」であるものも含めて計325枚であった．これは「雲海の有無の確認」の対象である写真（計1,202枚）の27.0%，分析対象全体の16.0%を占める．

　これらを踏まえて，年次別で撮影対象を比較すると（表8.3），撮影対象の枚数やその割合は1年単位で大きく変化していることが分かる．より詳細にみると，まず「竹田城からの風景②」の2013年から2014年にかけての大幅な減少，そして2016年における増加が目立つ．この竹田城跡を見下ろす構図の写真は，現在でもしばしば観光パンフレット等で用いられるが，その多くが竹田城の本丸跡から撮影されたものであった．しかし竹田城本丸跡は転落事故の影響により2013年11月から閉鎖されていた．この閉鎖期間において「竹田城からの風景②」の構図の写真が激減していたのである．ただ閉鎖は2016

表8.3　写真キャプション一覧

(枚)

撮影対象＼年	2012	2013	2014	2015	2016
人	16（10.0%）	34（9.3%）	84（12.0%）	38（11.1%）	52（12.3%）
竹田城からの風景①	10（6.3%）	46（12.5%）	89（12.7%）	32（9.3%）	22（5.2%）
竹田城からの風景②	45（28.1%）	54（14.7%）	7（1.0%）	8（2.3%）	56（13.2%）
竹田城からの風景③	9（5.6%）	23（6.3%）	49（7.0%）	13（3.8%）	20（4.7%）
竹田城遠景	9（5.6%）	42（11.4%）	80（11.4%）	65（19.0%）	77（18.2%）
雲海	12（7.5%）	16（4.4%）	34（4.9%）	7（2.0%）	13（3.1%）
食事・商品	12（7.5%）	21（5.7%）	53（7.6%）	42（12.2%）	37（8.7%）
城郭類	17（10.6%）	40（10.9%）	106（15.2%）	35（10.2%）	29（6.8%）
交通・交通系建築物	3（1.9%）	21（5.7%）	34（4.9%）	36（10.5%）	34（8.0%）
自然的景観	4（2.5%）	17（4.6%）	41（5.9%）	12（3.5%）	14（3.3%）
分析対象（1〜18）	160（100.0%）	367（100.0%）	699（100.0%）	343（100.0%）	424（100.0%）
総投稿数	219	560	1126	528	546

各年総投稿数に占める割合が，**数字**は8%以上，数字は12%以上，数字は16%以上

表8.4　年別写真雲海有無判定結果

(枚)

雲海有無＼年	2012	2013	2014	2015	2016
雲海あり	34（29.8%）	66（27.4%）	107（26.2%）	47（26.4%）	65（26.2%）
人	1（0.9%）	0（0.0%）	11（2.7%）	7（3.9%）	6（2.4%）
竹田城からの風景①	4（3.5%）	12（5.%）	9（2.2%）	4（2.2%）	2（0.8%）
竹田城からの風景②	7（6.1%）	9（3.7%）	0（0.0%）	5（2.8%）	6（2.4%）
竹田城からの風景③	4（3.5%）	7（2.9%）	13（3.2%）	6（3.4%）	4（1.6%）
竹田城遠景	5（4.4%）	22（9.1%）	39（9.6%）	18（10.1%）	34（13.7%）
雲海	12（10.5%）	16（6.6%）	34（8.3%）	7（3.9%）	13（5.2%）
城郭類	1（0.9%）	0（0.0%）	1（0.2%）	0（0.0%）	0（0.0%）
雲海なし	80（70.2%）	175（72.6%）	301（73.8%）	131（73.6%）	183（73.8%）
雲海有無判定対象	114 100.0%）	241 100.0%）	408 100.0%）	178 100.0%）	248 100.0%）
総投稿数	219	560	1126	528	546

年3月に解除されたが，その割合は閉鎖前の水準には至っていない．また「竹田城からの風景①」，「城郭類」に関しては2013年から2014年にかけては増加している一方，2015年および2016年はともに減少している．それに対して「竹田城遠景」の割合は2012年から2015年まで増加を続け，2016年に関してもほぼ横ばいである．竹田城跡を撮影対象としない写真についてみると，2015年においては「食事・商品」「交通」の割合が増加しているが，2016年には再度減少している．

雲海に関しては，各年における雲海識別対象写真に占める雲海撮影写真の割合を示した表8.4より，2012年から2016年にかけて比率の変化が小さいことが分かる．ただし，これら雲海を撮影した写真の構図についても，竹田城跡から撮影されたものは年々減少する一方で，立雲峡からなど竹田城跡が写る構図で撮影されたものが増加していることが表8.4から分かる．また，この変化は表8.3の変化と比較して早い段階からみられている．

8.4　観光客のイメージ・関心変化

8.3節で示したように，観光客が撮影した竹田城跡に関する写真について，2012年から2016年にかけて「城郭類」「竹田城からの風景①」「竹田城からの風景②」が減少し，「竹田城遠景」が増加した．つまり，写真が撮影された地点が竹田城跡内から竹田城跡を望む地点へと移行したのである．竹田城跡の入場料の導入や値上げ，観光地情報の流布などその要因は様々であるが，本研究の主題であるイメージ・印象の変化，そして関心の変化も一因となっていると考えられる．

表8.5　『天空の城』『マチュピチュ』を本文中に含む投稿の写真撮影対象比較

（枚）

撮影対象＼ワード	『天空の城』		『マチュピチュ』	
人	15	（10.1%）	27	（16.9%）
竹田城からの風景①	17	（11.4%）	29	（18.1%）
竹田城からの風景②	19	（12.8%）	29	（18.1%）
竹田城からの風景③	10	（6.7%）	8	（5.0%）
竹田城遠景	39	（26.2%）	30	（18.8%）
雲海	7	（4.7%）	7	（4.4%）
城郭類	19	（12.8%）	18	（11.3%）
総数	149	（100.0%）	160	（100.0%）

注）『天空の城』には，Swarm・Instagram等で位置情報設定時に自動付与されるタグを除く．
投稿データより作成

8.1節で「日本のマチュピチュ」「天空の城」の2つの竹田城跡の異名を挙げたが，本研究分析対象の投稿のうち「マチュピチュ」「天空の城」を本文中に含む写真付き投稿について，投稿された写真の撮影対象をみると（表8.5），「マチュピチュ」を含む投稿では「竹田城からの風景①〜③」及び「竹田城遠景」の割合はそれぞれほぼ同じであるのに対し，「天空の城」を含む投稿では「竹田城遠景」の割合が圧倒的に高い．投稿をみても，「日本のマチュピチュ」ではペルーのマチュピチュ遺跡のように，断崖絶壁上に石造りの遺跡が広がる風景が，「天空の城」では山頂に築かれた城（跡）を遠くから望む風景，とりわけ雲海に浮かぶ風景が連想されており，そのニュアンスは若干異なっている．

これを踏まえ，この2つのワードを本文中に含む投稿の割合を年次で比較すると（表8.6），「マチュピチュ」を含む投稿の割合は，2013年に急増し，それ以降は微減または微増にて推移している．対して，「天空の城」を含む投稿の割合は2014年までは

表8.6　『天空の城』『マチュピチュ』『雲海』を本文中に含む投稿の年別投稿数比較

（枚）

ワード ＼ 年	2012	2013	2014	2015	2016
『天空の城』	11 （5.0%）	27 （4.8%）	61 （5.4%）	45 （8.5%）	66 （12.1%）
『マチュピチュ』	14 （6.4%）	53 （9.5%）	101 （9.0%）	43 （8.1%）	48 （8.8%）
『雲海』	18 （8.2%）	40 （7.1%）	77 （6.8%）	65 （12.3%）	78 （14.3%）
総投稿数	219 100.0%）	560 100.0%）	1126 100.0%）	528 100.0%）	546 100.0%）

注）『天空の城』には，Swarm・Instagram等で位置情報設定時に自動付与されるタグを除く．
投稿データより作成

ほぼ一定であったのに対し，2015年から2016年にかけて大幅に増加し，ついに2016年にはその割合が逆転した．

つまり，ブーム発展期において観光客は竹田城跡に対して「日本のマチュピチュ」というイメージ連想し，石造りの遺跡自体，またはそれを眼下に望む風景を目的として竹田地区を訪れていた．一方でブーム衰退期には，「天空の城」を連想し，その言葉から思い描くような城を遠くから展望したイメージを求め竹田地区を訪れるようになり，観光者の求める竹田城のイメージが変化したといえる．

同様に「雲海」というワードを含む投稿も調査期間を通じ増加傾向にある．雲海に竹田城が浮かぶ姿をみるためには，早朝時間帯に竹田地区へ訪れる必要がある．また，雲海の発生確率が比較的高い秋季においても毎日は発生せず，したがってその風景を眺めることはかなり困難である．しかしメディア等を通じ，雲海に浮かぶ竹田城跡の姿が広まり，またそれらにより「天空の城」という言葉が連想されることによって，付随する雲海のイメージが強化されたといえる．

以上の結果を整理すると，天空の城ブームの発生とその衰退を通じ，竹田城跡に対するイメージは「雲海に浮かぶ天空の城」という景観として定着したことが明らかとなった．雲海に浮かぶ姿を眺める観光客は，様々な制約から投稿の割合はほぼ一定であったものの，観光客の関心は竹田城跡の独特な城郭の姿，または城郭そのものよりも，山頂にそびえる城郭を遠くから望むことに着実と移行しつつある．

8.5 おわりに

本章ではツイッター投稿データのうち写真データを主な対象とし，観光分析に活用した事例を紹介した．大量の写真データが無料で入手できることは，ツイッター投稿データを利用することの魅力の1つであるといえるが，あらゆる手法の写真分析に使える訳ではない．例えば，ツイッターに投稿された写真データには，撮影時に付与されるExif情報[4]は

削除されており，撮影角度や焦点距離，カメラ情報などの撮影情報は使用できない．ただ，本節の分析では写真情報以外にも投稿の位置情報や日時情報，投稿内容も活用した．本章では割愛したが，4章のような投稿ユーザー情報を利用することによって，例えば居住地別に投稿した写真構図の傾向を割り出すことも可能となる．余談ではあるが，本節のデータからみると，兵庫県内など近隣を発地とするユーザーが投稿した写真では，「人」「食事・商品」などの割合が高かったが，より遠方の関東や中部を発地とするユーザーでは，これらの割合は高くなく，「竹田城からの風景①」「竹田城遠景」に集中していた．このように，1つの投稿に含まれる様々なデータを組み合わせた分析が可能となることが，観光分野におけるツイッター投稿データ利用の最大のメリットであるといえる．

ツイッターのほかSNSを利用した観光分析への活用は，観光庁が「ICTを活用した訪日外国人観光動態調査」にて事例を示すなど，実践分野でもニーズが高まっており，観光地イメージのほか，観光行動や観光地満足度の分析など，様々な活用が期待されている．今後もより一層分析手法の蓄積が求められている分野と言えるだろう．

文献

石見利勝・安居信之 1990．観光地のイメージにもとづく観光地選択行動．都市計画論文集 25: 295-300.

神田孝治 2001．南紀白浜温泉の形成過程と他所イメージの関係性：近代期における観光空間の生産についての省察．人文地理 53（5）：24-45.

桐村　喬 2013．位置情報付きツイッター投稿データにみるユーザー行動の基本的特徴－観光行動分析への利用可能性－．第22回地理情報システム学会講演論文集 22：（CD-ROM）．

杉本興運 2012．観光者の視覚的体験情報に基づく回遊空間の評価－デジタルカメラ，GPS，GISを活用した分析手法－．GIS-理論と応用 20: 39-49.

中村　哲 2013．観光行動に影響をおよぼすイメージと情報．橋本俊哉編『観光学全集第4巻　観光行動論』原書房：65-86.

Boorstin, D. J. 1962. *The Image: A Guide to Pseudo-events in America*, Vintage. 星野郁美・後藤和彦訳 1964．『幻

影の時代 マスコミが製造する事実』創元新社.

Urry, J. 1990. *The Tourist Gaze; Leisure and Travel in Contemporary Societies*, Sage Pubns. 加太宏邦訳 1995. 『観光のまなざし－現代観光におけるレジャーと旅行』法政大学出版局.

Sontag, S. 1977. *On Photography*, Penguin Books. 近藤耕人訳 1979. 『写真論』晶文社.

注

1) 安土桃山時代に活躍した近江国穴太出身者からなる石工集団であり，織田信長・豊臣秀吉に仕え，安土城，彦根城，金沢城などの築城に携わった.

2) 短縮 URL から通常 URL へは，PHP の get_headers 関数を用いた自作プログラムを利用して変換した.

3) 竹田城跡は 2014 年 12 月中旬〜 2015 年 3 月中旬，2016 年以後は 1 月中旬〜 2 月下旬の間，冬期閉山により入場が規制されている. そのため，同期間の月別竹田城跡入場者数が 0，または大幅に少なくなっており，したがって指数は極端に大きくなる.

4) Exchangeable image file format の略で，写真を撮影した際のカメラの機種や撮影時の条件などが記されている.

9章　ネットワーク科学と地理空間情報

藤原　直哉，桐村　喬

9.1　複雑ネットワーク

9.1.1　複雑ネットワークとは

　我々の身の回りの様々なシステムは，多くの要素の相互作用から成り立っている．例えば，我々の社会は人間関係や企業間などの関係，すなわち多くの人々や企業間の相互作用から成り立っている．自然界においても相互作用は遍在しており，食物連鎖による生物種間の相互作用，脳におけるニューロン間の相互作用など，枚挙に暇がない．

　このような相互作用をどのように抽象化して分析すればよいのだろうか．まず，相互作用とは一般には多くの要素が関わるものであるが，その最も基本的なものは二者間の関係であろう．相互作用を演じる，人などの構成要素を点（頂点，ノード，バーテックスなどと呼ばれる）で表現し，相互作用がある要素同士を線（枝，リンク，エッジ，紐帯などと呼ばれる）で結ぶことを考える．多数の構成要素とその相互作用を考えると，図 9.1 のように多数の頂点と枝からなる系を考えることができる．このようなものを，本章では「ネットワーク」と呼ぶことにする．

　後述するように，近年，一見全く異なるように見える多くのネットワークが，頂点をつなぐ枝の性質に着目すると共通の性質を持つことが，この 20 年ほどで明らかになってきた．ネットワークの性質を明らかにする研究の流れは，ネットワーク科学と呼ばれる，ひとつの研究分野を形成するに至っている．

　本章では，ジオタグ付きツイートを用いたネットワークコミュニティ分析の例を通じて，ツイートデータにおけるネットワーク分析の実際を概観する．

9.1.2　複雑ネットワークの参考文献

　近年では，複雑ネットワークに関連する多くの書籍が多数刊行されている．それらの内容を網羅的に紹介することは本書の趣旨には沿わないので，ここでは本章の内容と関連が深いと思われるごく一部のものを紹介する．複雑ネットワークの数理の基礎は増田・今野（2010）や矢久保（2013）に詳しく解説されている．また最近，スケールフリー・ネットワークの提唱者である Barabási による著書の和訳が出版

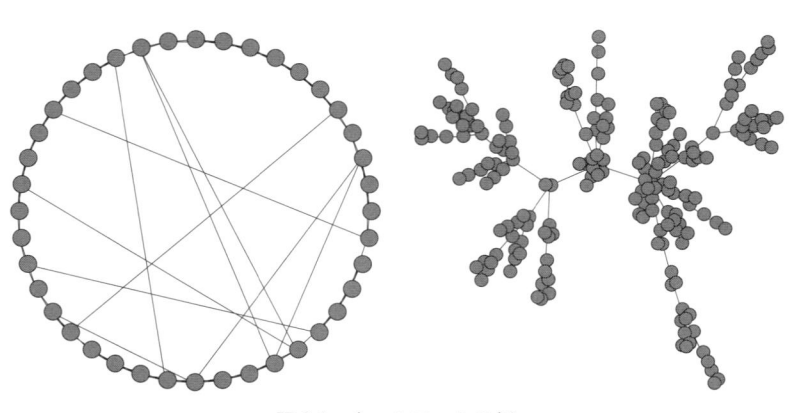

図 9.1　ネットワークの例
（左）Watts-Strogatz モデル（右）Barabási-Albert モデル
ネットワークの生成および可視化には igraph (Csardi and Nepusz, 2006) を用いた

された（池田ほか，2019）．Batty（2013）は地理学の観点から書かれた本であるが，ネットワークについても紹介されている．

9.1.3 ネットワークの基本概念と分析手法

ネットワークの特徴量として多くのものが提唱されており，これらの特徴量の振る舞いを調べることで分析が行われている．ここでは，ネットワーク分析で必要な基本的な概念をいくつか紹介するが，本章の理解を助けるためであり，網羅的な紹介を意図したものではない．より詳細について学びたい場合は，上に挙げた文献を参照していただきたい．

（1）隣接行列（adjacency matrix）

ネットワークの接続関係を特徴づけるために，隣接行列が用いられる．頂点 i と頂点 j の間に枝が存在する場合，隣接行列の (i, j) 成分を 1 とし，そうでない場合に 0 とする．

枝に重みがついたネットワークを考えることもでき，その場合は隣接行列の成分は重みの値をとる．

ある頂点から別の頂点への枝が存在しても，逆方向の枝は存在するとは限らない．逆方向の枝が存在しないものを有向ネットワークといい，すべての枝において逆方向の枝が（重み付きネットワークの場合には，同じ重みで）存在するものを無向ネットワークという．無向ネットワークにおいては，隣接行列は対称行列となる．一方，有向ネットワークにおいては隣接行列は非対称行列となることに注意する．

（2）次数（degree）

ある頂点が持つ枝の総和を次数と呼ぶ．次数はネットワークの局所的な性質を特徴づける量として重要である．すべての頂点における次数を平均した量（平均次数）は，ネットワークがどの程度密につながっているかのひとつの目安となる．次数が高い頂点のことをハブと呼ぶことがある．

（3）距離（distance）

ネットワーク上の頂点間の距離は，ある頂点から別の頂点への移動に必要な最小の枝数で定義される．この量についても，ネットワーク上のすべての頂点対に対する平均距離を考えることができ，ネットワークを特徴づける重要な指標のひとつである．

人間関係のネットワークにおいては，1960 年代のミルグラムの実験などにより平均距離が小さいことがネットワーク科学が発展する以前から知られており，スモールワールド性，6 次の隔たり，などと呼ばれている．

（4）クラスター係数（clustering coefficient）

人間関係のネットワークを考えると，ある人の友人同士も友人であることが多いと言える．このように，3 人が互いに友人関係にあるとき，3 つの頂点が 3 つの枝でつながっている．このような状態のことを，クラスターと呼ぶ．ネットワークにおいて，3 つの頂点をランダムに選んだ時に，クラスターが形成されている割合のことをクラスター係数と呼ぶ．あるネットワークにおいて，頂点がランダムに枝でつながれているとした場合（ランダムネットワーク）と比べて，クラスター係数が有意に大きければ，このネットワークのクラスター性は高いと判断される．

（5）中心性（centrality）

ネットワークにおいて，何らかの意味で重要な頂点を決定したい状況がしばしばある．頂点の重要性を定量化した量のことを，その頂点の中心性と呼ぶ．

中心性として，様々な量が提案されている．例えば，次数が高い頂点（ハブ）はネットワークにおいて重要であると素朴に考えることができるので，中心性の指標と考えることもできる（次数中心性）．

媒介中心性もよく用いられる中心性指標である．ある頂点 A の媒介中心性は，A 以外の頂点 B から別の頂点 C へ至る最短路の中で，頂点 A を通るものの割合として定義される．ネットワークの頂点間における流れを考える．A の媒介中心性が高い場合，もし，何らかの理由で頂点 A が消去されたり頂点 A に至る経路がすべて遮断されると，多くの最短路

が消滅してしまうことになる．その意味で，媒介中心性が高い頂点はネットワークにおける重要度が高いと解釈できる．

その他にも，隣接行列の最大固有値に対する固有ベクトルの成分によって定義される，固有ベクトル中心性なども，しばしば用いられる．ネットワークを特徴づける行列の固有ベクトルを用いた特徴量としては，Google のページランク（Brin and Page, 1998）も有名である．

9.1.4　特徴的な構造のネットワーク

ここでは，ネットワーク研究が盛んになるきっかけを作ったふたつの研究を紹介する．

スモールワールドネットワークは，Watts and Strogatz（1998）によって提案され，小さな平均距離と大きなクラスター係数を持つことが特徴である．彼らの論文の中では，規則的なネットワークの枝のうち小さな割合の枝をランダムに張り替えることによってスモールワールドネットワークを生成する数理モデルも提案されている．図 9.1（左）にこのモデルによって生成されたネットワークの例を紹介している．ほぼ規則的に枝が並んでいるが，わずかにランダムに張り替えられた枝が存在している．この構造によってスモールワールド性が生じている．

スモールワールドネットワークとほぼ同時期に，Barabási and Albert（1999）は，俳優の競演関係，電力網，WWW などのネットワークにおいて次数分布がべき則に従う（スケールフリー性）ことを示し，優先的選択と呼ばれる機構によってスケールフリーネットワークを生成する数理モデルを提案した．このモデルによるネットワークの生成例を図 9.1（右）に示している．図の中心付近の頂点は大きな次数を持つが，末端の頂点の次数は小さく，優先的選択によって次数分布が非一様になる．この結果は，頂点の次数はほとんど一定である Watts-Strogatz ネットワークとは対照的である．人間関係において友人が非常に多い人とあまり少ない人がいることからもわかるように，現実のネットワークにおいては，次数

分布はしばしば非一様であり，このモデルはそのような特徴を捉えていると言える．

これらの 20 世紀末に行われた先駆的研究によって，現実のネットワークの姿が明らかにされ，21 世紀初頭において，ネットワークの研究が大きく発展する基礎を築いた．

9.1.5　コミュニティ検出

ネットワークを分割する単位を（ネットワーク）コミュニティと呼ぶ．コミュニティ構造を持つネットワークとして有名な例に，Zachary（1977）による空手クラブの人間関係のネットワークにおけるものがある．このクラブは 2 派に分裂するのだが，Zachary は分裂前にクラブの活動外で関係があったメンバーの人間関係を調査しており，ネットワークとして公開されている．接続関係を元にネットワークがいくつか（空手クラブの場合は 2 つ）のグループ（コミュニティ，クラスター）に分割することができれば，クラブの分裂のような事象が起きる際に，どのようなグループに分裂するかを，前もって予見することが可能かもしれない．

複雑ネットワークの文脈においてコミュニティ検出手法は盛んに研究されており，多くの手法が提案されている．これらの手法の詳細は，Fortunato and Hric（2016）などを参照のこと．コミュニティ検出手法の研究の進展は著しく，統計学的にも洗練された手法が提案されるようになっている．

なお，コミュニティ分割においては，分割手法によって結果は一般に手法によって異なり，正解が必ずしも存在しないため結果の評価を行うのが困難な場合がある．コミュニティ分割を行う際にはこのような点には留意する必要があるが，ネットワークの大まかな構造を理解できるという利点があり，広く使われている．

9.1.6　用語について

本節の最後に，用語について注意しておく．ネットワークに関連する話題については，分野によって同じ概念に異なる用語が用いられることがしばしば

見受けられる．本章で「ネットワーク」と呼ぶもの
は，離散数学の一分野であるグラフ理論においては
「グラフ」と称される．

「ネットワークコミュニティ」についても，「コミュ
ニティ」という語は例えば社会学などの分野では異
なる意味で用いられるが，本章ではネットワークコ
ミュニティを指すものとする．コミュニティ分割と
非常に近い意味で用いられる，グラフクラスタリン
グという語もあるが，上で見たようにネットワーク
においてはクラスターは別の意味で用いられること
もあり，文脈に応じて判断する必要がある．

9.2　地理情報科学とネットワーク

前節で述べたように，ネットワークは様々な系で
見られるが，頂点や枝が地理的な意味を持つネット
ワークも多数見られ，特に spatial network という語
が用いられることもある（Barthélemy, 2011）．ネッ
トワークを構成する頂点や枝の取り方には任意性が
あるので，地理的なネットワークの構成法には多く
の可能性がある．Spatial network の例としては，例
えば，道路網，バス・鉄道・航空機などの路線網，
人の地域間の流動などがある．企業間の取引関係も
企業の立地が影響を与えるので，地理的ネットワー
クととらえることで企業の立地も含めて地域経済を
考えることができる．

地理的な要素が重要な役割を果たすネットワー
クについて具体例を2つ挙げておく．Lämmer et
al.（2006）では都市の道路網を解析し，ネットワー
ク中心性指標の1つである媒介中心性が，べき分布
に従うことを示した．Barthelemy et al.（2013）では，
フランスのある都市において，古くからある道路で
は媒介中心性が高い傾向を示したことが報告されて
いる．また，Brockmann and Helbing（2013）では，
世界中の航空路線のネットワークを解析して旅客の
流動を調べ，ある場所を原発とした感染症の世界各
地における初到達時間が，このネットワーク上で定
義されたある種の距離と強く相関することを明らか
にした．

これらの例の他にも，地理的なネットワークは盛
んに研究が行われており，興味深い解析がなされて
いる．

9.2.1　ソーシャルメディアデータを用いたネッ
トワーク研究

ネットワークは要素のつながりを記述するものな
ので，友人関係が可視化されるソーシャルメディア
の解析手法としてしばしば用いられている．ハブの
存在などが確認されているほか，工学的には，既知
のネットワーク構造から未知の枝を予測すること
（リンク予測問題）にも興味を持たれており，例え
ば友人の候補を自動的に推薦する機能に応用されて
いる．

9.2.2　ジオタグ付きツイートの活用

ツイッターデータについても，ソーシャルメディ
アによる情報とみることができるが，Facebook の
友人関係のデータ等と比べて，ツイートがなされ
た時点でデータが得られる点が異なる．ツイート
をするということは，その時刻・場所はユーザー
にとって何らかの特別な意味があると考えられる
ので，ツイートの解析を行うことは，人々の日々
の活動の特徴を明らかにすることであると言える．
また，ツイート内容は人々の活動内容と関連して
おり，ツイートした内容をも分析することができ
ると，人々の活動について新たな知見を得られる
と考えられる．

ツイートした場所の情報が記録されるジオタグ付
きツイートは，ユーザーの活動における地理的な側
面を明らかにできるので，地理学的に非常に興味深
いデータであると言える．GPS データやパーソン
トリップ調査などの，いわゆる人流データと比べる
と，ツイートされた場所しか記録されないので，す
べての訪問場所を記録できるわけではない一方，ツ
イートによって具体的な活動内容に対する情報を得
られるという利点がある．

9.3 ツイートを用いた地域分類

本節では，ジオタグ付きツイートデータを用いた
ネットワーク分析の一例として，コミュニティ検出
手法を用いた地域分類の結果を紹介する．ステップ
を追うことで，実際の分析の雰囲気をつかんでいた
だきたい．

ここでは，地域を小さな圏域に分割する問題を考
える．圏域の設定は応用上の関心も高く多くの分野
で盛んに研究されている．日本では，中心都市への
通勤率を元に設定された都市雇用圏（金本・徳岡，
2002）が著名である．地理学においては，就業者の
産業・職業別に通勤行動をクラスター分析すること
によって分類した研究が存在する（渡邊，2002）．
近年では，通勤流動以外のデータの利用も進み，
Rozenfeld et al.（2011）は，地理的に連続する居住
地域をクラスタリングすることによって圏域を定め
ている．静的なデータではなく，GPS データなど
の時間解像度が高いデータを活用することは有効と
考えられる．ここでは，ジオタグ付きツイートデー
タの応用可能性について考察を行う．

9.3.1 データ

本章の解析で用いたツイッターデータは，日本を
含む領域で 2014 年に公開してツイートされたジオ
タグ付きのものであり，特に京阪神大都市圏におけ
るものを切り出して解析を行った．対象となった
ユーザー数は230,602であり，解析に利用したツイー
トの総数は 128,583,247 であった．ツイートの内容
などの情報は解析には用いず，ユーザーがツイート
した時刻と場所の 3 次メッシュコードの情報のみを
解析に用いた．

9.3.2 ネットワークの構成

与えられたデータからどのようにネットワークを
構成するか，という点はネットワーク分析を行う上
で重要なステップのひとつであり，同じデータで
あってもある程度任意性がある．

人流データをネットワーク分析するにあたって，
どのようなネットワークを構築できるかを考えてみ
る．地理的な集計単位を頂点とみなし，頂点間の人
やモノなどの流動量を（重み付き）枝とみなすとい
うのは，ひとつの自然な方法であろう．しかし，こ
れが唯一の可能性ということではない．例えば，パー
ソントリップ調査のように個人単位でのトリップが
分かっている場合には，個人と訪問先の場所を頂点
とみなし，各個人と訪問した場所を枝で結ぶという
構成法も考えられる．この場合，頂点は個人と場所
という異なる属性のものがあり，枝は個人と場所の
間にしか存在しない．このようにして構成された
ネットワークは，二部ネットワークと呼ばれるもの
になっている（図 9.2）．

これらのネットワーク構成法のうちどの方法を選
択するか，については，分析者の興味によるであろ
う．人々の流動の統計的な性質を知りたければ集計
されたネットワークを用いることになるだろうし，
個人の訪問先に興味があれば個人を頂点とするネッ
トワークを用いるべきだろう．また，流動パターン

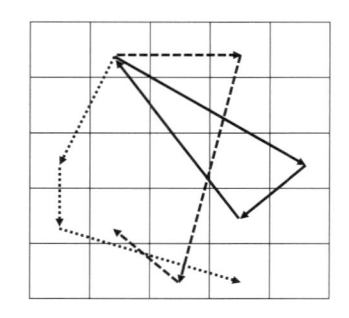
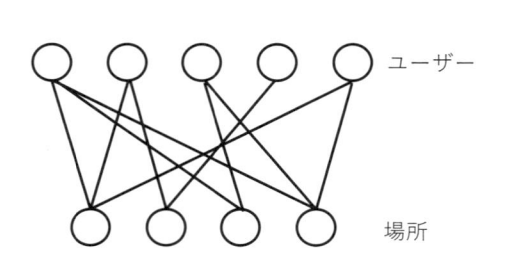

図 9.2　人流データからのネットワーク構成法の例
（左）個々人のトリップ履歴をメッシュ単位で集計して Origin-Destination 行列を構成する方法
（右）人と訪問先の二部ネットワークを構成する方法

の時間変化に興味があれば時間軸を組みこんだネットワークを用いたり，接続関係が時間的に変化するネットワーク（テンポラルネットワーク（Holme and Saramäki, 2012）を考えたり，感染症のように人と人の接触が重要であれば，同時刻に近い場所にいたかどうか，という条件によって枝を生成することもできる．

本章の解析では，以下のような 2 つの方法でネットワークを構成した．

1 つ目の構成法では，あるユーザーがツイートしたデータをすべて考慮し，このユーザーがツイートした回数を 3 次メッシュごとに集計する．そして，このユーザーのツイート回数が最も多いメッシュを特定する．このユーザーはこのメッシュを生活の拠点としていると考え，以下では「ホームメッシュ」と呼ぶ．同様の処理をすべてのユーザーに対して行いツイート総数をすべて集計する．この集計されたツイート回数を，ホームメッシュと別のメッシュ（「ターゲットメッシュ」と呼ぶ）の間の枝の重みとみなす．ターゲットメッシュの一覧は，あるメッシュをホームメッシュとするユーザーが活動する場所の一覧であると考えられ，人の活動の観点から地点間の関連性を表現するものと解釈できる．

もう 1 つの構成法は以下のようなものである．ツイートデータにはタイムスタンプがついているので，ツイート間の時間関係がわかることになる．この情報を用いると，あるユーザーによってあるツイートがされた位置と，時間的に次のツイートがされた位置がわかることになる．すなわち，ツイート間のユーザーの移動情報がわかることになるので，これを全ユーザーに対して集計することで，一種の Origin-Destination 行列を得ることができる．

このようにして得られた，重みが非ゼロである枝の情報は表 9.1 のように表現される．これをネットワークの重み付き隣接行列とみなし，以下の解析を行う．いずれの構成法においても，メッシュ間の地理的な距離の情報は陽には含まれていないことに注意する．また，上記の構成法では，ネットワークは有向となる．ネットワークが有向であることは，あ

表 9.1　ツイート数から構成したネットワーク隣接行列の一部

ホームメッシュ ID	ターゲットメッシュ ID	ツイート数
1	1	1
8	8	15
11	11	78
11	65	1
11	72	2
11	117	1
11	149	1

るメッシュ A をホームメッシュとする人の，別のメッシュ B におけるツイート数と，メッシュ B をホームメッシュとする人のメッシュ A におけるツイート数は一般には異なり，また，あるメッシュ A でツイートした人が次にメッシュ B でツイートする回数と，メッシュ B でツイートした人がメッシュ A でツイートする回数も一般には異なることから明らかであろう．

隣接行列のデータの表現形式については，行列の (i, j) 成分に重みを格納する方法もある．ただし，ネットワークの頂点は非常に少ない頂点との間にのみ枝を持つ場合がほとんどであり，このとき，隣接行列はいわゆる疎行列（sparse matrix）である．疎行列において，値がゼロである要素のデータを保持するとデータ量が非常に大きくなる．一方，表 9.1 の格納方法だと，枝の両端に位置する頂点の ID も記録する必要がある反面，枝が存在せず隣接行列の要素がゼロの場合には記録しないので，疎行列においてはデータサイズを圧縮することができる．どちらの方法が適しているかは，隣接行列の非ゼロ要素の数に依存する．仮に，頂点 ID と重みを整数型で保存するとして，隣接行列の情報を保存するのに必要なデータ量を粗く見積もってみる．頂点数を N，平均次数を m とすると，前者の方法だとデータ量は頂点数の二乗 N^2 に比例する．一方，後者の方法だと，データ量は $3Nm$ に比例するが，これは m が N より十分小さいときには N^2 より小さい．このことからも，平均次数が頂点数より十分小さいネットワークにおいては，後者のデータ格納方法の方がデータサイズを小さくできることがわかる．

9.3.3 ターゲットメッシュにおけるツイートの空間分布

第一のネットワーク構成法において，ホームメッシュからターゲットメッシュへの枝の重みの空間分布を調べることによって，あるメッシュをホームメッシュとするユーザーがどこで活動しているかを調べる手掛かりとなる.

ここでは，大阪市付近にホームメッシュを持つ人たちがどこで活動しているのかを，ターゲットメッシュの分布を見ることによって明らかにする. 例として，大阪市都島区京橋駅付近に位置する 52350442 メッシュをホームメッシュとする人，大阪市と堺市の境界および浅香駅を含むメッシュである 51357400 をホームメッシュとする人，および東大阪市を含む 51357499 をホームメッシュとする人，尼崎駅を含む 52350374 をホームメッシュとする人，がターゲットメッシュでツイートした回数を地図上に表示したものが図 9.3 である. 52350442 をホームメッシュとする人は，多くのツイートは大阪市北部で行っている. 一方，大阪南部の 51357400 をホームメッシュとする人は大阪市南部のみならず北部においても多くのツイートがされていることがわか

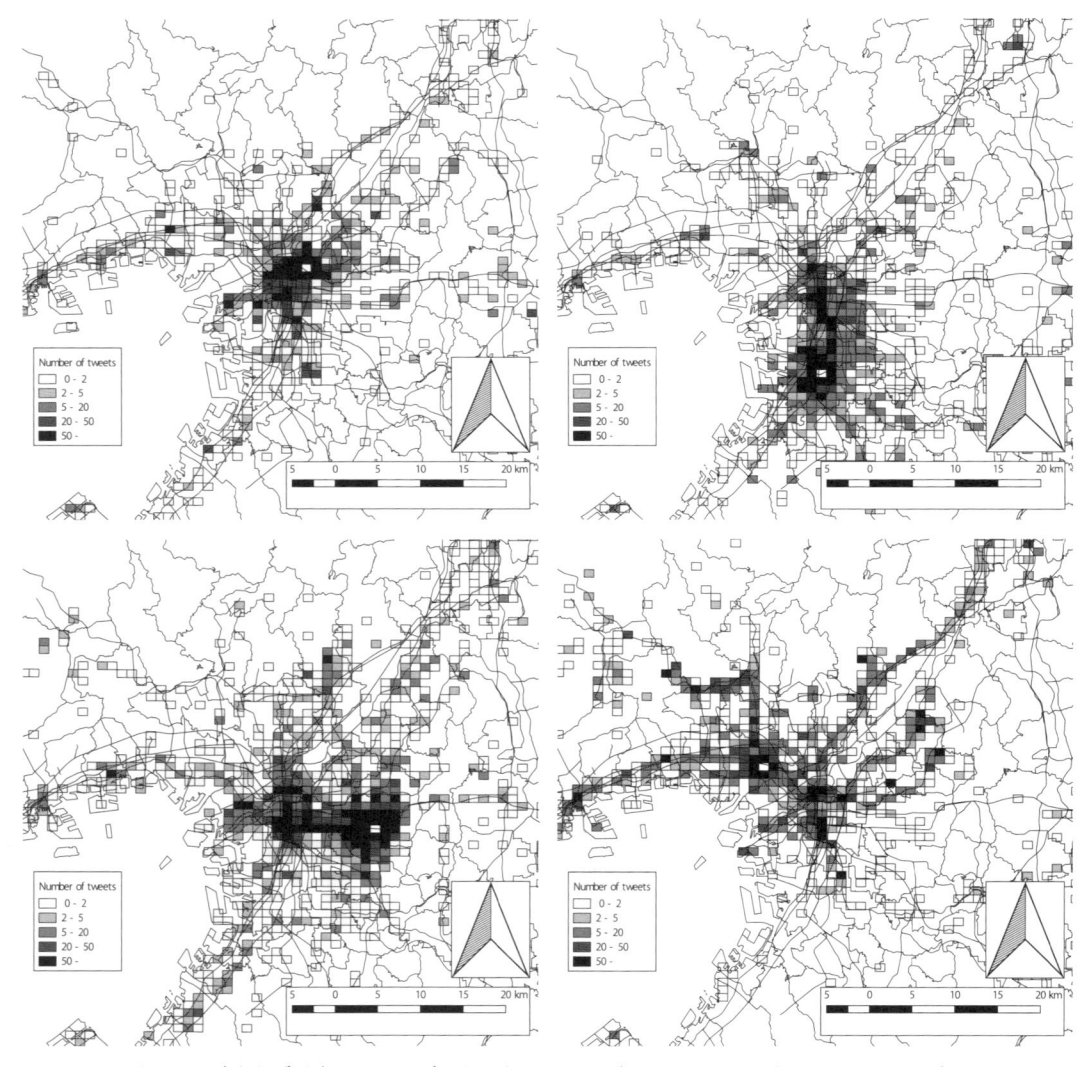

図 9.3　ジオタグ付きツイートデータにおいてターゲットメッシュにおけるツイート回数
ホームメッシュが（左上）52350442（右上）51357400（左下）51357499（右下）52350374 の場合

る．東大阪市をホームメッシュとする人は，東大阪市から近鉄奈良線沿いに大阪市にかけてのターゲットメッシュにおけるツイートが多い．最後に，尼崎駅を含むメッシュをホームメッシュとする人のターゲットメッシュは，兵庫県から京都府，さらに北部に広く分布している．このことから，このメッシュをホームメッシュとする人は，尼崎駅などからJRなどを利用して広い範囲で活動していることが推測される．このように，一般に，ホームメッシュが異なる人の活動範囲は大阪市内とその付近であっても大きく異なっていることがわかる．

9.3.4 ネットワークコミュニティ検出

前節では，ホームメッシュによって人々の活動範囲の特徴が異なることを見た．しかし，ホームメッシュごとに異なる地図を作製する可視化の方法では多くの地図が必要であり，人々の活動範囲を圏域として1つの地図で直観的に理解することは困難である．

そこで，構成されたネットワークから地域のつながりを見るために，ネットワークコミュニティ検出を行った．本稿では，コミュニティ検出手法の1つである，Map Equation（Rosvall and Bergstrom, 2008; Rosvall and Bergstrom, 2011）を用いた．この手法に基づいたアルゴリズムである Infomap の実装が Edler と Rosvall により公開されており[1]，本稿ではこれを用いてコミュニティ検出を行った．Map Equation は，ネットワーク上をランダムウォークする粒子（ランダムウォーカー）を考え，ランダムウォーカーのネットワーク上での軌跡を記述するための情報量ができるだけ小さくなるように階層的コミュニティを，最適な階層数も含めて自動的に設定することができる．

9.3.5 結果と考察

以上のようにして検出されたコミュニティ構造を地図上に図示したもののうち，ホームメッシュと

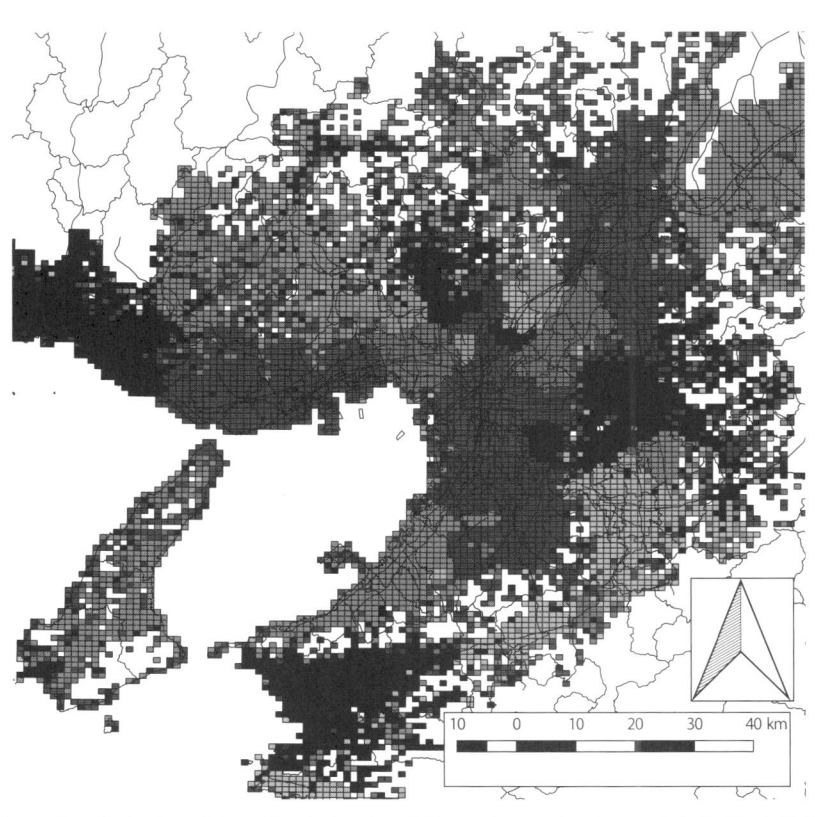

図 9.4　ホームメッシュとターゲットメッシュを枝でつないでネットワークを構成した場合の
ジオタグ付きツイートデータを用いたコミュニティ構造

ターゲットメッシュによるネットワークにおける結果を図9.4に，隣接するツイート間のOD行列を用いた場合の結果を図9.5に示す．いずれの場合も2階層のコミュニティ構造が最適として検出されたが，第2階層の平均コミュニティサイズは小さく，意味を持つと思われる構造はほとんど抽出することができなかったために表示していない．

ここで，地域メッシュ間の地理的な距離の情報は隣接行列のデータに含まれていないにも関わらず，地理的に連続したコミュニティが得られた．このことは，交通機関が発達した現代においても，人の移動と地理的な距離には相関があり（人の流動に関してはGPSデータを用いて詳細に解析されるようになっており，例えばGonzález et al.（2008）において，移動距離の分布がべき則に従うことなどが示されている），近距離の移動件数が多いことから，間接的に位置関係の情報が含まれている．

同様の傾向は，GPSデータ（藤原ほか，2016）およびパーソントリップ調査に基づいた人の流れデータを用いた解析においても見出されている（藤原，2016; 図9.6）．ツイートはユーザーが何らかの情報を発信したいときになされるものであり，単純な人流とは性質が異なるが，いずれの場合にも空間的に連続したコミュニティ構造が得られたことは興味深い．ただし，GPSデータおよび人の流れデータを用いた場合には，複数の階層のコミュニティ構造が得られている（藤原ほか，2016；藤原，2016）．ツイートデータの人流解析における有効性を示唆する結果であるとともに，ツイートされる場所と単純な人流の間の相違も示唆される結果であるといえ，今後さらなる解析が必要である．

9.4 まとめ

本章では，複雑ネットワーク研究の概略を解説し，ジオタグ付きツイートデータに対するネットワーク

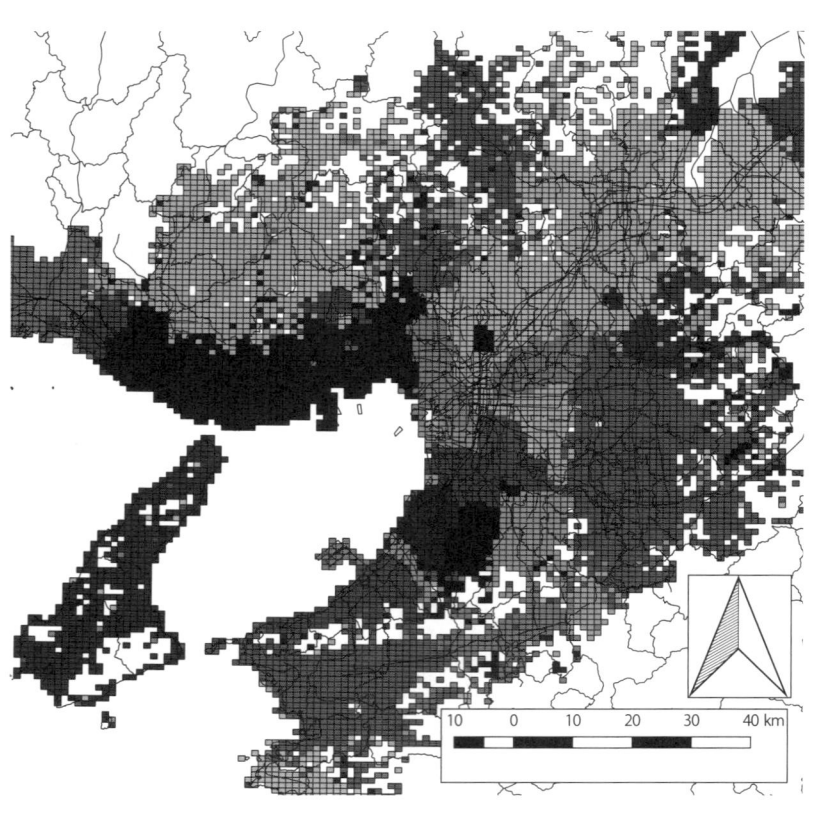

図9.5 時間的に隣接するツイートが行われた頂点間を枝でつないでネットワークを構成した場合の
ジオタグ付きツイートデータを用いたコミュニティ構造

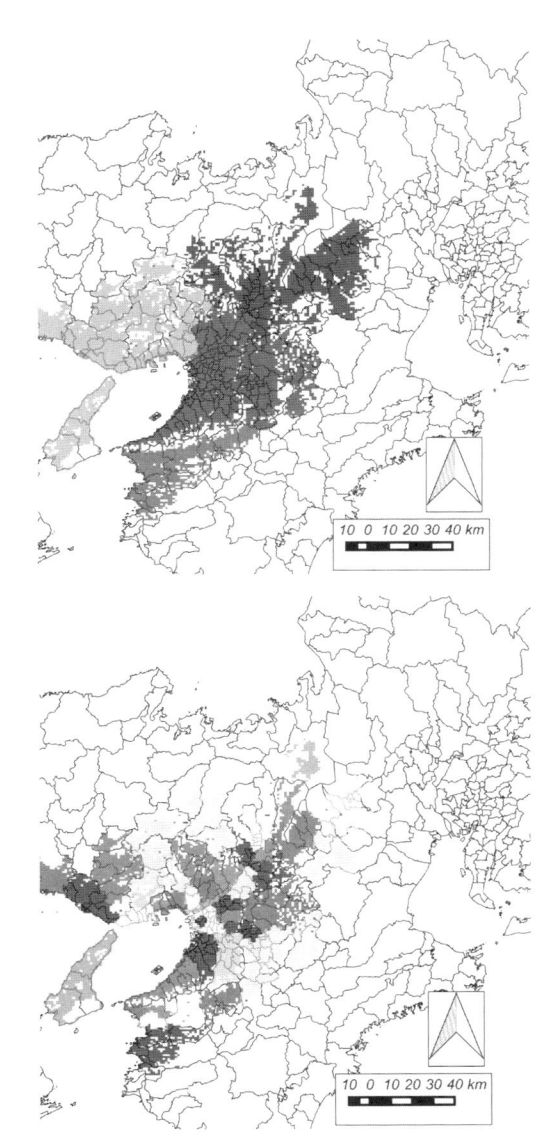

図 9.6　人の流れデータを用いたコミュニティ構造
（上）第 1 階層（下）第 2 階層のコミュニティを示す
出典：藤原（2016）

解析適用の一例を紹介した．人の流れデータを用い
て同様の手法でコミュニティ検出した場合には，空
間的に連続した階層的コミュニティが抽出されるこ
とが知られているが，ツイートデータを用いた場合
にも同様の傾向が観測された．

　本章の解析は位置情報に重点を置いたものであっ
たが，ジオタグ付きツイートデータの特徴としては，
位置情報と個人のつぶやきのテキストデータがとも
に存在するということが挙げられる．そのため，ツ

イートデータに対して自然言語処理解析と人流解析
を組み合わせることで，人々の生活と地理的な要因
をより深く解析できる可能性があると考えられる．
本章が，わずかでも将来の研究の進展に貢献すると
ころがあれば著者にとって望外の喜びである．

　なお，本章を執筆するために行った解析は，JSPS
科研費 JP18K11462 の助成を受けたものである．

文献

金本良嗣・徳岡一幸 2002．日本の都市圏設定基準，応
　　用地域学研究 7: 1-15.

藤原直哉 2016．人流データのクラスタリング手法に対
　　する一考察，第 25 回地理情報システム学会研究発
　　表大会講演論文集 E-6-5.

藤原直哉・桜町　律・秋山祐樹・藤嶋翔太・金田穂高・
　　柴崎亮介 2016．人流ネットワークのクラスタリン
　　グによる圏域検出と感染症拡大モデル，信学技報
　　116, CCS2016-20: 21-26.

増田直紀・今野紀雄 2010．『複雑ネットワーク―基礎か
　　ら応用まで』，近代科学社．

矢久保考介 2013．『複雑ネットワークとその構造』，共
　　立出版．

渡邊圭一 2002．東京大都市圏における就業者の産業別・
　　職業別通勤パターンから見た分都市圏化，人文地
　　理 54: 356-372.

Barabási, A. L., 2016. *Network Science*, Cambridge University
　　Press. 池田裕一・井上寛康・谷澤俊弘 2019．『ネッ
　　トワーク科学：ひと・もの・ことの関係性をデータ
　　から解き明かす新しいアプローチ』，共立出版．

Batty, M., 2013. *The New Science of Cities*, The MIT Press,
　　London.

Barabási, A. L. and Albert, R., 1999. Emergence of Scaling in
　　Random Networks, *Science* 286: 509-512.

Barthélemy, M., 2011. Spatial Networks, *Physics Reports*:
　　499, 1-101.

Barthelemy, M., Bordin, P., Berestycki, H. and Gribaudi, M.,
　　2013. Self-organization versus top-down planning in the
　　evolution of a city, *Scientific Reports*: 3, 2153.

Brin, S. and Page, L., 1998. The anatomy of a large-scale
　　hypertextual web search engine. *Computer networks and
　　ISDN systems*: 30, 107-117.

Brockmann, D. and Helbing, D., 2013. The Hidden Geometry
　　of Complex, Network-Driven Contagion Phenomena,
　　Science: 342, 1337.

Csardi, G. and Nepusz, T., 2006. The igraph software package
　　for complex network research, InterJournal, Complex
　　Systems 1695. http://igraph.org

Fortunato, S. and Hric, D., 2016. Community detection in networks: A user guide, *Physics Reports*: 659, 1-44.

González, M. C., Hidalgo, C. A. and Barabási, A. L., 2008. Understanding individual human mobility patterns, *Nature*: 453, 779-782.

Holme, P. and Saramäki. J. 2012. Temporal networks, *Physics Reports*: 510, 97-125.

Lämmer, S., Gehlsen, B. and Helbing, D., 2006. Scaling laws in the spatial structure of urban road networks. *Physica A*: 363, 89-95.

Rosvall, M. and Bergstrom, C. 2008. Maps of random walks on complex networks reveal community structure, *Proceedings of the Academy of Sciences of the United States of America*: 105, 1118-1123.

Rosvall, M. and Bergstrom, C. 2011. Multilevel compression of random walks on networks reveals hierarchical organization in large integrated systems, *PLoS ONE*: 6, e18209.

Rozenfeld, H. D., Rybski, D., Gabaix, X. and Makse, H. A., 2011. The area and population of cities: new insights from a different perspective on cities, *The American Economic Review*: 101, 2205-2225.

Watts, D. J. and Strogatz, S. H., 1998. Collective dynamics of 'small-world' networks, *Nature*: 393, 440-442.

Zachary, W. W., 1977. An Information Flow Model for Conflict and Fission in Small Groups, *Journal of Anthropological Research*: 33, 452-473.

注

1) http://www.mapequation.org/（2019 年 5 月 28 日閲覧）.

10章

ツイート内に出現する名詞の時空間的特徴－探索的な地名抽出に向けて－

桐村 喬・藤原 直哉

10.1 研究の背景と目的

10.1.1 地名と空間認識

我々の世界には様々な種類の地名が存在しており，「日本」のような国名，「京都」のような都道府県や市町村の名称，「上本能寺前町」のような町名などが代表的である．地表上の特定の場所や地域を示すという点では，「京都駅」など駅やバス停の名称や，「京都御苑」などのような施設の名称も，そこに訪問する場合などで，地名として扱われることがある．このような，より広い意味での地名は，日常生活の様々な場面で用いられている．

一方で，地名は，それを用いる人々の間での特定の場所に関する共通認識が存在している前提で用いられる．例えば，「京都駅八条口に朝9時に集合」という連絡をした場合，「京都駅八条口」が指す特定の場所を，連絡した相手が理解していないと集合ができない．そもそも「京都駅八条口」の存在を知らないケースは除くとしても，「京都駅八条口」が具体的にどの範囲や場所を示すのかを考えると[1]，2階の新幹線の改札口や1階の改札口なのか，駅の建物を出たところなのか，バスターミナルなのか，駅南側の一帯なのか，受け取る人によって認識に差があるうえに，それぞれの境界はあいまいである．しかし，事前に「京都駅八条口」が指す場所についての認識の共有がなされていれば，地名としての「京都駅八条口」は十分にその役割を果たすことになる．このような共有された認識がない場合，それぞれが「京都駅八条口」にいると思っていても，実際はバラバラの位置にいて，いつまで経っても集合できないことになる．

10.1.2 地域イメージと地名

前述のように，地名とそれが指し示す空間的な範囲は，人々の空間認識と深く関連している．このような地名に関する空間認識については，主に地域イメージとの関連から，いくつかの分析がなされてきている．例えば，浅見・近藤（2001）や大佛・小川（2004）は，建物の名称に含まれる地名について検討し，それぞれの地名の使用状況から地名の魅力度を測定しようとした．大友ほか（2007）では，建物名称に含まれる地名の採用要因などについて詳細に検討し，伝播・拡大過程を明らかにしている．また，桐村（2009）では，京都市を事例として，あらかじめ設定した地名を含む建物の分布を検討している．建物名称からは，主として不動産取引の点で良好なイメージをもつ地名とそうではない地名との間の競合関係など，興味深い現象を観察できる一方で，マンションやビルなど，何らかの特定の名称がある建物が分布する地域以外では分析できない点で，地名自体が指し示す空間的領域との関係の検討において，若干の問題をはらんでいる．

一方，どのような場所をどんな地名で認識しているのかを，ジオタグ付きの写真データから把握しようとする試みもある．末田ほか（2011）は，写真共有サイトであるFlickr上に投稿されたジオタグ付き写真データを利用し，実際の位置情報と，それに付与された地名情報を活用して，集合知によるFlickrユーザーの認知地図を可視化している．ツイッターデータと同様に，様々なソーシャルネットワークサービス（SNS）を通してウェブ上に投稿されたジオタグ付きデータからは，ユーザーがどのような地名をどのような空間的領域として認識しているのかを知ることができる．

10.1.3 地名を活用したツイッターデータの位置情報推定

ジオタグ付きツイートであれば，ジオタグを参照すればよいものの，3章で示したように，ジオタグ付きツイートは全体のごく一部分に過ぎず，ツイートデータをすべて活用して分析するには，実際の位置情報を推定する必要がある．そのため，ツイートデータの本文に含まれる地名情報をもとに，実際の投稿場所の情報を推定するための手法の開発が行われてきた．落合・鳥居（2014）は，まったく別の場所にありながらも同じ地名をもつものの判別を行うために，市区町村名や駅名，観光スポット名など，所与の地名データをもとに，場所ごとに特徴的にみられる単語の情報を用いて判断する手法を提示している．また，杉谷ほか（2013）は，あらかじめ地名を定義したうえで，ジオタグ付きツイートデータ上で用いられている地名を抽出し，地名情報を参照情報としてジオコーディングを行ったうえで，その位置情報が実際の投稿時の位置情報であるのかどうかを判定する手法を提案している．ジオタグのないデータに，投稿されている地名情報に基づいて位置情報を付与しようとする立場からの研究では，その性格上，既知の地名情報をあらかじめ設定しておき，それをもとに分析が進められる．

一方，場所を示す単語を探索的に抽出したうえで，ツイートデータの位置情報を予測することも行われている．Han et al.（2012）は，英語ツイートを対象とし，ツイートに含まれる地域を示す単語に注目して，出現頻度などに関する統計量に基づいて地域を示す単語が指し示す地域を推定し，その結果を利用してツイートデータの位置情報を推定する手法を開発している．5.4節の図5.14で示したように，日本においても，例えば秋葉原という地域を指す表現として，駅名や町名には含まれない，「アキバ」などのような省略された地名も用いられている．事前に定義された地名を用いて分析するアプローチでは，十分に把握しきれない可能性もある．単語がスペースで区切られる英語とは異なり，日本語の場合，形態素解析を行う必要があるため，形態素解析の辞書

データに登録されていない，未知の地名については，形態素解析の段階で弾かれてしまうことになる．抽出可能なすべての名詞や複合名詞を対象として，Han et al.（2012）のように地名を抽出するような手法の開発が望まれる．

10.1.4 地名の時空間的特徴

地名には，一定の時空間的特徴があるものと考えられる．例えば，「京都」という地名は，一般的に京都市の範囲，場合によっては京都府の範囲を示すものの，文脈によっては，通り名で住所が表記されるような京都市の旧市街地を指す可能性もある．しかし，旧市街地内の特定の場所，例えば祇園のような場所を示す際に「京都」という地名が使われることは少ない．「京都」に来たことを示すために，祇園の写真が使われることはあっても，祇園にいることを示すために，「京都」という地名のみを用いることは少ないだろう．「京都」はおおむねマクロな視点で使われる地名と考えられる．一方で，ミクロな視点では，「祇園」のような市内の特定の地区の名称が主に使用されるものと考えられる．様々なスケールで地名を抽出することで，このような空間的な階層性を地名間に見出すことができよう．

また，特定の時期においてのみ，盛んに用いられる地名も存在するだろう．多くの人々が集まる祭りや行事が行われる地域では，その名称や地名が特定の時期のツイートデータに盛んに用いられることになり，その地域を特徴づける地名やそれに類する情報が時間的に変化することになる．ジオタグ付きツイートデータからは，ユーザーが使用する様々な地名やそれを代替するような名称を抽出できると考えられ，また，それらの時空間的特徴も明らかにすることができると考えられる．

10.1.5. 研究目的

本章では，ジオタグ付きツイートデータに含まれる，地名や地名を代替するような名称を，名詞全般を分析対象として探索的に抽出したうえで，その時空間的な特徴について整理することを目的とする．

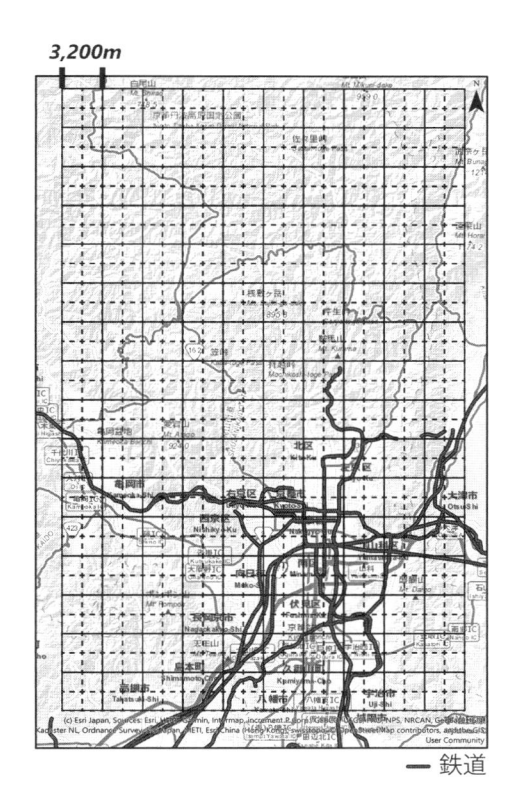

3,200m

— 鉄道

図 10.1 対象地域

表 10.1 時空間単位の種類と数

1辺の長さ (m)	グリッド数		月数	時空間単位数
	東西	南北		
50	640	1024	12	7,864,320
100	320	512	12	1,966,080
200	160	256	12	491,520
400	80	128	12	122,880
800	40	64	12	30,720
1,600	20	32	12	7,680
3,200	10	16	12	1,920

辺の長さは，複数の空間的スケールから分析するために，50 m，100 m，200 m，400 m，800 m，1,600 m，3,200 m の 7 種類とした．それぞれの時空間単位の数は，表 10.1 のようになっている．

TF-IDF は，一般的には，文書内での全単語に占める特定単語の出現頻度（Term Frequency）と，文書単位でみたときの全文書における特定単語の出現文書の比率の逆数（Inverse Document Frequency）の対数が用いられる．通常は，文書単位で算出されるものの，ツイートデータの場合，1 つのツイートを 1 文書としてしまうと，特定の単語が繰り返し，1 つのツイートで用いられることはまれであり，ほとんどの場合，tf は低い値になってしまう．後述するように，ここでは，時空間単位に合わせて独自の TF-IDF，時空間 TF-IDF を定義し，それぞれの名詞について値を求めて，空間的スケールごとの特徴について整理する．そのうえで，時空間 TF-IDF の値に基づいて，時空間単位ごとに特徴的な名詞の抽出を図り，地図化して，ツイッターで用いられる名詞の時空間的特徴について整理する．

10.3　時空間 TF-IDF の算出

10.3.1　時空間 TF-IDF の定義

時空間 TF-IDF は，一般的な TF-IDF が文書単位で定義されるのに対し，時空間単位をひとまとまりとして定義される点に特徴がある．すなわち，特定のグリッド，月における複数のツイートはまとまった 1 つの文書として扱われることになる．具体的に

対象地域は，図 10.1 に示した京都市を含む矩形の範囲であり，Public streams API を利用して取得された，この地域における 2014 年 1 月から 2018 年 3 月までの約 740 万件のポイントのジオタグ付きツイートデータを利用する．

10.2　分析手順

まず，ジオタグ付きツイートデータの本文の情報について，2017 年 12 月 18 日時点の NEologd の辞書を内包した Janome 0.3.6 を利用して形態素解析を行う．形態素解析の結果として抽出されたすべての名詞と複合名詞（以下，合わせて名詞と呼ぶ）について，後述する時空間的な分析単位（以下，時空間単位とする）ごとに TF-IDF と呼ばれる統計量を算出する．時空間単位とは，図 10.1 に示したような矩形の範囲内を，一定の長さの正方形のグリッド（網目）に区切り，それぞれの 1 マスについて 1 月〜12 月の月単位で区分したものである．グリッドの 1

は，以下のような式で定義される．

$$tf_{ij} = \frac{n_{ij}}{N_j} \quad\text{--}\quad (1)$$

$$idf_i = \log_2\left(\frac{C}{c_i}+1\right) \quad\text{----------------------}\quad (2)$$

$$tfidf_{ij} = tf_{ij} \cdot idf_i \quad\text{----------------------------}\quad (3)$$

（1）式は，時空間単位 j における名詞 i の使用頻度を求めるものである．$n_{i,j}$ は，時空間単位 j における名詞 i を使用したユーザー数であり，N_j は，時空間単位 j における総ユーザー数である．tf の計算の基準を名詞数ではなく，ユーザー数としたのは，特定の時空間単位でより多くのユーザーに使われている名詞ほど，重要度が高まると考えるためである．（2）式は，名詞 i に関する対象地域内での重要度を求めるものである．C は，それぞれの時空間単位の数を示し，c_i は，名詞 i が使われている時空間単位の数を示している．（3）式は，時空間単位 j における名詞 i の時空間 TF-IDF を求めるものであり，tf と idf を乗じることで求められる．

特定の時空間単位において，特定の名詞の時空間 TF-IDF が高ければ，その地域および月に，その名詞を使用するユーザーが多いことになり，その地域・

月を代表する名詞と考えることができる．

10.3.2 「京都」に関する時空間 TF-IDF の値

対象地域内で，地名として最も盛んに用いられる名詞である「京都」を事例に，時空間 TF-IDF の値と，使用ユーザー数，空間的スケールの関係について整理する．図 10.2 をみると，ユーザー数が少ないほど，時空間 TF-IDF の値が特に大きくなる傾向がわかる．一方で，ユーザー数が特に多い時空間単位でも，時空間 TF-IDF はある程度高くなっており，必ずしも直線的な関係ではない．また，モノクロで示したために，判別が難しいものの，時空間単位のグリッドが小さいほど，時空間 TF-IDF が高くなる傾向も観察できる．また，200m，400m，800m，1,600m のグリッドについて，1 月の時空間 TF-IDF を地図化すると，図 10.3 のようになる．ユーザー数の少ない縁辺部ほど，時空間 TF-IDF が高くなっている傾向が読み取れる．

すべての名詞について同様の傾向が示されるわけではないが，一般的な傾向として，ユーザー数の少ない縁辺部ほど，時空間 TF-IDF が高くなり，多くのユーザーに用いられる名詞であれば，ユーザー数が多い地域でも時空間 TF-IDF が高くなる傾向がある．

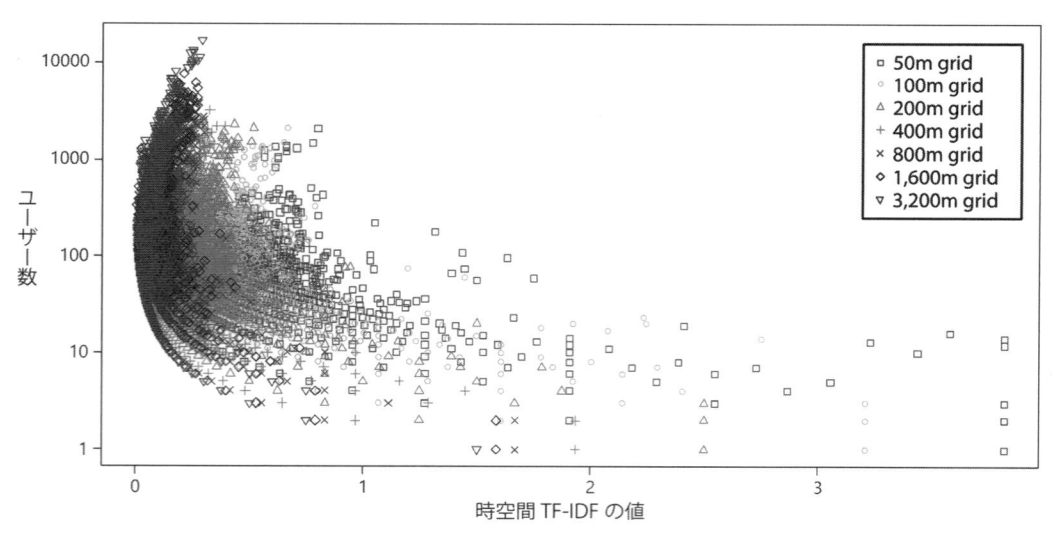

図 10.2 「京都」に関する時空間 TF-IDF の値と時空間単位におけるユーザー数の関係

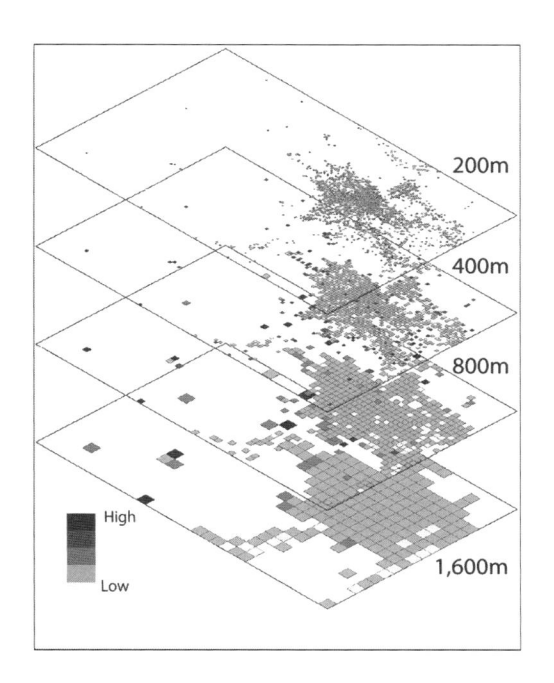

図 10.3　「京都」に関する 1 月の時空間 TF-IDF の空間分布
（200 m, 400 m, 800 m, 1,600 m のみ表示）

10.4　時空間 TF-IDF による代表名詞の抽出と時空間分布

10.4.1　各時空間単位を代表する名詞の抽出

　特定の時空間単位において，もっとも代表的な名詞は時空間 TF-IDF が最大である名詞である．しかし，時空間 TF-IDF の特徴から，使用ユーザー数が極端に少ない名詞ほど，時空間 TF-IDF が大きな値になってしまい，特定ユーザーが特定の時空間単位のみで使用する名詞が，その時空間単位を代表する名詞と判断されてしまいやすい．そこで，時空間単位内での使用ユーザー数に一定のしきい値を設定して，使用ユーザーの少ない名詞は対象外とすることが望ましい．そこで，各時空間単位において，2 ユーザー以上が使用した名詞を対象として，時空間 TF-IDF が最大となるものを求め，それぞれの時空間単位を代表する名詞を特定し，代表名詞と呼ぶ．時空間 TF-IDF の最大値が同じ値をもつ名詞が複数ある場合，すべてを代表名詞とする．

10.4.2　代表名詞の類型化

　抽出された代表名詞について，季節（12 月〜2 月を冬，3 月〜5 月を春，6 月〜8 月を夏，9 月〜11 月を秋とする）ごとに，グリッドをすべてひとまとめにして使用頻度を求め，Ward 法によって 5 類型に分類した．各類型で使用ユーザー数の多い代表名詞の上位 3 語は表 10.2 のとおりである．年間を通して使用される年間型については，「京都」が最も多く，全体として，使用ユーザー数が多い代表名詞が多い．季節ごとに見れば，「桜」や「夏休み」，「秋」，「雪」のような，特定の季節に関する名詞が当然のことながら多くなってくる．また，夏の「京都大作戦」（ロックフェスティバル）や「祇園祭」，秋の「文化祭」，「学祭」（学園祭の略称）など，特定の季節に開催されるイベントに関するものも上位にみられる．しかし，年間型の「人」や「ほんま」，冬型の「Yahoo! ニュース」など，解釈が難しい単語も上位にみられる．「人」は一般名詞であり，tf が大きくなりやすく，「ほんま」は，「本当」を意味する方言である一方，辞書上は名詞になっているために出現しているものと考えられる．顔文字を事前に一括して除去したうえで，方言にもある程度対応した辞書を用意するなどの対策も必要だろう．また，「Yahoo! ニュース」に関しては，リツイートなどにより，特定の時空間単位でツイートするユーザーが多かったものと考えられる．

　また，グリッドの大きさごとのユーザー数の割合をみると，「人」や「ほんま」を例外とすれば，「京都」や「桜」，「満開」，「祇園祭」，「京都大作戦」のように，特定の場所に関する名詞は，小さいグリッドに分布が偏る傾向があり，反対に「GW」や「夏休み」，「秋」などは，大きなグリッドほど相対的に割合が高くなっている．すなわち，大きなサイズのグリッドでは，特定の場所に関する名詞が代表名詞にはなりにくく，小さなサイズのグリッドほど，地名やそれを代替するような名詞が代表名詞として抽出されやすいということになる．

表 10.2　代表名詞とその割合

名詞の類型	順位	代表名詞	使用ユーザー数	グリッドの大きさごとのユーザー数の割合						
				50m	100m	200m	400m	800m	1,600m	3,200m
年間型	1	京都	6,247	35.7%	29.9%	18.9%	7.9%	4.1%	2.5%	1.1%
	2	人	3,770	25.5%	32.0%	21.8%	7.1%	3.5%	5.7%	4.5%
	3	ほんま	2,435	24.6%	31.8%	25.2%	8.7%	3.7%	3.9%	2.1%
春型	1	桜	308	29.2%	31.8%	21.4%	11.0%	4.2%	1.0%	1.3%
	2	GW	37	10.8%	21.6%	16.2%	24.3%	21.6%	5.4%	0.0%
	3	満開	28	28.6%	32.1%	17.9%	10.7%	7.1%	3.6%	0.0%
夏型	1	祇園祭	286	32.2%	22.7%	18.2%	12.6%	8.0%	5.2%	1.0%
	2	夏休み	108	14.8%	26.9%	30.6%	20.4%	7.4%	0.0%	0.0%
	3	京都大作戦	89	23.6%	21.3%	20.2%	15.7%	11.2%	5.6%	2.2%
秋型	1	秋	56	19.6%	39.3%	19.6%	17.9%	1.8%	1.8%	0.0%
	2	文化祭	33	15.2%	21.2%	30.3%	24.2%	9.1%	0.0%	0.0%
	3	学祭	28	17.9%	17.9%	14.3%	25.0%	14.3%	7.1%	3.6%
冬型	1	雪	608	20.7%	27.1%	22.0%	14.1%	9.0%	4.8%	2.1%
	2	Yahoo! ニュース	381	22.0%	20.2%	19.9%	16.3%	11.8%	7.1%	2.6%
	3	クリスマス	111	9.9%	11.7%	27.9%	27.9%	15.3%	6.3%	0.9%

10.4.3　代表名詞の月別の地図化

　図 10.4 は，京都市の中心部について，400 m のグリッドに関する 1 月，4 月，7 月，10 月の時空間単位ごとの代表名詞の分布を示したものである．1 月に関しては，京都駅やその北側の地域で「京都」が広がっていることを確認できる．また，「三条」や「祇園」，「二条」，「四条大宮駅」，「西院」，「丹波口」など，当該のグリッドに位置する鉄道駅の名称も代表名詞となっている．一方，寺院や神社が集中する図の東寄りの地域では，「清水寺」や「八坂神社」，「高台寺」，「知恩院」，「平安神宮」など，著名な寺院や神社の名称が代表名詞となっており，地名の役割を果たしている．図の北東側にある京都大学の周辺では，「京大」のほかに，「単位」も分布している．1 月は期末であり，大学では定期試験が行われることが多く，単位に関するツイートが大学周辺で集中的に投稿されるものと考えられる．

　一方，「京大」のすぐ西のグリッドの「三条」や，図の中央北寄りの「金閣寺」など，実際にその場所には存在しないはずの名詞が代表名詞となっている箇所が点在している．「金閣寺」については不明であるものの，例えば「三条」については，鉄道で三条駅に向かったり，三条駅周辺で食事をしたりする

ような内容を投稿したツイートが多い可能性がある．地名抽出という点では，この結果は不十分であり，精度を向上させるためには，杉谷ほか（2013）の手法を援用するなどの対策が必要となろう．

　4 月や 10 月については，1 月とおおむね同様の分布傾向を示しているが，7 月については，図の中央部の地域を中心に，大きく様相が異なっている．7 月の場合，中央部に山鉾巡行で知られる「祇園祭」が頻出するようになっており，山鉾の名称や関連する祭の名称が代表名詞として抽出されている．例えば，「後祭」は，2014 年から復活した祭であり，従来行われてきた 7 月 17 日の山鉾巡行の後に行われるものである．また，「芦刈山」や「保昌山」，「大船鉾」は山鉾の名称である．それぞれの山鉾は，巡行まではそれぞれの町の場所に展示されており，実際に地名になっている山鉾も存在するものの，そうではないものを含めて，7 月の間においては，地名のような役割を果たしているといえる．図は示さないが，より詳細な 100 m グリッドの場合には，「長刀鉾」や「八幡山」，「北観音山」，「南観音山」，「綾傘鉾」など，様々な山鉾の名称を確認できる．

　図 10.5 は 800 m のグリッドについて同様に示したものである．400 m と比べると，1 月における京

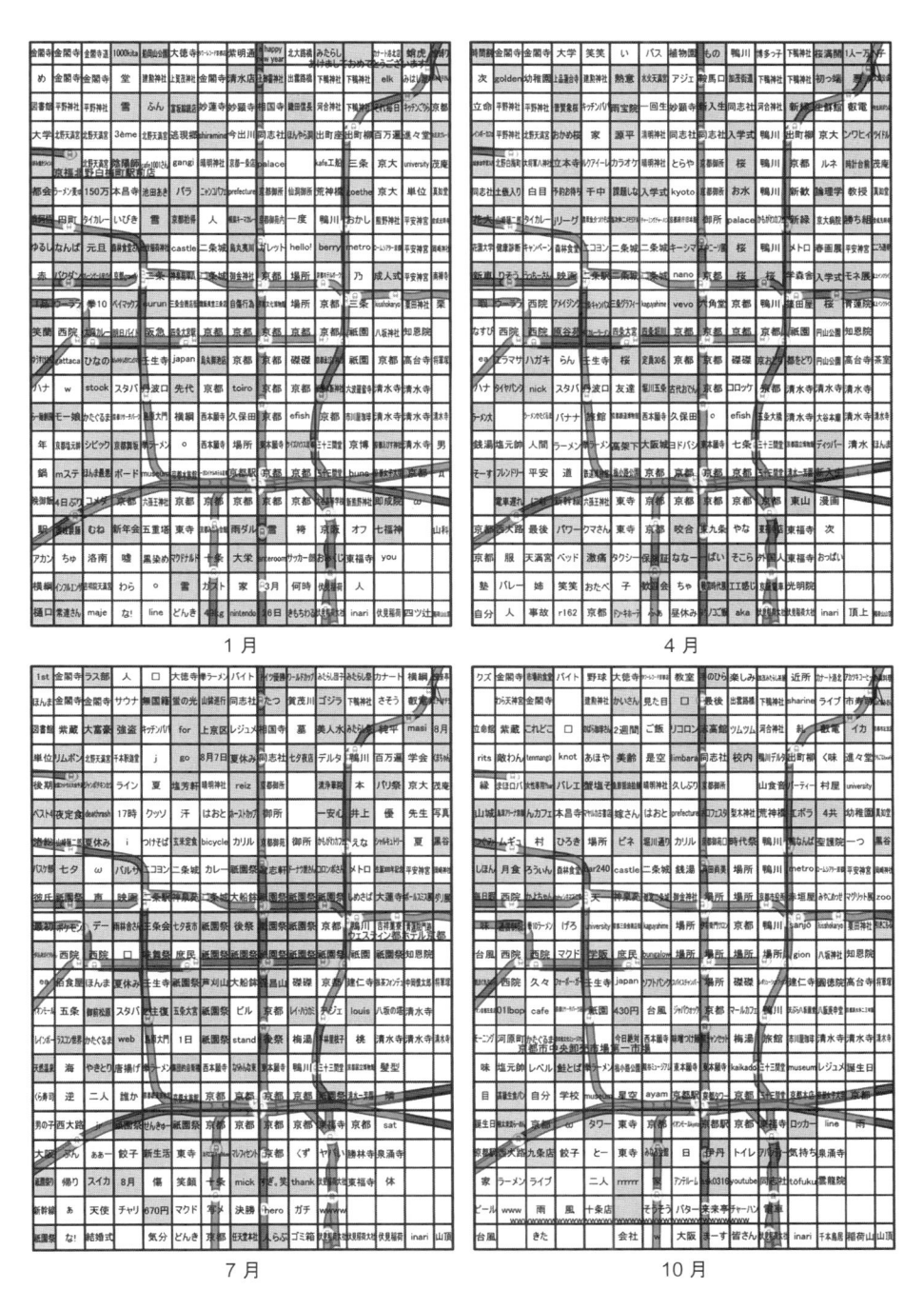

図 10.4　400 m での代表名詞
代表名詞が示されているグリッドのうち白は年間型の名詞であり，グレーは各月の季節型の名詞である

都大学周辺の「単位」や駅名の「丹波口」など，一部の名詞は代表名詞にはならなくなっている．グリッドが大きくなったことで，*tf* の値が相対的に低くなり，検出されにくくなったものと考えられる．

7 月については，同様に「祇園祭」が中心部で卓越するものの，個別の山鉾の名称は検出されていないことから，祇園祭期間中に町ごとに展示される山鉾の名称は，大きくても 400 m 四方程度の局所的な範

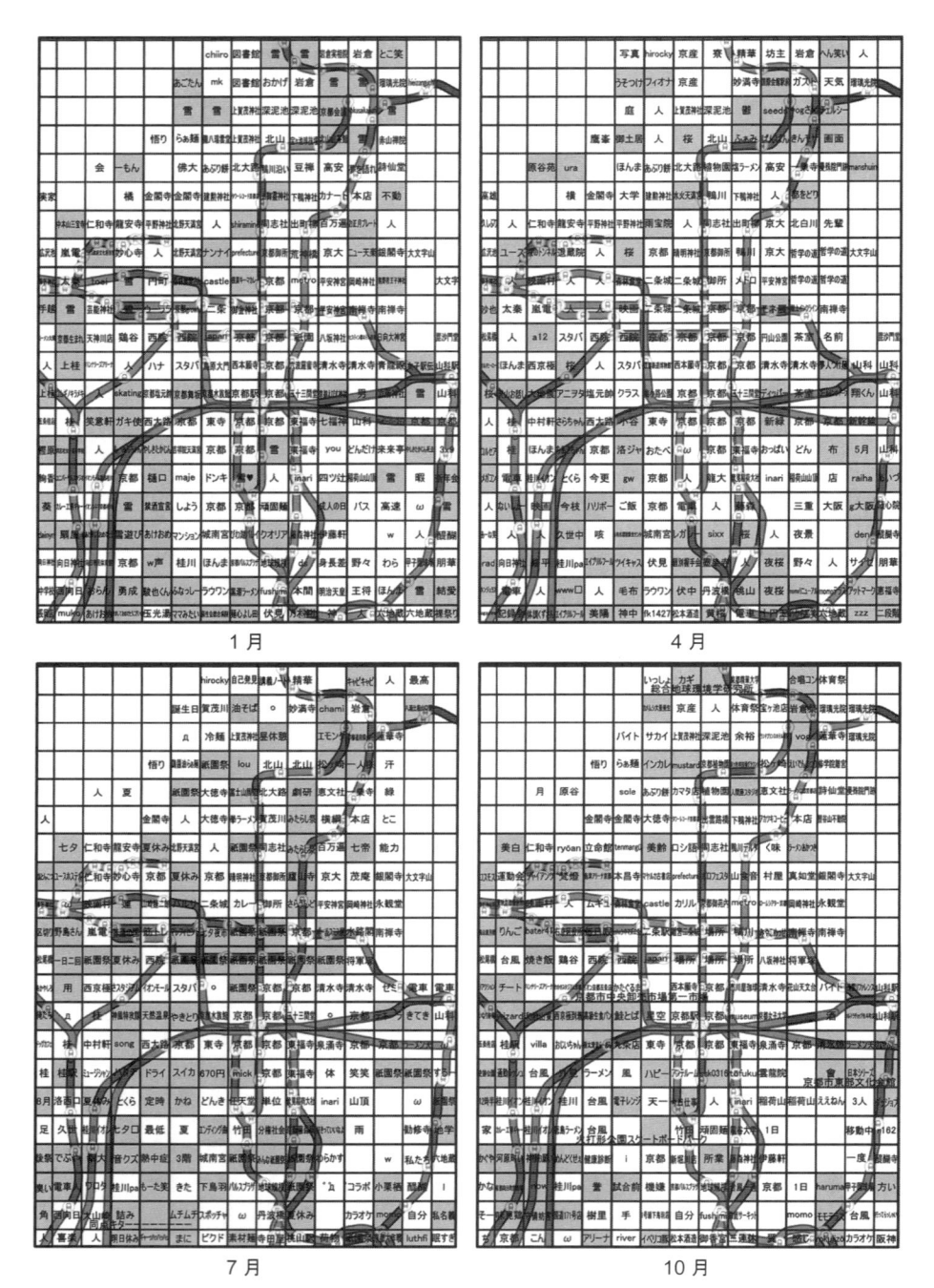

図10.5　800mでの代表名詞

代表名詞が示されているグリッドのうち白は年間型の名詞であり，グレーは各月の季節型の名詞である

囲のみを指し示す地名としての役割を備えていると考えることができる.

図10.6は，1,600mグリッドについて同様に代表名詞を月別に示したものである．800mよりも，一目で地名とわかるような名詞が抽出されにくくなっており，代わって「人」が目立つようになっている．ただし，主要な観光資源であり，地名としての役割も備えている，著名な寺院の名称については，

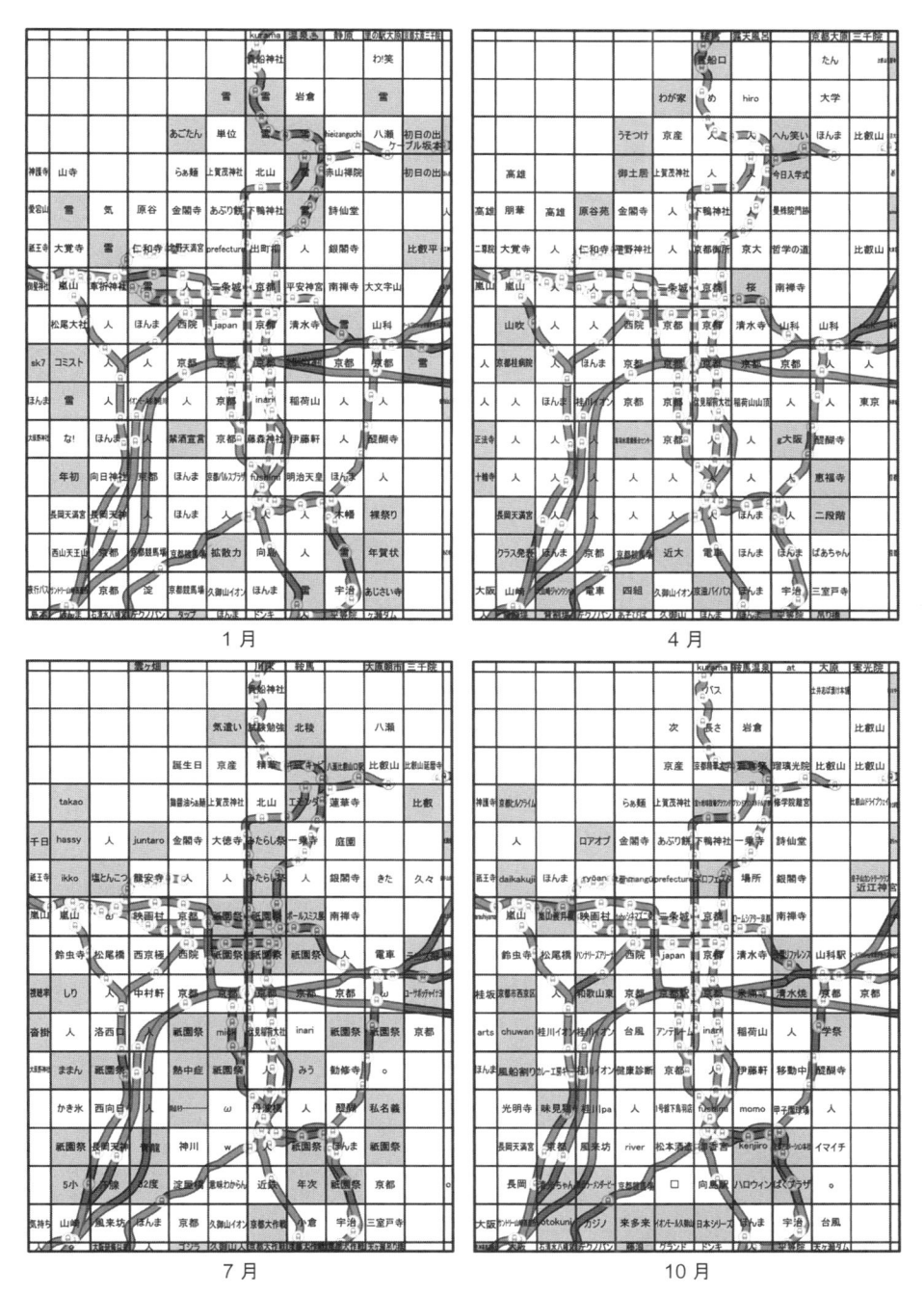

図 10.6　1,600 m での代表名詞
代表名詞が示されているグリッドのうち白は年間型の名詞であり，グレーは各月の季節型の名詞である

1,600 m のグリッドにおいても一定数，代表名詞として検出されており，京都市の特異性が表れていると考えられる．

10.5　結論と今後の展開

　本章では，京都市におけるジオタグ付きツイートを分析し，ツイートに含まれる名詞の時空間的特徴

について整理した．時空間単位ごとの名詞について，TF-IDF を応用した時空間 TF-IDF を求め，それぞれの時空間単位を代表する名詞を抽出した．代表名詞に地名が多く含まれるのは，空間的スケールが小さい場合であり，「京都」や駅名，寺院，神社の名称が抽出された．また，「祇園祭」のような，特定の行事やイベントの名称やそれに関連する名称が，特定の時期に代表名詞として抽出されることもあり，当該地域・時期では，地名に類する役割を果たしているといえる．一方，空間的スケールが大きくなると，代表名詞に「京都」以外の地名が含まれることは少なくなり，より普遍的な名詞が抽出されやすくなる．このことから，地名やそれを代替する機能を持つ名詞には，一定の空間的階層性がみられるといえる．

しかし，「人」のような一般名詞が代表名詞として抽出されることも多く，地名抽出という点では，ここで提示した時空間 TF-IDF による抽出手法には解決すべき課題が残っている．特に，ユーザー数が極めて少ない都市の縁辺部では，時空間 TF-IDF が過大になることがあり，そうした地域では，解釈が難しい名詞が代表名詞として抽出される例が散見された．ここでは 2 ユーザー以上が使用している名詞として絞り込んだものの，このしきい値を調節しながら，適切な結果が得られる値を探索する必要があろう．

精度の高い地名抽出の方法を確立できれば，来訪者と在住者での地名の使われ方，すなわち空間認識の差異について分析することも可能になる．また，ポイントのジオタグ付きデータが少ない現状では，都市内部での分析は難しいかもしれないが，精度を向上させることで，主として市区町村単位であるポリゴンのジオタグ付きデータに市区町村内の特定の地域に関する位置情報を付与することもできるだろう．

文献

浅見泰司・近藤英心 2001．建物名称に含まれる地名の分布による地区ブランド力の分析．地理情報システム学会講演論文集 10: 39-44.

大友佑介・笠原知子・齋藤 潮 2007．自由が丘駅周辺を対象とした同一地名付建物の空間分布に関する研究．都市計画論文集 42（3）: 61-66.

大佛俊泰・小川健一 2004．建物名称の空間分布からみた地域イメージの魅力度分析．日本建築学会計画系論文集 576: 101-107.

落合桂一・鳥居大祐 2014．時間変化する特徴語によるマイクロブログ地名曖昧性解消．情報処理学会論文誌 データベース 7（2）: 51-60.

桐村 喬 2009．京都市における地域名称を名称に含む建物の空間分布に関する基礎的検討．地理情報システム学会講演論文集 18: 535-540.

末田 航・味八木 崇・暦本純一 2011．実世界集合知による利用者の認知地図の可視化とモバイルインタラクションへの適用．情報処理学会論文誌 52(4): 1465-1474.

杉谷卓哉・白川真澄・原 隆浩・西尾章治郎 2013．教師あり機械学習を用いたツイート投稿時のユーザー位置推定手法．情報処理学会研究報告 2013-DBS-158（26）: 1-8.

Han B., Cook, P. and Baldwin, T., 2012. Geolocation Prediction in Social Media Data by Finding Location Indicative Words. *Proceedings of COLING 2012: Technical Papers*: 1045-1062.

注

1) https://www.jr-odekake.net/eki/premises.php?id=0610116 （2019 年 4 月 9 日閲覧）．

**ツイートにみられる
ことばの地域差**

峪口　有香子・岸江　信介

11.1　SNS を利用した言語研究

11.1.1　ツイートにみられることばの地域差

(1) はじめに

　ツイッターはネット上で交わされる言語データソースとして，日本語研究はもとより方言研究の資料としても活用できる可能性を秘めた資源である．膨大なツイッター投稿データの中からさまざまな言語事象を抽出でき，各地の情報を地図上にプロットすれば，ことばの地域差を図示した言語地図を作ることも可能となる．

　方言の地理的研究では，従来，面接や通信，あるいはアンケートによる調査にもとづき，研究を進めるのが常であったが，実際の調査を経ずに，ツイッターの投稿データを方言データとして活用することにより方言分布の実態を明らかにすることができれば，調査にかかる費用や時間，手間などを大幅に削減できることになる．また，実際に調査を実施する前段階として調査項目を決める際の予備調査に充てるということも考えられよう．この場合には，ツイッターデータによって地域差が見出されたものを優先的に調査項目として選ぶことができることになる．ツイッターデータを言語研究（ここでは方言研究）に活用するというのが本章のねらいである．

(2) ツイッターデータの有効性

　ツイッターをよく利用する世代とはどの世代なのか，このような視点からの調査は数多く，必ずしも結果がすべて一致しているわけではない．また，時とともにツイッターの使用世代が広がることも当然予想される．このようなことを念頭に置きつつ，ネット上にある調査結果の一例を紹介する．15 歳〜 49 歳を対象としてソーシャルメディアの利用頻度（ツイッター）に関する調査結果[1] によると，10 代・20 代の利用は 30・40 代の約 2 倍近くに達しているという．ただ，ツイッターの利用は，いまや若者からお年寄りまで幅広く全世代に及んでいることもたしかである．

　このような点での検証を含めて，ツイッターデータの地域言語研究での活用した例を提示する．

　その試みとして，ツイッターへの投稿が最も多いと思われる 10 代〜 40 代によく使用される方言（「新方言」あるいは「気づかない方言」）を取り上げ，地理的分布の可視化を行うことにより方言分布の解明に迫りたい．

11.1.2　ツイッターデータで検索可能な方言

　どのような方言の研究にもツイッターデータを利用できるかと言えば必ずしもそうではない．10 代〜 40 代の世代で用いられる方言には向いているが，高齢層に主に用いられる伝統方言には適さない．10 代〜 40 代で用いられる方言とは，少し触れたように「新方言」や「気づかない方言」といった類の方言を指す．「新方言」とは若い世代が使用する方言で，共通語とは異なる非標準形式といった特徴がある．よく挙げられる例として，チガカッタ，ウザイ，オモンナイなどがあげられる．

　「新方言」と同様に「気づかない方言」もツイッターデータを通じて検索が可能な方言である．

　「気づかない方言」とは，篠崎（1996），陣内（1996），沖（1999）等で指摘があるように，方言話者が方言という意識を持ちにくいことばのことである．佐藤（2003）は，意味論的な観点から，ある形式が持つ意味の範囲が共通語と方言では異なるにも関わら

ず，方言話者はそれに気づかず，共通語の意味と方言特有の意味を一語の多義関係にあると理解してしまうことだと考えられるという．

さらに，これまで共通語とされてきたことばのなかにも地域によってよく使用される地域とそうでない地域があり，使用されない地域では別の共通語が使用されるといったようなケースが存在することも明らかになってきた．峪口ほか（2015）では，「散髪」と「床屋」，「美容院」と「美容室」は，ともに使用される地域に差がみられるのではないかという推測のもとにツイッターでの全国分布を探り，いずれも東西差があることを見出した．

ツイッターデータを利用したことばの地域差に関する研究は，以上のように，かなり限定されたものであり，どの方言にもすべて適応できるというわけではない．また，新方言や気づきにくい方言の地域差の研究に活用できるのかどうか，厳密に言えばこれまで確かめられてはいない．

以下では，これらの検証をさらに重ねるため，全国的に地域差が存在する，「自転車」と「絆創膏」の呼び方について，それぞれみていくことにしたい．

11.2　研究方法とデータ

ビッグデータとしてツイッターデータが方言研究資料として活用できるかどうかを検証するため，近年，全国規模で実施された2種類の言語地理学的調査結果を掲げ，これらの結果と，ツイッターデータによる結果の比較を行う．本稿で用いる具体的なデータは，次の2種類である．

（A）全国大学生アンケート調査
（B）ツイッターデータ

全国大学生アンケート調査について調査年・被調査者・調査項目を含めて整理すると，表 11.1 のようになる．なお，本調査は，主に全国の大学の研究者に調査を依頼した．その結果，全国 47 都道府県の大学生を中心に 926 名からの回答を得た．都道府

県ごとの男女別回答者数は表 11.3 の通りである．

表 11.1　全国大学生アンケート（内訳）

全国大学生アンケート調査		
調査期間	2007 年 -2010 年	
被調査者生年	1981 年 -1989 年	
被調査者性別	男　性	370 名
	女　性	556 名
	合　計	926 名
項　目	語　彙	48
	文　法	18
	方言意識	1
	合　計	67 項目

表 11.2　ツイッターデータ（内訳）

ツイッターデータ	
データ収集期間	2012 年 2 月 -2015 年 4 月
データ数	約 2 億 5 千万件
データ発信地	日本国内

表 11.3　全国大学生アンケート調査回答者数（内訳）

都道府県	回答者数（男，女）	都道府県	回答者数（男，女）
北海道	23 （12,11）	滋賀	18 （ 6,12）
青森	12 （ 4, 8）	京都	27 （10,17）
岩手	29 （14,15）	大阪	12 （ 3, 9）
宮城	11 （ 7, 4）	兵庫	47 （21,26）
秋田	12 （ 2,10）	奈良	20 （ 6,14）
山形	22 （ 6,16）	和歌山	14 （ 8, 6）
福島	11 （ 4, 7）	鳥取	17 （ 5,12）
茨城	12 （ 5, 7）	島根	28 （14,14）
栃木	11 （ 8, 3）	岡山	30 （14,16）
群馬	22 （18, 4）	広島	34 （13,21）
埼玉	11 （ 4, 7）	山口	21 （10,11）
千葉	18 （ 7,11）	徳島	20 （ 14, 6）
東京	6 （ 2, 4）	香川	12 （ 5, 7）
神奈川	8 （ 5, 3）	愛媛	30 （13,17）
新潟	19 （ 5,14）	高知	22 （10,12）
富山	17 （ 1,16）	福岡	39 （ 4,35）
石川	18 （ 2,16）	佐賀	17 （ 7,10）
福井	17 （ 8, 9）	長崎	24 （ 8,16）
山梨	11 （ 6, 5）	熊本	10 （ 2, 8）
長野	13 （ 6, 7）	大分	17 （ 4,13）
岐阜	16 （ 7, 9）	宮崎	16 （ 7, 9）
静岡	27 （21, 6）	鹿児島	43 （15,28）
愛知	27 （ 5, 22）	沖縄	10 （ 5, 5）
三重	28 （10,18）	合計	926

11.3　ツイッターからみる方言分布

11.3.1　「自転車」の地域性

「自転車」には，ジテンシャ・チャリ・チャリンコ・ケッタ・ケッタマシーンという語形が地域により存在している．そこで，今回は，これらを大学生アンケート調査の結果とツイッターデータの検索結果との比較を行い，各種，語形の分布がどの程度一致するのか，確かめてみたい．

まず，ジテンシャの分布をみていく．ジテンシャの使用の特徴として，どちらかというと列島中央部での使用が目立ち，大学生アンケート調査，ツイッターの結果ともに同じような傾向を示した（図11.1・図11.2）．ツイッターでは，日本海側よりも太平洋側でよく用いられる傾向がみられる．ただ，この形式は，共通語形式であるだけではなく，チャリやケッタと比較してフォーマル（改まった）な場面で用いられる形式である．

図11.3・図11.4のチャリの分布の結果を比較す

ると，中国・四国・九州各地方といった西日本での使用が共通してともに高い傾向にあるということができる．また，長野・愛知・岐阜・三重など中部地方での使用はともに少ないという結果となっており，これらも一致した部分である．

一方，異なる点としては，大学生アンケート調査では北海道・東北・関東など，東日本での使用が西日本に比べて低いのに対し，ツイッターの結果では北海道から北陸地方にかけて，特に日本海側の地域での使用が目立つ結果となっている点である．

図11.5・図11.6のチャリンコは，チャリに先立って，1980年代，大阪で若い世代を中心に使用され出した新方言である．チャリはチャリンコが定着したのちにチャリンコの－ンコの部分を省略させて大阪市内で1980年代後半に中高生が使い出した語形である．

チャリンコやチャリは若い世代の仲間同士の会話場面など，カジュアル（くつろいだ）場面でよく使用される方言であり，逆にフォーマル（改まった）

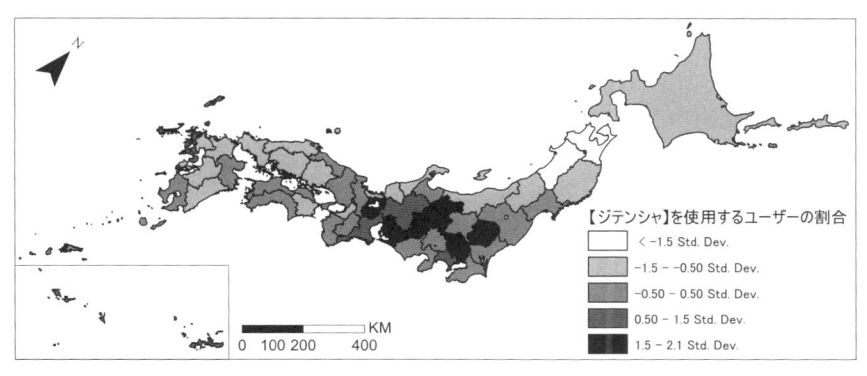

図11.1　「ジテンシャ」を使用するツイッターユーザーの割合（標準偏差）

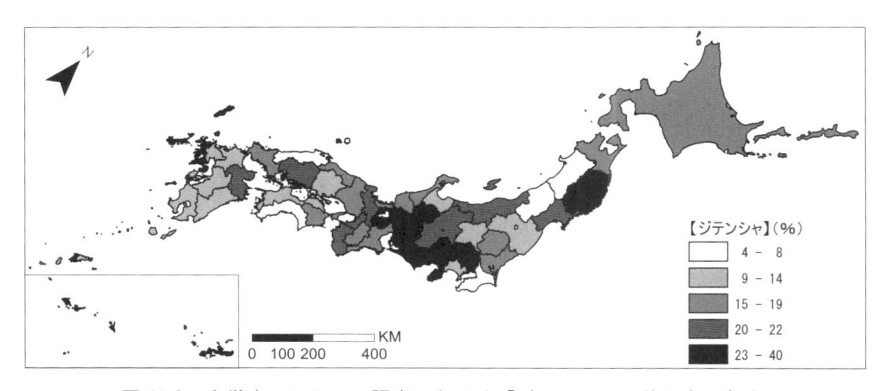

図11.2　大学生アンケート調査における「ジテンシャ」使用者の割合

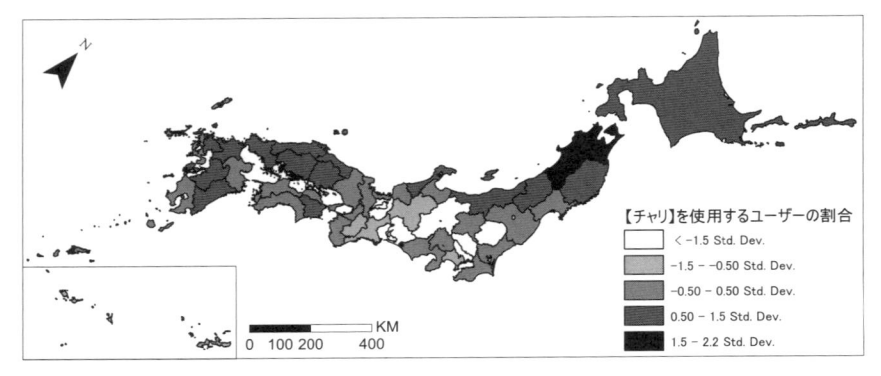

図11.3 「チャリ」を使用するツイッターユーザーの割合（標準偏差）

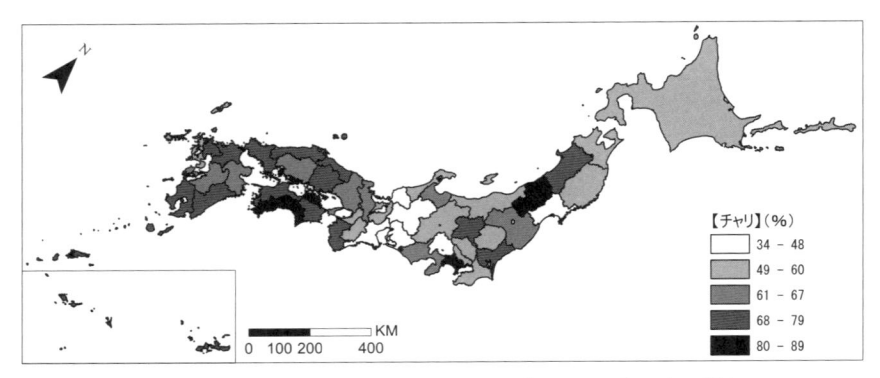

図11.4 大学生アンケート調査における「チャリ」使用者の割合

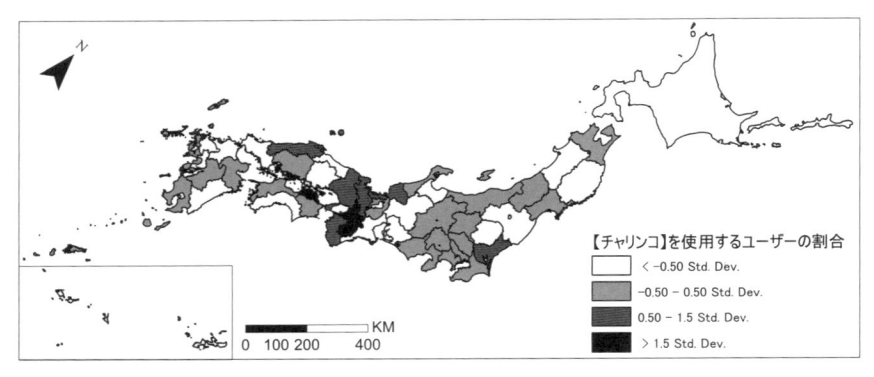

図11.5 「チャリンコ」を使用するツイッターユーザーの割合（標準偏差）

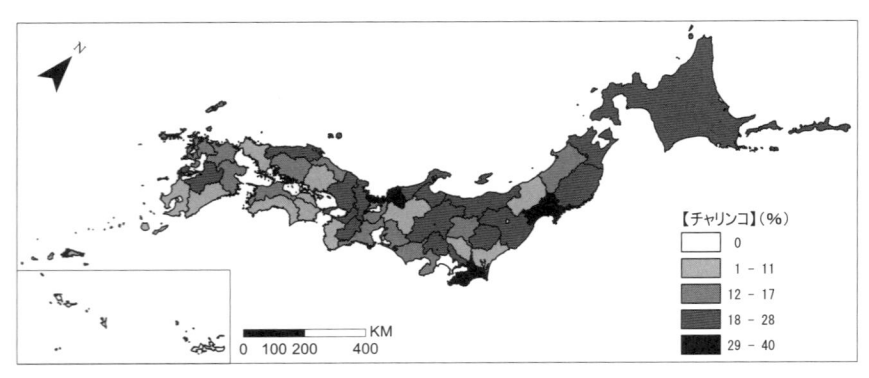

図11.6 大学生アンケート調査における「チャリンコ」使用者の割合

な場面ではジテンシャが使用される傾向が強い．つまり，チャリ・チャリンコとジテンシャは，場面によって使い分けられるということである．全国各地でこのような使い分けの傾向が見られると考えられる．

チャリと同様，チャリンコも全国各地での使用が確認されている．大学生アンケート調査では，どちらかというと，西日本よりも東日本で使用すると回答した地域が多い．つまり西日本ではチャリンコよりもチャリをよく使う傾向があるのに対して東日本ではチャリよりもチャリンコをよく使う傾向があるといえそうである．また，ツイッターの結果からもどちらかというと，チャリンコの使用は東日本で使用する地域が多いといえそうである．一方，西日本ではチャリと比べても使用する地域が少ない．チャリということばは，1980年代後半，関西地方を代表する大都市である大阪で中学生・高校生によって使用された，「自転車」を意味する新しい方言である．1980年代後半，大阪ではチャリを使用する10代と

は対照的に20・30代ではチャリンコが使用されており，すでに述べられているように，チャリはチャリンコから変化したものであることがわかる．2015年現在，チャリは，特に若い世代においては日本全国で使用される形式であることがわかっている．

次に，図11.7・図11.8のケッタをみていく．ケッタも自転車の新しい方言であるが，この形式は名古屋で生まれた方言である．愛知・岐阜・三重・長野など中部地方で使用されており，名古屋から中部地方各地に広まったことが確認できる．大学生アンケート調査，ツイッターによる結果ともに中部地方に使用が目立っており，ほぼ一致した結果となっている．ただし，ツイッターでは，北海道や九州にも使用が認められる．大学生アンケート調査では，回答者全員の出身地域（高校生まで過ごした地域）にもとづき，地図化を行っているのに対してツイッターの場合は，あくまでもツイートした場所を示している．したがって，名古屋出身の人が北海道や九州でツイートした場合，北海道や九州での使用とみ

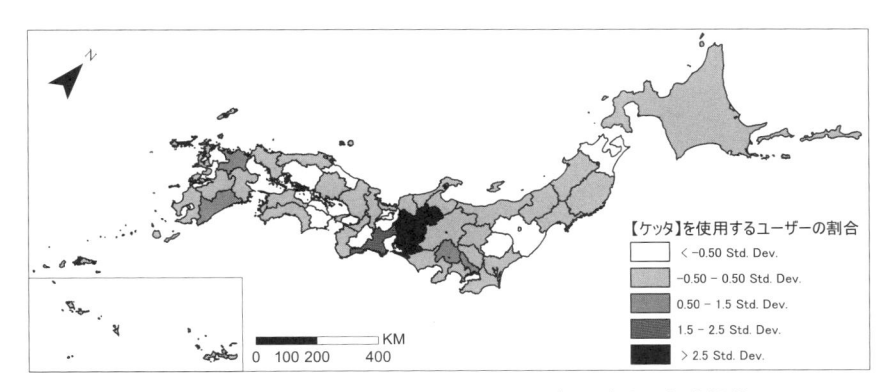

図11.7　「ケッタ」を使用するツイッターユーザーの割合（標準偏差）

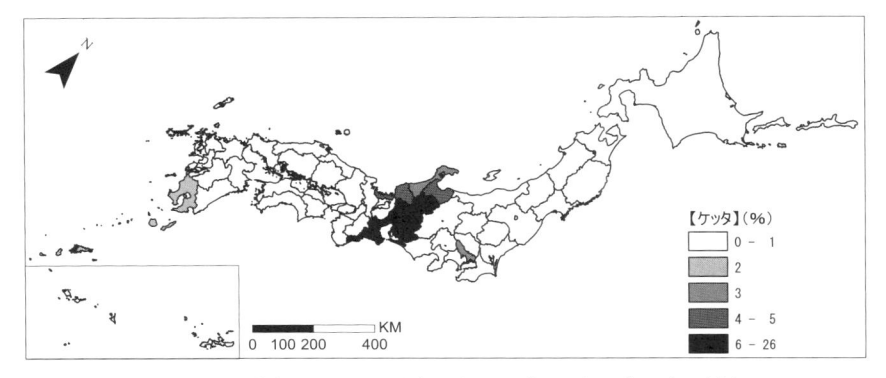

図11.8　大学生アンケート調査における「ケッタ」使用者の割合

られることになる．

　ケッタを使用する地域では，別の呼び方として，ケッタマシーンを併用する地域が大半を占める（図11.9・図11.10）．ケッタマシーンは，特殊な言い方であり，ケッタマシーンの「ケッタ」を「(自転車を)こぐ」という意味で解釈して用い，自転車を「こぐマシーン（機械)」だと認識している者が多い．

　ケッタマシーンは，換言すれば，使用される地域以外ではほとんど認知されていないため，大学生アンケート調査，ツイッター結果ともに中部地方を中心とした地域に使用が目立つという傾向が見られる．なお，大学生アンケート調査では，愛知県での使用が少なくっている．この要因は，愛知県でも小学生などを中心にケッタマシーンといった語形が使用されなくなってきており，代わりに，チャリを使うことが多くなっていることによるものと考えられる．

11.3.2　「絆創膏」の地域性

　日本では，絆創膏にはいくつかの呼び方がある．

例えば，サビオ・カットバン・リバテープ・バンドエイドなどである．これらは，いずれももとは商品名であり固有名詞であった．これがいずれも一般名詞化し，絆創膏を指すようになった．全国各地でどの商品名がよく用いられるか，これには地域差が確認できる．

　例えば，サビオは，大学生アンケート調査では，北海道・宮城・長野・山梨・広島で使用件数が多いことが確認できる（図11.12）．一方，ツイッターの結果からは，北海道・神奈川・岐阜・静岡・山梨・奈良・兵庫・広島・鳥取・香川・大分などでの使用が目立つ（図11.11）．

　次に図11.13・図11.14のカットバンの分布をみると，全国大学生アンケート調査，ツイッター結果ともに関東・中部・近畿での使用は少なく，東北・中国（広島は除く)・四国および九州での使用が多くみられ，ほぼ結果が一致している．

　図11.15・図11.16のリバテープは，全国大学生アンケート調査，ツイッター結果ともに九州地方(特

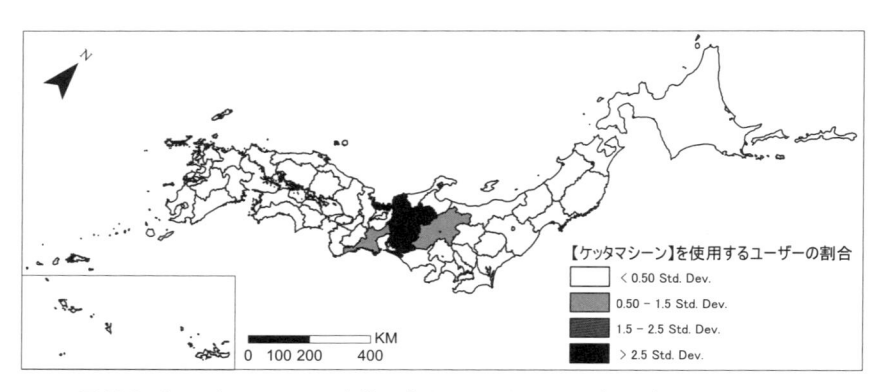

図11.9　「ケッタマシーン」を使用するツイッターユーザーの割合（標準偏差）

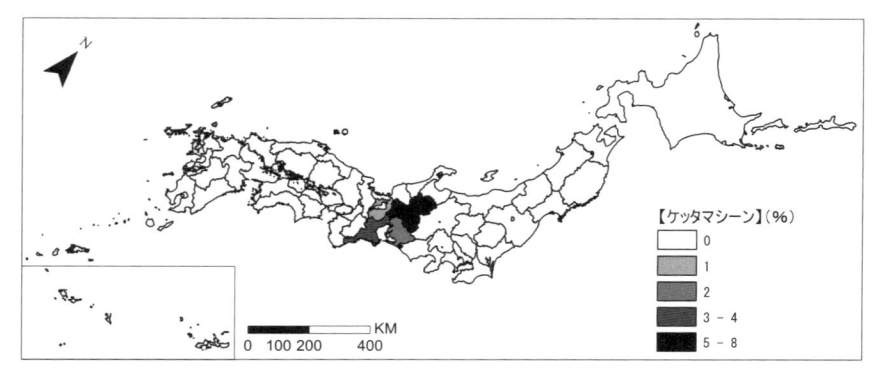

図11.10　大学生アンケート調査における「ケッタマシーン」使用者の割合

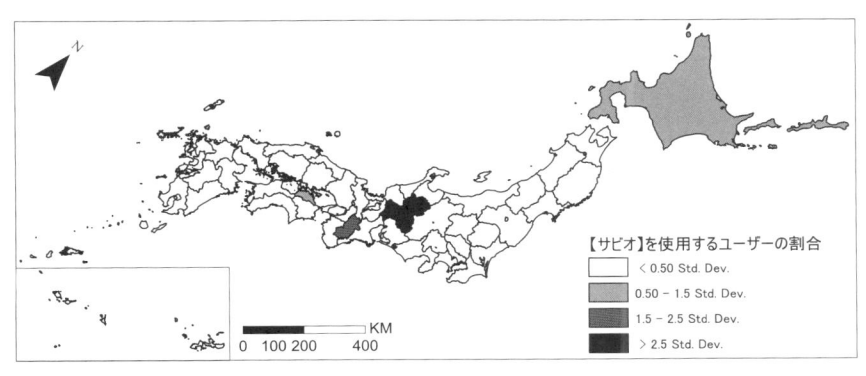

図 11.11 「サビオ」を使用するツイッターユーザーの割合（標準偏差）

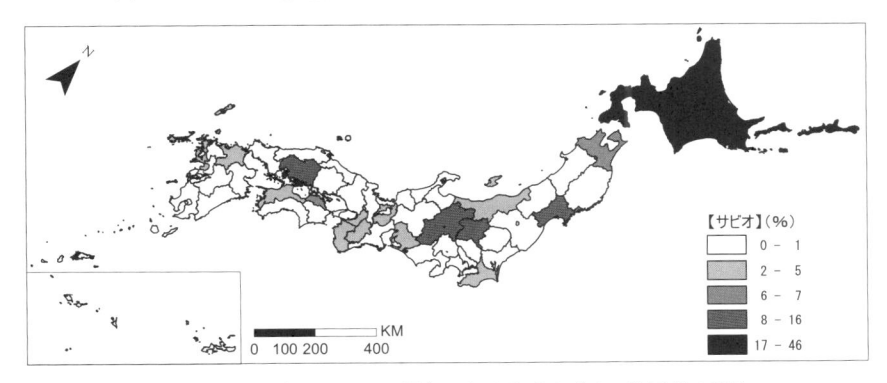

図 11.12 大学生アンケート調査における「サビオ」使用者の割合

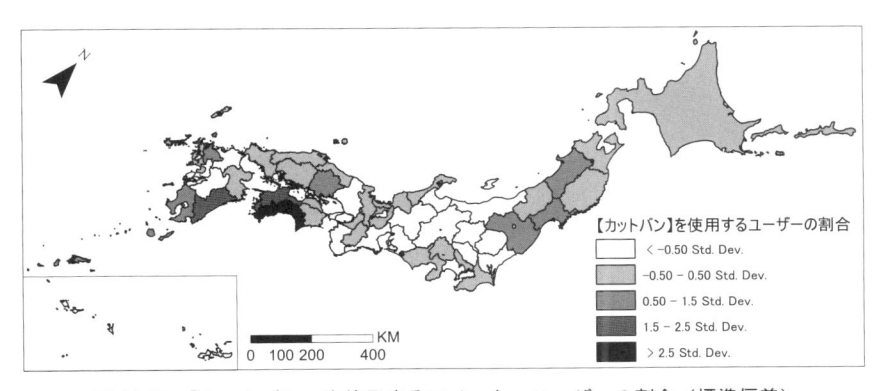

図 11.13 「カットバン」を使用するツイッターユーザーの割合（標準偏差）

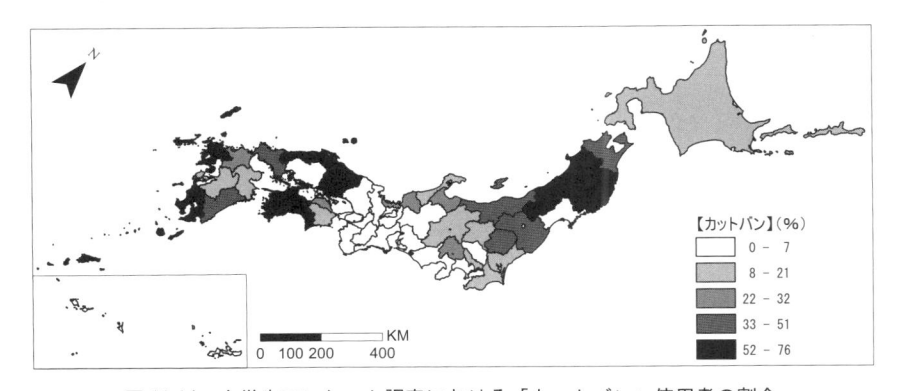

図 11.14 大学生アンケート調査における「カットバン」使用者の割合

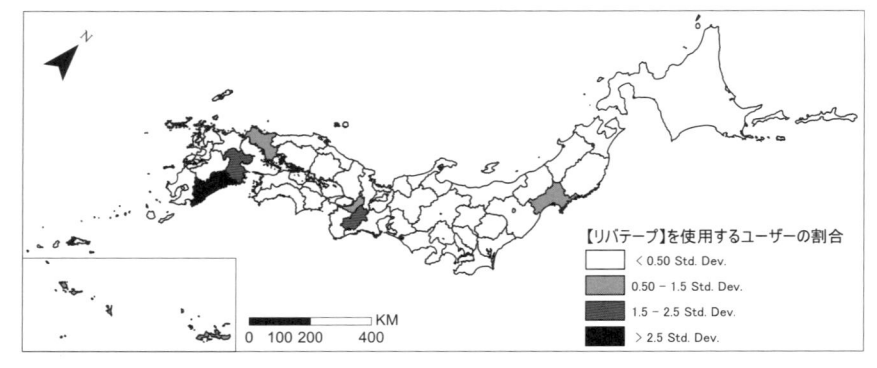

図 11.15 「リバテープ」を使用するツイッターユーザーの割合（標準偏差）

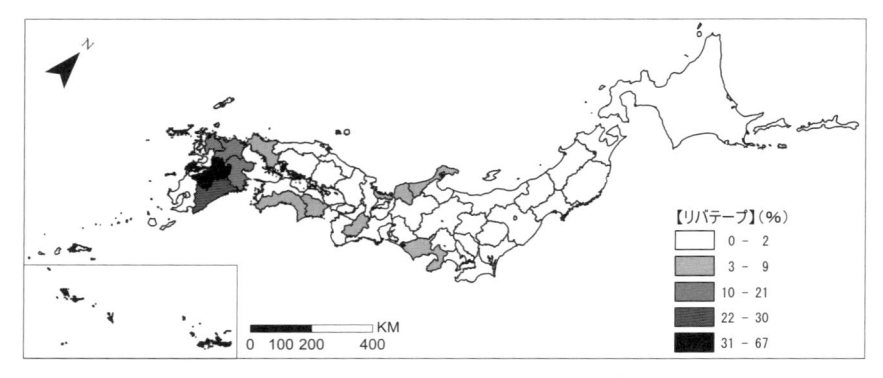

図 11.16 大学生アンケート調査における「リバテープ」使用者の割合

に熊本・宮崎・大分など，鹿児島は除く．鹿児島は
カットバンを使用する地域である）での使用に限定
されるという結果となり，ほぼ一致した結果が得ら
れた．

バンドエイドとバンソーコーの地図の掲載は，紙
幅の都合上，割愛した．

バンドエイドは，全国大学生アンケート調査，ツ
イッター結果ともに列島中央部の関東・中部・近畿
での使用が目立ち，ほぼ一致した結果が得られた．

バンソーコーは，全国共通語と同形であり，最も
標準的な語形である．1970 年代～1980 年代にかけ
て当時の若者の間では，サビオやバンドエイドなど
の商品名がもてはやされ，バンソーコーはやや古い
呼び方というイメージがあった．ただし，現在では
このようなイメージは払拭され，共通語的な語形で
あると認識されている．

このため，全国各地で使用されており，両結果の
分布は，必ずしも一致しているとは言い難い．共通
語形の場合，他の形式（例：ジテンシャなど）でも

全国各地で使用されているという点から全国大学生
アンケート調査，ツイッター結果で一致しないとい
うケースが多く目についた．

11.4 まとめ

ツイッターの投稿データは，方言研究に利用する
ことが可能である．ただし，すべての方言の分布を
解明できるわけではないが，地域によって使用が限
定される方言形式の分布を見出すには，有効であ
る．地域によって使用が限定される方言形式，例え
ばケッタマシーン，ケッタなどはツイッターと大学
生調査との結果が，ほぼ一致した．一方，全国的に
広くつかわれる言い方，チャリ，チャリンコなどは，
大学生アンケート調査の結果と一致しなかった．そ
の理由は，ツイッターの場合，ツイートされた頻度
（回数）に左右され，その結果が，地図に反映され
ていると考えられるからである．

なお，本研究を進めるにあたっては，JSPS 科研

費 15K12886 の助成を受けた.

文献

井上史雄・鑓水兼貴編著 2002.『辞典＜新しい日本語＞』東洋書林.

沖　裕子 1999. 気がつきにくい方言. 日本語学 18（13）: 156-165.

沖森卓也・木村義之・田中牧郎・陳　力衛・前田直子 2011.『図解日本の語彙』三省堂.

岸江信介 2010.『関西新方言と新しい変化　東アジア内海の環境と文化』桂書房.

岸江信介 2011.『大都市圏言語の影響による地域言語形成の研究平成 20 ～ 22 年度科学研究費（基盤研究 C）成果報告書』徳島大学日本語学研究室.

桐村　喬 2013. 位置情報付きツイッター投稿データにみるユーザー行動の基本的特徴―観光行動分析への利用可能性―. 地理情報システム学会講演論文集 22:（CD-ROM）.

峪口有香子・桐村　喬・岸江信介 2015. ツイッター投稿データにもとづく「気づかない方言」の分布解明. 日本語学会 2015 年度秋季大会予稿集 : 193-198.

佐藤祐希子 2003.「気づかない方言」の意味論的考察―仙台市における程度副詞的な「イキナリ」―. 国語学 54（1）: 32-45.

篠崎晃一 1996. 気づかない方言と新しい地域差. 小林隆・大西拓一郎・篠崎晃一編『方言の現在』明治書院 : 145-157.

陣内正敬 1996.『地域語の生態シリーズ　九州篇　地方中核都市方言の行方』おうふう.

注

1）http://www.garbagenews.net/archives/2050009.html（2019 年 5 月 28 日閲覧）.

12章 ツイートからみた「笑」・「w」と笑顔の顔文字使用の地域差

桐村 喬

12.1 研究の背景と目的

12.1.1 感情伝達手段としての「笑」と顔文字

　インターネット上でのコミュニケーションは，動画配信によるものを除けば，原則として文字によって行われる．気分を伝える機能を持つ顔文字（荒川，2015）は，そのような文字によるコミュニケーションにおいて，感情を伝えるための手段として用いられる．顔文字には，笑顔だけでなく，驚きや悲しみ，疲労など，様々な感情や状況を伝える表現パターンがあり，文章と顔文字を組み合わせて感情を推定する手法の開発も行われている（風間ほか，2016; 大町ほか，2017など）．

　顔文字以外にも，感情を表現できる記号があり，代表的なものとして，笑いや爆笑を意味する「笑」（「(笑)」として括弧付きのものもある）がある．ツイッター上では感情に関する記号表現のうち，ポジティブなものがよく使用される傾向にあり，「(笑)」も笑顔の顔文字と同じく，出現頻度が高い（笹原，2014）．英語圏では，「笑」に相当する「lol」（lough out loud の略）が用いられ，「lol」を含めたテキスト内容に基づく感情の分析から，精神疾患を抱えるユーザーの推定を行う事例もある（Yang and Mu，2015）．

　一方，「笑」は，必ずしもポジティブな感情を示すためだけに使用されるとは限らない．「笑」と同様の意味を持つとされる「w」（または「W」）は，自嘲的な笑いを示す場合にも用いられ（岩崎ほか，2017），「笑」も同様の場面での使用がなされている可能性もある．

　このような「笑」や顔文字，とりわけ笑顔の顔文字の使用においては，地域ごとの差はみられるのだろうか．これらの記号は感情の表現のために使用されるため，例えば，ポジティブな感情を持つ人々が多い地域ほど使用頻度が高くなる可能性がある．一方で，ツイッターのような場で感情を素直に示しやすい人々が多い地域と，そうではない地域があるとすれば，これらの記号の使用頻度にも地域差が生じるものと考えられる．「笑」や笑顔の顔文字の使用に関する地域差には，感情やある種の「県民性」が深く関わっていると考えられ，地域差の存在の実証には，日本語学や文化人類学，心理学などの視点からの大規模調査も必要になるが，少なくとも日本においては，管見の限りそのような分析事例は見られない．

12.1.2 研究目的と分析手順

　本章では，ジオタグ付きツイッターデータを利用して，探索的に「笑」と笑顔の顔文字の使用についての地域差の存在の有無について検討し，可能な範囲で要因の解明についても試みる．

　まず，「笑」および「w」を分析対象として，ジオタグ付きツイートを抽出し，その基本的な特徴と空間分布について検討する．続いて，笑顔の顔文字について同様に分析したのちに，これらの記号に関連した感情についての直接的な文字での表現として「楽しい」に注目し，空間的な特徴を整理したうえで，「笑」・「w」，笑顔の顔文字使用の地域差の基本的な特徴を整理する．

　分析に用いるジオタグ付きツイートデータは，2015 年 10 月中にツイートされた，ポリゴンのジオタグ付きデータである．このうち，タイプが「city」である市区町村単位のデータであり，ツイート数の多い主要なアプリから投稿されたもののみを分析対象とし，分析対象語の使用ユーザー数と使用ツイート数をそれぞれ求めながら分析を進める．なお，分析対象全体の総ユーザー数は 299,602 であり，総ツ

イート数は 9,810,513 である.

文字が混在して使用されることもある.

12.2　「笑」・「w」の空間分布

12.2.1　分析対象語の抽出

　まず，対象ツイートのなかから「笑」という漢字が含まれるものをすべて抽出し，NEologd の 2019年 1 月 31 日バージョンの辞書を搭載した Janome 0.3.7 による形態素解析を実施した.この際，括弧が全角である「(笑)」と括弧が半角である「(笑)」が同一のものとして判断されるように Unicode 正規化を行い，「(笑)」のみをユーザー辞書に登録して NEologd の辞書と併用して形態素解析を行った.形態素解析の結果，「(笑)」以外で，「笑」という漢字のみで構成される単語は，「笑」のほかに組織名としての「笑笑」と一般の固有名詞としての「笑笑」のみであったことから，これら 4 つの単語を分析対象とする.「笑」に関する 4 つの分析対象語を含むツイート（以下では，「笑」ツイートと総称する）の数は 1,230,668 である.居酒屋チェーンの名称として「笑笑」も存在すると考えられ，組織名としての「笑笑」がそれに該当する可能性もあるが（ツイート数は 98,562.全体の 8％程度），そのすべてが居酒屋チェーンの名称のツイートであるとは考えにくく，その影響は局所的かつ小さいものと考えて，分析を進める.

　一方，「w」に関しては，大文字の「W」および全角のそれぞれの表現も含めてツイートを抽出したうえで，「w」と「W」を区別して形態素解析を行い，「w」または「W」のみで構成される 288 パターンの単語を抽出した.288 パターンの分析対象語を含むツイート（以下では「w」ツイートと総称する）の数は 555,102 である.「w」は「笑」よりも多くの文字で表現されることがあり，最長で 138 文字の「w」のものがあった.総じて，大文字の「W」よりも小文字の「w」のほうがよく使われる傾向にあり，小文字 1 字の「w」が 329,718 ツイートあるのに対し，大文字 1 字の「W」は 3,423 ツイートに過ぎない.また，数は少ないが「Www」のように大文字と小

12.2.2　「笑」・「w」の空間分布の特徴

　「笑」ツイートと「w」ツイートについて，市区町村単位で集計し，それぞれの使用ユーザー数と使用ツイート数を求めた.そして，分析対象データ全体における市区町村別の総ユーザー数および総ツイート数を求め，それぞれの市区町村における「笑」ツイートおよび「w」ツイートの割合を求めた.なお，「笑」ツイートおよび「w」ツイートの日本全国での比率は，表 12.1 のとおりである.

表 12.1　「笑」ツイート・「w」ツイートの全国での使用比率

	全国	「笑」ツイート		「w」ツイート	
		実数	比率	実数	比率
ユーザー数	299,602	118,887	39.7％	66,414	22.2％
ツイート数	9,810,513	1,230,668	12.5％	555,102	5.7％

ツイッターデータより作成.

　図 12.1 は，「笑」ツイートの使用ユーザー比率を示したものである.「笑」ツイートの使用ユーザーが多いのは，石川県から愛知県にかけての地域以西の西日本と，秋田県・岩手県以北の北日本，東日本の太平洋側東岸の一帯である.使用ユーザーが少ないのは，千葉県を除く関東と甲信越を中心とする地域である.図 12.2 の使用ツイート比率からは，西日本での比率の高さがより際立っていることを確認することができる.総ツイート数が 1 万件以上の市区町村について，「笑」ツイートの比率の高い 10 市区町村に注目すれば，すべて西日本であり，うち 8地域を大阪府の市区町村が占めている（表 12.2）.例えば大阪府南部にある羽曳野市では，ツイート全体の 22.6％が「笑」ツイートであり，全国的にみて，文字通り "笑い" にあふれた地域といえる.

　一方，「w」ツイートについてみれば，図 12.3 のように，京阪神や北海道で使用ユーザー比率が低く，東日本や九州で比率が高い傾向が読み取れる.図 12.4 の使用ツイート比率をみると，おおむね東日本で高い傾向を確認できる.総ツイート数が 1 万件以上の市区町村について，「w」ツイートの比率

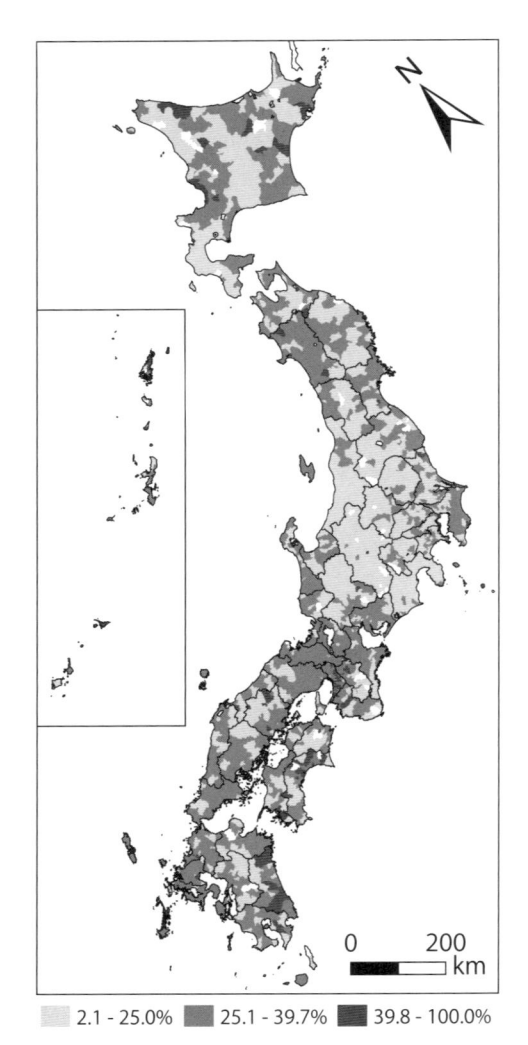

図 12.1 「笑」ツイートの使用ユーザー比率
ツイッターデータより作成.

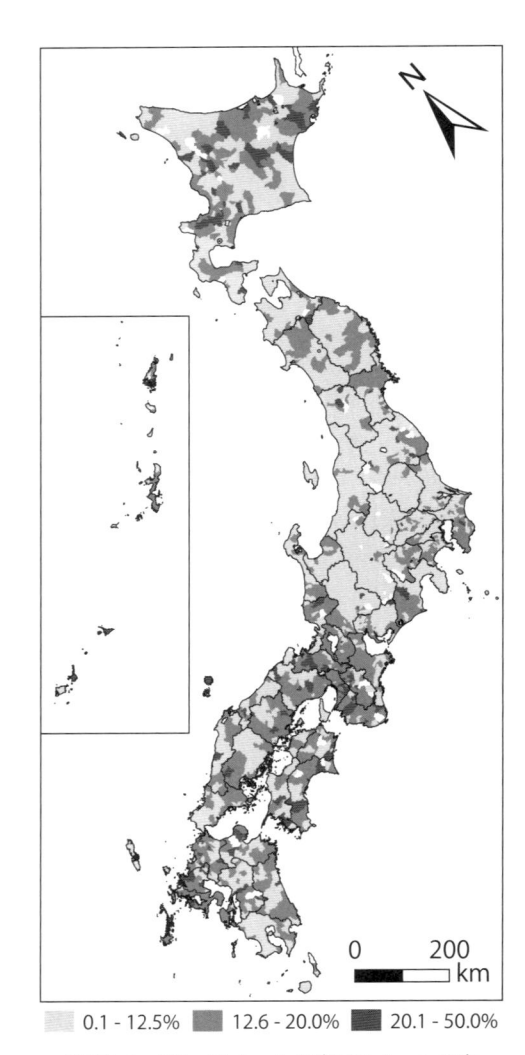

図 12.2 「笑」ツイートの使用ツイート比率
ツイッターデータより作成.

表 12.2 「笑」ツイートの使用ツイート比率上位 10 市区町村

市区町村	総ツイート数	「笑」使用ツイート	
		実数	比率
大阪府羽曳野市	11,402	2,576	22.6%
大阪府富田林市	13,026	2,840	21.8%
大阪府和泉市	26,210	5,632	21.5%
大阪府松原市	19,549	4,111	21.0%
北九州市八幡西区	15,645	3,170	20.3%
堺市北区	13,216	2,658	20.1%
沖縄県浦添市	11,391	2,277	20.0%
大阪府守口市	16,950	3,356	19.8%
大阪府泉佐野市	21,246	4,126	19.4%
大阪府貝塚市	11,882	2,303	19.4%

総ツイート数が 10,000 以上の市区町村のみ計上.
ツイッターデータより作成.

が高い 10 市区町村をみると，静岡県や神奈川県，群馬県と，東日本の市区町村が目立っている（表 12.2）．しかし，使用ツイート比率は静岡県富士市でも 10.7％であり，使用ユーザー比率も 30％に満たず，「笑」ほど多くのユーザーには使用されていないことがわかる.

12.2.3 「笑」・「w」の使用状況による地域分類

これまでの分析の結果として，「笑」ツイートと「w」ツイートの空間分布には，一定の対照的な関係が認められることがわかった．そこで，それぞれの使用ツイート比率の全国値に基づいて，全国値以上と未満とに区分し，全国の市区町村を 4 種類に分

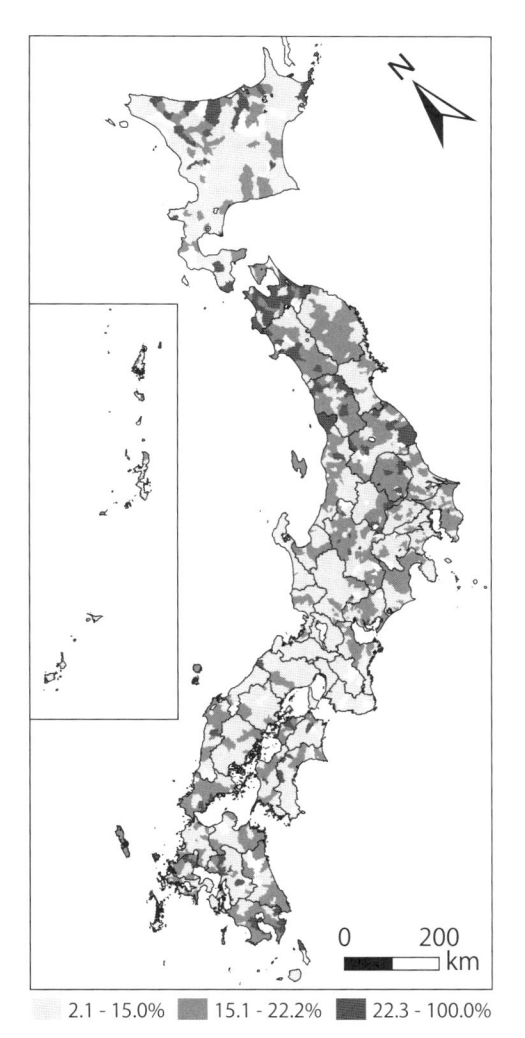

図12.3 「w」ツイートの使用ユーザー比率
ツイッターデータより作成

2.1 - 15.0%　15.1 - 22.2%　22.3 - 100.0%

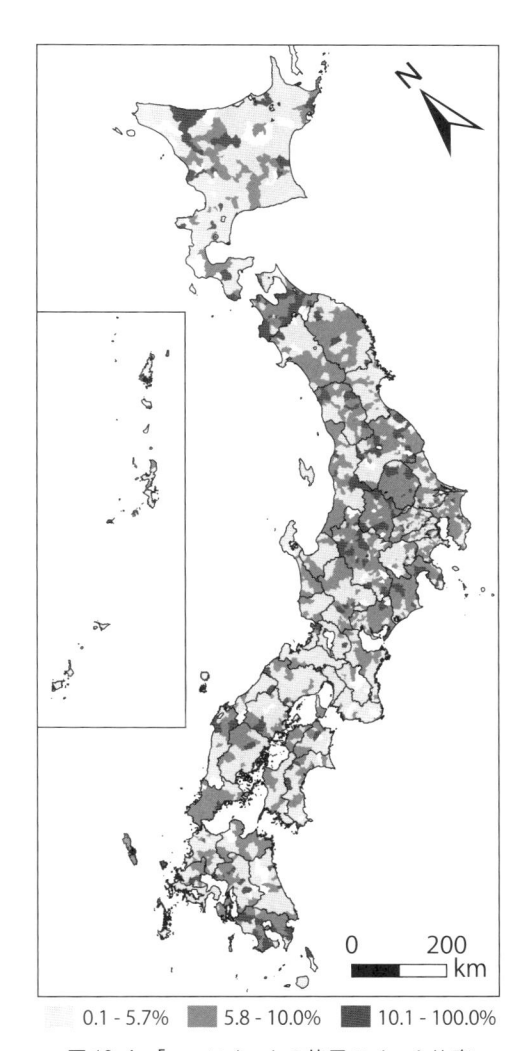

図12.4 「w」ツイートの使用ツイート比率
ツイッターデータより作成.

0.1 - 5.7%　5.8 - 10.0%　10.1 - 100.0%

表12.3 「w」ツイートの使用ツイート比率上位10市区町村

市区町村	総ツイート数	「w」使用ツイート	
		実数	比率
静岡県富士市	17,875	1,915	10.7%
静岡県沼津市	15,826	1,683	10.6%
山口県防府市	10,361	1,081	10.4%
群馬県伊勢崎市	18,674	1,884	10.1%
横浜市保土ケ谷区	10,847	1,088	10.0%
神奈川県秦野市	17,490	1,694	9.7%
群馬県高崎市	33,416	3,157	9.4%
鹿児島県鹿児島市	57,037	5,372	9.4%
青森県弘前市	18,495	1,740	9.4%
栃木県小山市	14,737	1,326	9.0%

総ツイート数が10,000以上の市区町村のみ計上.
ツイッターデータより作成.

類する. 分類結果は図12.5に示した.

　タイプ1は,「笑」ツイートも「w」ツイートもどちらについても使用ツイート比率が全国値以上の値を示す市区町村であり, 全国に259ある. 全国的に点在しており, それほど明瞭なパターンにはなっていない. タイプ2は,「笑」ツイートの使用ツイート比率のみが全国値以上であるものである. 597市区町村あり, 北海道や近畿地方, 福岡県, 沖縄県などで特に多くなっている. 特に大阪府は, 全市区町村の9割以上がこのタイプに属しており,「笑」ツイートに特化した地域であるといえる. タイプ3は,「w」ツイートの使用ツイート比率のみが全国値以上であるものであり, 525市区町村が属する. 北海

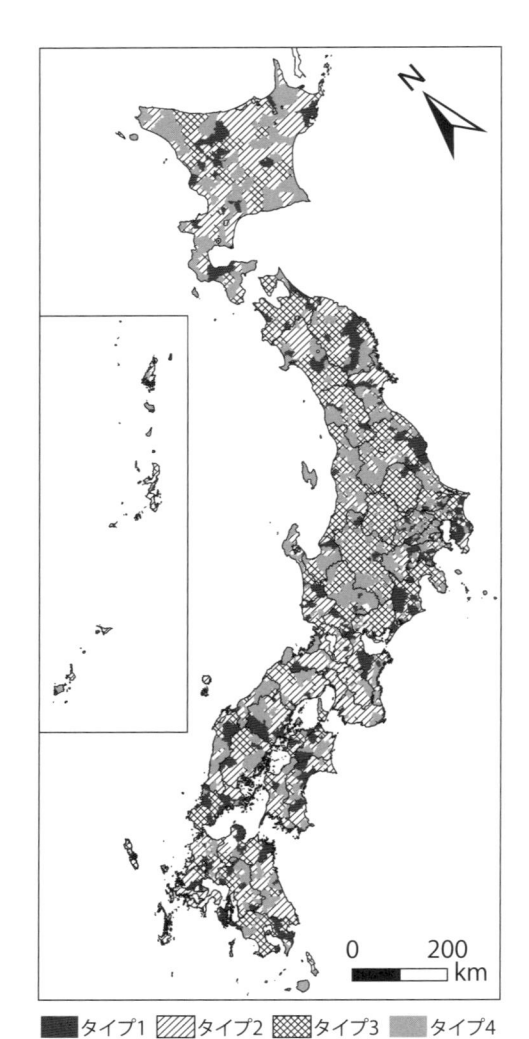

タイプ1 ■ タイプ2 ▨ タイプ3 ▩ タイプ4 ▨

図 12.5 「笑」・「w」ツイートの使用ツイート比率に基づく
地域分類
ツイッターデータより作成.

道を除く，おおむね愛知県以東の東日本で卓越し，長野県や新潟県，北関東に多くなっている．タイプ4 は，どちらの使用ツイート比率も全国値より低いものであり，515 市区町村が属している．タイプ 1 と同様に全国的に点在しているものの，北海道や埼玉県，東京都などに多い．

このように，ツイートにおける「笑」および「w」の使用状況については，一定の地域差を認めることができる．一部の例外を除けば，おおむね西日本では「笑」が主に用いられ，東日本では「w」が用いられる傾向がある．一方で，東京都や埼玉県のように，どちらもそれほど用いられていない地

域があるが，「笑」や「w」に相当する別の記号が用いられているのか，あるいはそうした文脈でこれらの記号を用いることが少ないのかは定かではない．

12.3 笑顔の顔文字の分布

12.3.1 笑顔の顔文字の種類

顔文字としてスマートフォンやタブレットから入力できる種類は多岐にわたるが，基本的には IME に搭載されている辞書に依存する．IME の辞書データから網羅的に顔文字を抽出することは難しいことから，ここでは，スマートフォンの IME アプリであるバイドゥ社の「Simeji」のサイトに公開されている「顔文字辞典٩(´ロ`*)۶」[1] に掲載されている「(笑)」を除く，「(^^)」,「(^^♪」,「(^-^)」などの「笑」カテゴリの顔文字 94 種類を分析対象とする．

12.3.2 笑顔の顔文字の抽出

「笑」などの場合と同様に，ジオタグ付きツイートデータから，94 種類の笑顔の顔文字が含まれるツイートを抽出し，これらの笑顔の顔文字をユーザー辞書に登録したうえで，形態素解析を行った．そのうえで，笑顔の顔文字を単語として含むツイート（以下，笑顔顔文字ツイートと総称する）を特定した．笑顔顔文字ツイート数は 128,532 であり，使用ユーザー数は 27,646 である．分析対象全体に対する比率は，使用ツイート数で 1.3%，使用ユーザー数で 9.2% となっている．「笑」や「w」よりも比率が低いが，単に使用ユーザーが少ない可能性もあるほか，94 種類以外に様々な種類の顔文字が用いられている可能性もある．

12.3.3 笑顔の顔文字の空間分布の特徴

笑顔顔文字ツイートの使用ユーザー比率を市区町村別に示したのが図 12.6 である．大都市ではそれほど比率が高くない傾向が読み取れるが，「笑」や「w」ほどの地域差は顕著には確認できない．図 12.7 の使用ツイート比率をみても，同様に地域差は

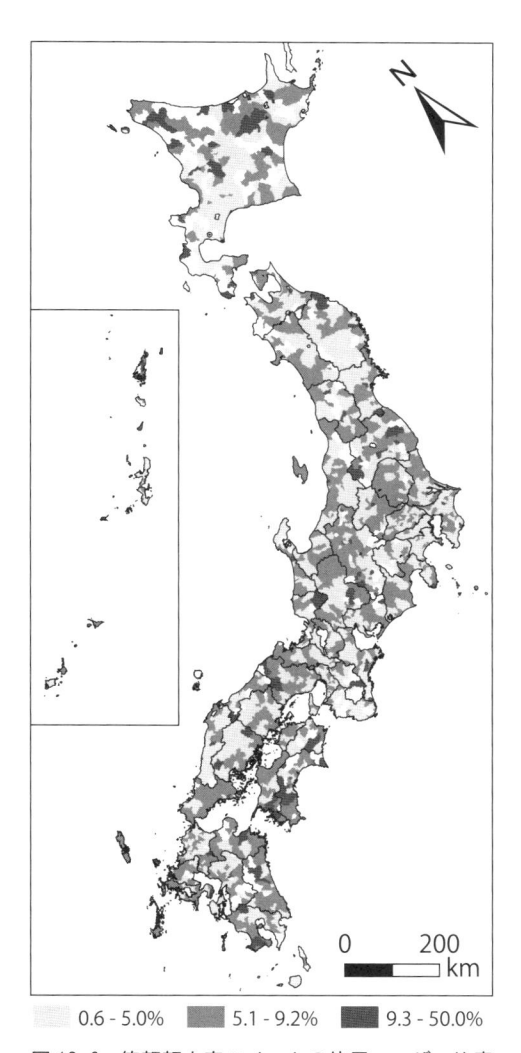

図 12.6　笑顔顔文字ツイートの使用ユーザー比率
ツイッターデータより作成.

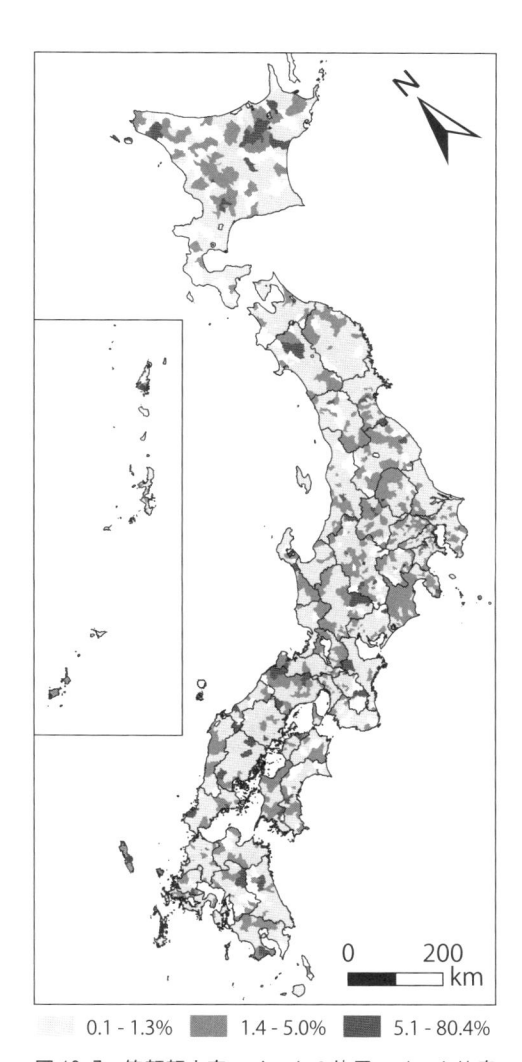

図 12.7　笑顔顔文字ツイートの使用ツイート比率
ツイッターデータより作成.

表 12.4　笑顔顔文字ツイートの使用ツイート比率
上位 10 市区町村

市区町村	総ツイート数	笑顔顔文字使用ツイート	
		実数	比率
相模原市南区	10,949	641	5.9%
千葉県柏市	29,748	1,683	5.7%
兵庫県尼崎市	43,457	2,019	4.6%
埼玉県上尾市	14,433	649	4.5%
愛知県豊川市	16,148	491	3.0%
東京都千代田区	66,423	1,929	2.9%
東京都足立区	59,795	1,683	2.8%
神戸市中央区	36,242	1,009	2.8%
沖縄県うるま市	10,246	276	2.7%
埼玉県春日部市	13,897	366	2.6%

総ツイート数が 10,000 以上の市区町村のみ計上.
ツイッターデータより作成.

表 12.5　笑顔顔文字ツイートの使用ユーザー比率
上位 10 市区町村

市区町村	総ユーザー数	笑顔顔文字使用ユーザー	
		実数	比率
大分県大分市	1,602	148	9.2%
鹿児島県鹿児島市	2,061	186	9.0%
福島県いわき市	1,111	90	8.1%
高知県高知市	1,402	110	7.8%
宮崎県宮崎市	1,588	123	7.7%
愛媛県松山市	1,708	130	7.6%
徳島県徳島市	1,060	80	7.5%
香川県高松市	1,540	114	7.4%
群馬県太田市	1,191	88	7.4%
佐賀県佐賀市	1,093	80	7.3%

総ツイート数が 1,000 以上の市区町村のみ計上.
ツイッターデータより作成.

明瞭ではない.

そこで，総ツイート数が 1 万件以上の市区町村について，使用ツイート比率が高い上位 10 地域を抽出した（表 12.4）．総じて大都市圏の市区町村で使用ツイート比率が高いことがわかる．一方，同様に，総ユーザー数が 1 千以上の市区町村について，使用ユーザー比率が高い上位 10 地域を抽出すると，主に四国・九州に所在する，大都市圏以外の県庁所在都市で多くなっている傾向を確認できる（表 12.5）．

このように，笑顔顔文字ツイートに関しては，大都市圏郊外で相対的には使用される頻度が高いと考えられるものの，「笑」や「w」のように，地方単位での地域差が認められるほどの分布パターンは示

されなかった．少なくともこの分析においては，笑顔の顔文字の使用状況に明瞭な地域差があるとはいえない.

12.4 「楽しい」の空間分布

12.4.1 東京で「笑」などが少ないのはなぜか

これまでの分析において，主に西日本では，「笑」が用いられており，東日本では「w」が用いられていることがわかった．また，笑顔の顔文字の使用には明確な地域差はなく，万遍なく使用されているものと考えられる．一方，東京，特に東京 23 区では，「笑」も「w」も使用が少なかった．東京 23 区では，

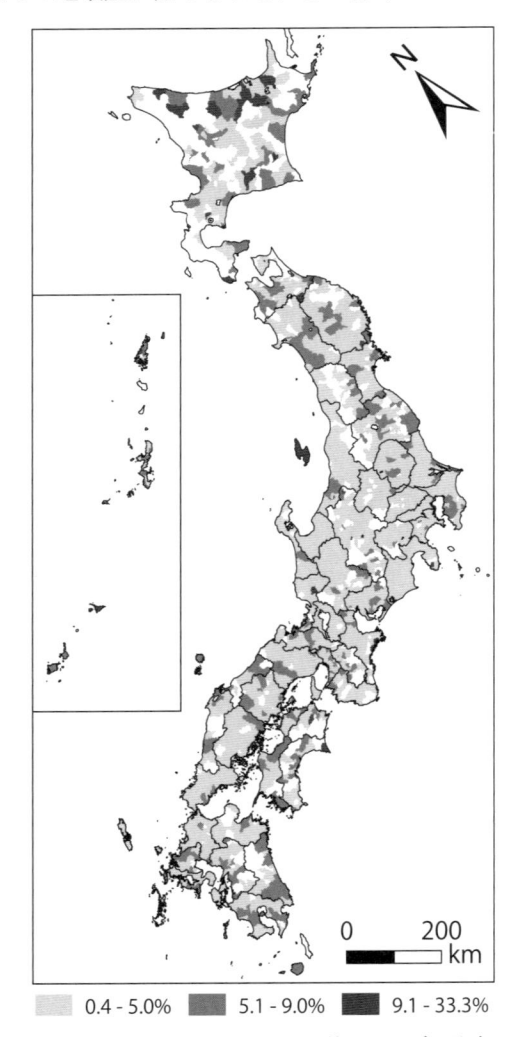

0.4 - 5.0%　　5.1 - 9.0%　　9.1 - 33.3%

図 12.8　「楽しい」ツイートの使用ユーザー比率
ツイッターデータより作成.

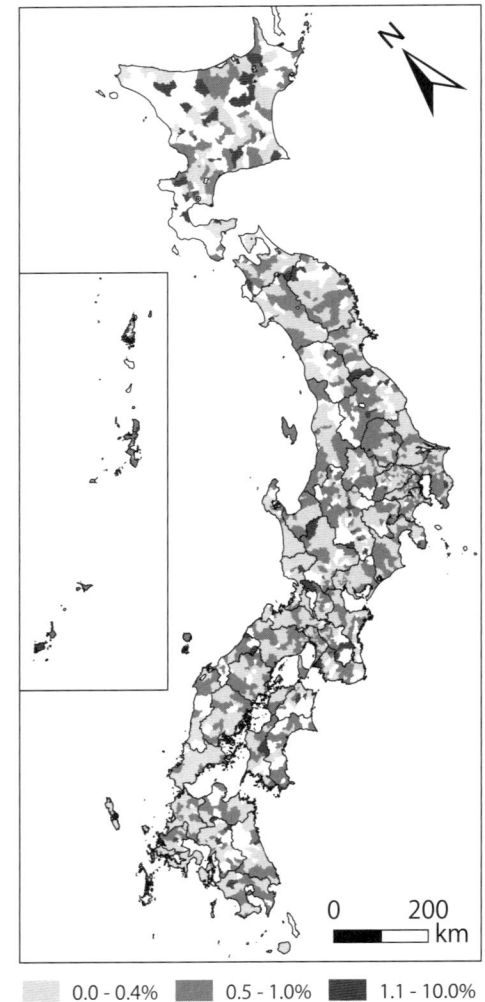

0.0 - 0.4%　　0.5 - 1.0%　　1.1 - 10.0%

図 12.9　「楽しい」ツイートの使用ツイート比率
ツイッターデータより作成.

「w」や笑顔の顔文字を使って，喜びや楽しさなどのポジティブな感情をツイッターに投稿しないのだろうか，あるいはそもそもそうした感情を抱くこと自体が少ないのだろうか．そこで，「楽しい」という言葉に注目し，「楽しい」が含まれるツイートの空間分布について検討して，文字による直接的な感情の表現の地域差と記号による感情表現の地域差の比較を通じて，このような疑問について検証してみたい．

12.4.2 「楽しい」の空間分布

　分析対象ツイートのなかから，「楽」が含まれるツイートを抽出し，形態素解析によって，原形が「楽しい」である単語を含むツイート（以下，「楽しい」ツイートと呼ぶ）を抽出した．「楽しい」ツイートの総数は 43,014 であり，使用ユーザー数は 26,816 である．全国のツイート数に対する比率は 0.4% であり，ユーザー数に対する比率は 9.0% である．使

表 12.6 「楽しい」ツイートの使用ツイート比率
上位 20 市区町村

市区町村	総ツイート数	「楽しい」使用ツイート	
		実数	比率
大阪府泉大津市	13,612	333	2.4%
和歌山県和歌山市	33,689	691	2.1%
大阪市淀川区	25,002	260	1.0%
堺市西区	19,825	203	1.0%
大阪府泉南市	10,144	93	0.9%
大阪府貝塚市	11,882	102	0.9%
大阪市此花区	23,415	193	0.8%
千葉県浦安市	21,781	177	0.8%
沖縄県うるま市	10,246	71	0.7%
大阪府泉佐野市	21,246	147	0.7%
沖縄県那覇市	39,935	274	0.7%
東京都渋谷区	83,689	505	0.6%
京都市上京区	15,860	95	0.6%
大阪府岸和田市	36,448	215	0.6%
沖縄県浦添市	11,391	67	0.6%
大阪市生野区	10,741	60	0.6%
さいたま市大宮区	12,947	70	0.5%
神奈川県平塚市	22,246	118	0.5%
大阪市中央区	41,389	213	0.5%
東京都中野区	29,792	150	0.5%

総ツイート数が 10,000 以上の市区町村のみ計上．
ツイッターデータより作成．

用ツイート比率は笑顔の顔文字よりも低いものの，使用ユーザー比率はあまり変わらないことから，ユーザーごとの使用頻度は低いことが予想される．

　図 12.8 は，「楽しい」ツイートの使用ユーザー比率であり，図 12.9 は使用ツイート比率である．どちらも，明瞭にどの地域で比率が高いとは言い難いパターンを示している．総ツイート数が 1 万件以上の市区町村について，使用ツイート比率が高い上位 20 地域を抽出すると，大阪府の市区町村が目立っている（表 12.6）．東京都渋谷区など，関東地方の市区町村も確認できる．また，大阪市此花区や千葉県浦安市のような大規模なテーマパークのある市区町村や，沖縄県那覇市のような観光地の存在が確認できることから，旅先での「楽しい」という内容のツイートも多いものと考えられる．

12.4.3 本節のまとめ

　以上のことから，「楽しい」に関しては，明瞭な地域差を確認できなかったものの，大きな観光地を抱える市区町村で「楽しい」ツイートが多い傾向もあり，東京都の市区町村でも一定数の「楽しい」ツイートが使用されていることがわかった．

　したがって，少なくとも，東京23区や東京都において，「楽しい」感情を抱くユーザーがほとんどいないということはないといえる．一方，ポジティブな感情をツイッター上で発信しないかどうかについては，この分析からは判断できない．

　もう1つ考えられる要因としては，東京23区における総ツイート数や総ユーザー数が，他の地域と比較して過大であることで，それぞれの使用ツイート比率や使用ユーザー比率が相対的に低くなってしまっている可能性がある．しかし，この仮説は，西日本で「笑」ツイートが多いことの説明にはならず，あくまで東京において「笑」・「w」ツイートの双方が少なくなってしまう状況のみを説明できる．この点の影響を排除することができれば，北関東で「w」ツイートが多いことから，東京23区でも，全国的に見れば「w」ツイートが多くなると考えることもできる．

12.5 まとめ

本章では，「笑」・「w」，笑顔の顔文字，「楽しい」を主な分析対象として，日本の市区町村における地域差の有無をジオタグ付きツイートデータから検討した．分析の結果として得られたのは，「笑」と「w」においては，「笑」が主に西日本で，「w」が主に東日本で使用されることが多く，比較的明瞭な地域差を確認できたことと，笑顔の顔文字と「楽しい」については，明確なパターンは示されず，使用状況に関する地域差もそれほど存在しないものと考えられた点である．また，東京においては，「笑」も「w」もそれほど多くないことが確認された．「笑」と「w」の使用の地域差に関する要因については解明できていないが，ある種の方言のようなものと考えることができる．仮に，「笑」よりも「w」のほうが後から生じてきた表現だとすれば，方言周圏論のように，文化の発信地である東京の近郊において「w」が多く，「笑」が近畿地方以西の西日本と，北海道で多くなることの説明ができる．この考え方からすれば，東京ではまた別の新しい表現が多いのかもしれない．

要因については明らかにできていないが，少なくとも感情を知るための指標として，これらの記号を用いる場合は，地域差に注意する必要がある．例えばウェイト付けをする場合，全体として「笑」のほうがよく使用されるものの，使用頻度に基づいてウェイト付けをしてしまうと，西日本のほうが，推計した値が大きくなってしまうことも起こりえる．これらの記号は，感情を把握できうる重要な要素であるものの，地域差を持つことから，より精度の高い活用を図っていくためには，地理的な影響を排除する方策を講じる必要があろう．

「笑」と「w」の地域差や，東京での少なさの背景や要因については，日本語学などの方言研究のアプローチによる解明が待たれる．また，使用される場面についても何らかの地域差が生じている可能性もあり，同時に使用される語などから，さらなる分析も進めていく必要がある．

文献

荒川　歩 2015．「顔的な表現」の使用：顔文字研究からみた「顔」．基礎心理学研究 34（1）: 127-133.

岩崎真梨子・前田梨沙・川島大樹 2017．若者が注目するインターネット上の表現—ネットスラングと方言．八戸工業大学紀要 36: 41-56.

大町凌弥・瀧下　洋・奥村紀之 2017．文章と顔文字の組み合わせによる感情推定．人工知能学会全国大会論文集 31: 1-4.

風間一洋・水木　栄・榊　剛史 2016．Twitter における顔文字を用いた感情分析の検討．人工知能学会全国大会論文集 30: 1-4.

笹原和俊 2014．SNS におけるコミュニケーション動態と集合現象の創発．計測と制御 53（9）: 841-846.

Yang, W. and Mu, L., 2015. GIS analysis of depression among Twitter users. *Applied Geography* 60: 217-223.

注

1) https://simeji.me/blog/%E9%A1%94%E6%96%87%E5%AD%97-%E4%B8%80%E8%A6%A7/kaomoji/id=10021 2018 年 10 月 24 日現在のものを使用した（2019 年 3 月 18 日閲覧）．

神社周辺でのツイートの宗教学的分析
－「パワースポット」に注目して－

板井　正斉

13.1　神社ブームとパワースポット

　本章では，位置情報付き SNS（ソーシャルネットワーキングサービス）ログデータであるツイッターデータのうち，伊勢神宮（三重県伊勢市）と出雲大社（島根県出雲市）の周辺で発信されたツイート内容を分析することで，そのテキストおよび地理空間上の特徴について宗教学・宗教社会学の視点から考察する．

　近年のいわゆる神社ブームは，2013 年の神宮式年遷宮と出雲大社の大遷宮に象徴される．その影響を参拝者数にみると，2012 年の伊勢神宮（内宮・外宮）の参拝者数が，8,031,095 人だったのに対して，式年遷宮のあった 2013 年は 14,204,816 人を記録した．これは 1945 年以降，過去最高であった[1]．一方で，出雲大社の参拝者数は，2012 年が，3,483,000 人だったのに対して，平成の大遷宮のあった 2013 年は，8,040,000 人となり，約 2.3 倍増加した[2]．

　このような伊勢神宮や出雲大社をはじめとした国内の主要な聖地巡礼のムーブメントは，歴史的にたびたび繰り返されてきた．特に「おかげまいり」と称される近世生じた伊勢神宮への大量群参は，移動の自由を制限された時代にあって唯一許される巡礼旅行であった．従来の宗教学・宗教社会学における巡礼研究では，その動機を主に「信仰」としてとらえてきた（星野，2001 など）．また，関連領域の宗教地理学でも，聖地の宗教空間的な分析軸として「信仰圏」を用いてきた（松井，2003）．

　ところが最近のお伊勢参りは様子が違う．全国の神社を包括する神社本庁が，1996 年・2001 年・2006 年・2016 年と，20 年に渡って実施してきた世論調査によると，伊勢神宮の認知度はこの 20 年間でどの世代においても極めて高く，数値上，知らない人がほとんどいない状態である（図 13.1）．ところが，伊勢神宮から毎年受ける「神宮大麻」というお札の授与率（図 13.2）は低調かつ減少傾向にある．特に若年層の授与率が低い（神社本庁，2018）．神宮大麻の授与を 1 つの信仰行動ととらえるならば，現代のお伊勢参りの動機を従来のような信仰的側面からのみでは見出しにくい．

　はたして伊勢神宮に代表される一連の参拝ブームが一過性のものなのか，それとも聖地に対する日本人の意識変化が芽生えているのだろうか．このような問題意識に対して宗教学・宗教社会学では，2010 年前後より，「宗教とツーリズム」といった新たなアプローチから論じられてきた（山中，2012a; 星野

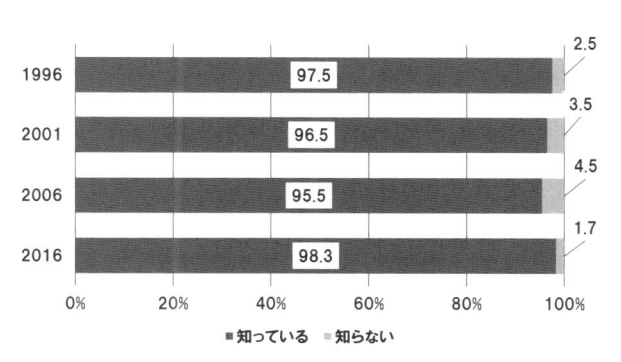

図 13.1　伊勢神宮の認知推移
神社本庁（2018）をもとに筆者作成

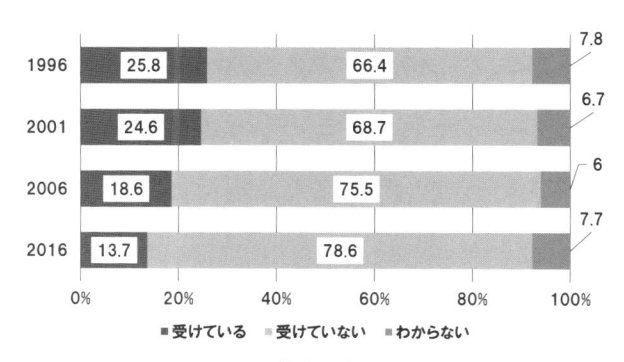

図 13.2　神宮大麻の授与率
神社本庁（2018）をもとに筆者作成

ほか，2012 など）．その特徴の 1 つは，従来の「聖なる巡礼者／俗なる観光客」という二分法的な解釈をこえて，聖地巡礼と観光の多様な関係性に聖なるものの現代的変容を見出そうとする点である（岡本，2015）．言い換えると，聖地を不変のものではなく，つねにその場所が意識的に作られたり，変化しているととらえる．その際，聖地が別のものにかわるのではなく，「聖地を眼差す私たちの視線が変わってきている」ことを重視する．その上で，山中（2012b）は，現代的聖地を「聖地」と「眼差し」の 2 軸による 4 類型として整理した．1 つの軸は，聖地のあり方としてその拡散を反映した「宗教的聖地」と「非宗教的聖地」である．もう一軸は，聖地に関わる人々の眼差しとその多様化を踏まえた「信仰・慰霊・顕彰」と「ツーリズム・文化財」である．仮に山中の 4 類型に伊勢神宮と出雲大社の近年の動向を当てはめると，歴史的な「宗教的聖地」でありながら，多くの参拝者であり観光客の「眼差し」は，「ツーリズム・文化財」の象限にも拡張している可能性を持つ．

ここで「眼差し」の拡張として注目されるのが，「パワースポット」である．雑誌記事からパワースポットと神社の関係を分析した菅（2010）によると，「パワースポット」特集が増え始めたのは，2002 年から 2005 年とされ，2006 年以降，急増した．特に若い女性向け雑誌を中心として，掲載スポットに多くの神社が取り上げられ，そこには伊勢神宮と出雲大社も含まれている（表 13.1）．菅（2010）は，これまでの「宗教的世界観・空間論から乖離した私的聖地が拡大」したことによって，「パワースポット」は「何もせずとも気持ちが高揚したり，心身が軽くなったり」「気分の浄化や活力チャージには最適」な場所として理解され，「＜神社＝パワースポット＞に求められているものとは，その地に赴いた「私」に浄化とチャージをもたらすことである」と考察する．

また，岡本（2015）は，2000 年以降のパワースポットブームによって「聖地の乱立状況」が生じたとする．その背景には，日本人特有のアニミズム（あらゆるものに霊魂が宿ると考える宗教観）を肯定的にとらえる側面と，「流行神」など突然に熱狂的信仰

表 13.1　2002 ～ 2005 年「パワースポット」雑誌記事に掲載された神社

東北	岩木山神社（青森），出羽三山神社（山形），鹽竈神社（宮城）
首都圏	日光二荒山神社（栃木），日光東照宮（栃木），筑波山神社（茨木），榛名神社（群馬），箱根神社（神奈川），九頭龍神社（神奈川），花園神社（東京），金刀比羅宮（東京），明治神宮（東京），東京大神宮（東京），神田明神（東京）
北信越	戸隠神社（長野），諏訪大社（長野）
東海	伊勢神宮（三重）
近畿	大神神社（奈良），熊野本宮大社（和歌山），熊野那智大社（和歌山），貴船神社（京都），地主神社（京都），八坂神社（京都），下鴨神社（京都），安井金毘羅宮（京都）
中国・四国	出雲大社（島根），大山祇神社（愛媛）
九州	宗像大社（福岡）

菅（2010）をもとに筆者作成．

を生み出してきた歴史を指摘する．したがって欧米のキリスト教文化圏と比べて同様のブームは日本で起きやすいとしながら，現代のパワースポットブームには，これまで以上にメディアやネットによる情報拡散を特徴とみている．

日本人の宗教性を背景にしながらも，雑誌などのプリントメディアや SNS をはじめとしたネットを通じて新たに作られたパワースポットブームは，伊勢神宮や出雲大社の爆発的な参拝者増にも影響しているのだろうか．特に SNS による発信情報は，特定の宗教空間を訪れた当事者の直接的な意識を把握できる可能性を持ち，従来の宗教学・宗教社会学および宗教地理学の知見を踏まえつつ新たな聖地意識の空間的分析を期待できる．

そこで，本章では，位置情報付き SNS ログデータであるツイッターデータを分析対象として，神社参拝の現代的意識を考察する．具体的には，①頻出度の高い語を抽出し，他の語との関連などをテキスト分析する．②その結果得られた抽出語のうち，「パワースポット」「参拝」などに着目して，地理情報システム（Geographic Information System：以下，GIS）による空間分析を行う．なお，使用したツイッターデータは，Streaming API を利用して共同研究者である桐村より提供を受け，筆者が KH Coder（テ

キスト分析）と ArcGIS（空間分析）を用いて分析した．また，ツイッターデータのうち，いわゆる絵文字については今回の分析から除外した．

回）」が 119 位であった．

これらの出現パターンを KH Coder の共起ネット

13.2 伊勢神宮でのツイート

13.2.1 KH Coder によるテキスト分析

伊勢神宮周辺のツイッターデータは，2012 年 2 月 1 日から 2018 年 3 月 31 日の期間に，3 次メッシュ（51365547・51365548・51365557・51365558・51365567・51365568）内で発信された総数 39, 828 のツイートを対象とした．

KH Coder を用いて，前処理を行った結果，総抽出語数（使用語数）は 674,337（275,080）語，異なり語数は 29,991（26,057）語であった．

これらのうち，頻出語の上位 50 語をあげたのが表 13.2 である．頻出回数では，「伊勢神宮（8,022 回）」が突出しており，「伊勢（5,384 回）」「笑（5,194 回）」「横丁（3,882 回）」「赤（3,634 回）」「福（2,795 回）」と並んだ．本章で注目をした「パワースポット」については，「パワー（510 回）」が 42 位で「スポット（218

表 13.2 伊勢神宮周辺の頻出語上位 50 語

順位	抽出語	出現回数	順位	抽出語	出現回数
1	伊勢神宮	8.022	26	歩く	695
2	伊勢	5 384	27	今年	676
3	笑	5,194	28	楽しい	673
4	横丁	3,882	29	伊勢参り	641
5	赤	3,634	30	五十鈴川	639
6	福	2,795	31	ざ	631
7	内宮	2,394	32	お参り	630
8	食べる	2,092	33	ありがとう	620
9	参拝	1,375	34	ま	590
10	場所	1,328	35	旅	582
11	行く	1,277	36	前	573
12	今日	1,251	37	A	548
13	三重	1,099	38	時間	537
14	氷	1,084	39	あ	529
15	内宮	1,039	40	投稿	528
16	人	1,028	41	初詣	524
17	来る	1,015	42	パワー	510
18	伊勢	877	43	今	503
19	W	839	44	年	498
20	写真	827	45	餅	497
21	美味しい	741	46	思う	487
22	牛	726	47	良い	484
23	Naiku	725	48	外宮	482
24	旅行	716	49	見る	478
25	神社	704	50	#JAPAN	474

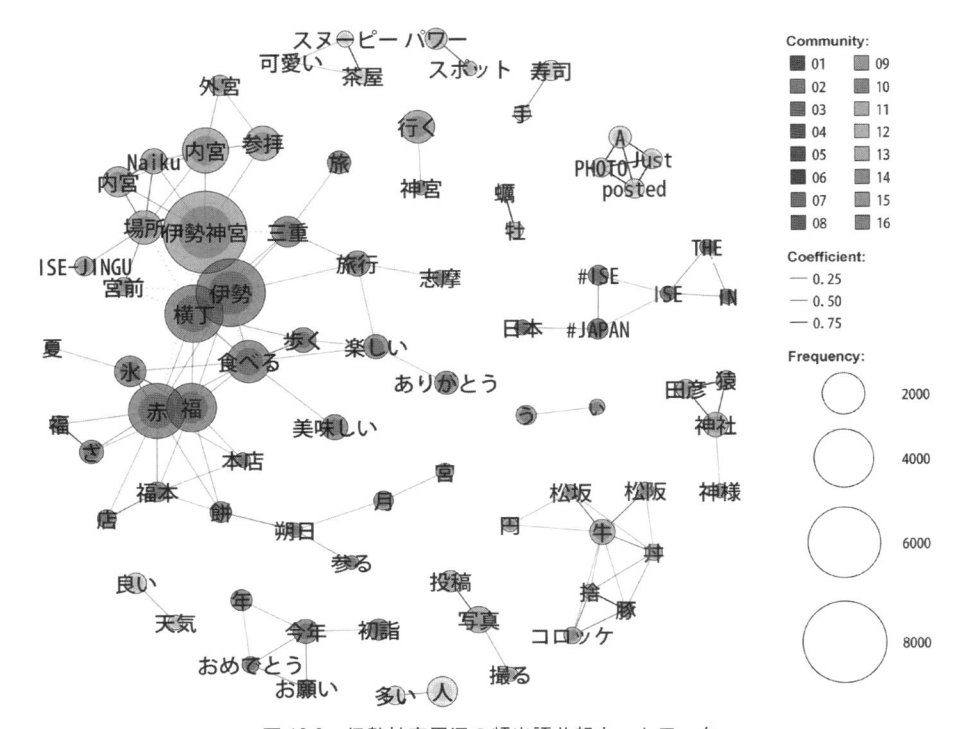

図 13.3 伊勢神宮周辺の頻出語共起ネットワーク

ワーク（最小出現回数 200，共起上位 120）を用いて示したのが図 13.3 である．図から語の中心性と共起関係をとらえると，大きく 2 つの群を見いだせる．1 つは，「伊勢神宮」「内宮」「参拝」「場所」で構成される群である．KWIC コンコーダンスでこれらの語を含むツイートを検索すると「続いて，<u>伊勢神宮</u>内宮で御垣内<u>参拝</u>．白石の上に立った瞬間，雲の切れ間から太陽がさーっと差し込んで皆で感動．」「たくさんの<u>参拝</u>客で賑やかでした．」「早朝<u>参拝</u>なぅ！」「<u>内宮参拝</u>時には若干ですが雨が弱まりました．やはり境内は空気が違いますネ…身が引き締まります．」という文を確認できた（下線筆者，以下同様）．

もう 1 つの群は，「横丁」「食べる」「赤」「福」「氷」「歩く」「美味しい」で構成されている．同じくこれらの語を含むツイートを検索すると「伊勢神宮からのおかげ<u>横丁</u>で<u>赤福氷</u>なう（´▽`）ノ」「帰りにお決まりのおかげ<u>横丁</u>　<u>赤福</u>ぜんざいの季節になりま

したよね　フーフーいいながら頂きまーす！＃伊勢おかげ<u>横丁</u>＃<u>赤福</u>ぜんざい」「伊勢神宮のおかげ<u>横丁</u>で食べた<u>赤福</u>ぜんざい．冷え切った体に染みた．」という文を確認できた．

ちなみに「パワー」「スポット」は，それぞれの語に強い関係性見ることができ，「パワースポット」として使用されているものの，上記 2 群と比べると出現回数は少なく，やや独立した文脈で使われていると推測できる．

そこで，「パワー」に関連する上位 30 語を関連語検索（Jaccard 係数順）から抽出すると，表 13.3 となった．品詞別にみると動詞は，「感じる（2 位）」「貰う（6 位）」「行く（10 位）」「頂く（15 位）」となる．名詞は，「外宮（4 位）」「内宮（7 位）」が使い分けられており，「木（5 位）」「空気（13 位）」とともに，「チャージ（20 位）」「注入（21 位）」「充電（27 位）」「浄化（28 位）」などが並んだ．

表 13.3　伊勢神宮「パワー」関連語上位 30 語

順位	抽出語	品詞	全体	共起	Jaccard
1	スポット	名詞	211 (0.005)	197 (0.431)	0.4183
2	感じる	動詞	122 (0.003)	29 (0.063)	0.0527
3	伊勢神宮	固有名詞	6,788 (0.172)	286 (0.626)	0.0411
4	外宮	名詞	458 (0.012)	36 (0.079)	0.041
5	木	名詞 C	133 (0.003)	23 (0.050)	0.0406
6	貰う	動詞	39 (0.001)	18 (0.039)	0.0377
7	内宮	名詞	2,232 (0.056)	88 (0.193)	0.0338
8	三重	地名	999 (0.025)	47 (0.103)	0.0334
9	神社	名詞	543 (0.014)	31 (0.068)	0.032
10	行く	動詞	1,170 (0.030)	42 (0.092)	0.0265
11	伊勢	人名	829 (0.021)	33 (0.072)	0.0263
12	Naiku	未知語	724 (0.018)	29 (0.063)	0.0252
13	空気	名詞	133 (0.003)	14 (0.031)	0.0243
14	ISE-JINGU	未知語	403 (0.010)	20 (0.044)	0.0238
15	頂く	動詞	153 (0.004)	14 (0.031)	0.0235
16	参拝	サ変名詞	1,248 (0.032)	39 (0.085)	0.0234
17	たくさん	副詞可能	219 (0.006)	15 (0.033)	0.0227
18	伊勢参り	名詞	613 (0.016)	23 (0.050)	0.022
19	旅行	サ変名詞	624 (0.016)	23 (0.050)	0.0217
20	チャージ	サ変名詞	15 (0.000)	10 (0.022)	0.0216
21	注入	サ変名詞	15 (0.000)	10 (0.022)	0.0216
22	場所	名詞	1,310 (0.033)	37 (0.081)	0.0214
23	天照大御神	人名	119 (0.003)	12 (0.026)	0.0213
24	大木	名詞	28 (0.001)	10 (0.022)	0.0211
25	内宮	地名	981 (0.025)	29 (0.063)	0.0206
26	ストーン	名詞	9 (0.000)	9 (0.020)	0.0197
27	充電	サ変名詞	25 (0.001)	9 (0.020)	0.019
28	浄化	サ変名詞	31 (0.001)	9 (0.020)	0.0188
29	宮	名詞 C	293 (0.007)	13 (0.028)	0.0176
30	凄い	形容詞	124 (0.003)	10 (0.022)	0.0175

伊勢神宮周辺でのツイートのテキスト分析からは，「伊勢神宮」や「参拝」「場所」といった宗教的聖地としての性格を保持しつつ，「横丁」「赤福」といったツーリズム的な性格との二面性を見出せる．また「パワースポット」の関連性は必ずしも中心的とはいえないものの，「木」「空気」「浄化」といった宗教的聖地と親和性の高い語が使われている．

13.2.2　ArcGISによる空間分析

次に，伊勢神宮周辺で発信されたツイートのうち，テキスト分析で抽出した「参拝」「赤福」と「パワースポット」を含むツイートをポイントデータとして地図化した上で，ArcGIS Proのヒートマップを用いてその密度を可視化した．

その結果，図13.4「参拝」と，図13.5「パワースポット」は，ほぼ同じ場所にツイートの密度を見ることができた．この場所は，伊勢神宮の最も聖性の高い場所の1つである天照大御神をお祭りするご正殿付近にあたる．その一方で，図13.6「赤福」は，おはらい町・おかげ横丁付近の密度が高くなった．

ヒートマップからは，「参拝」と「パワースポット」のツイートに空間的な共通性を見出せる一方で，「赤

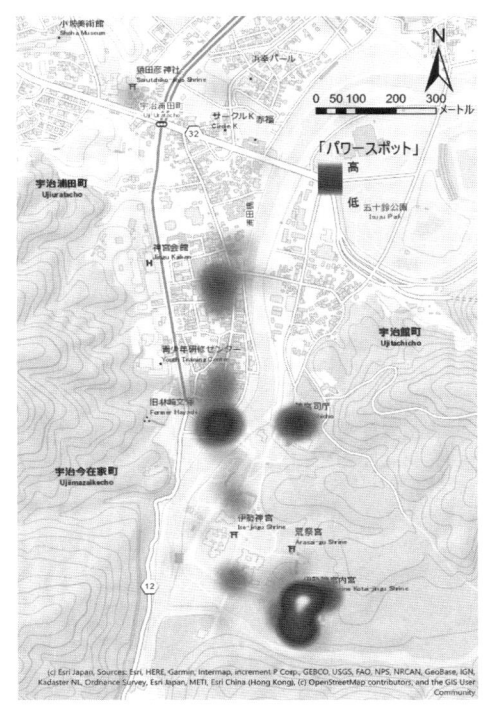

図13.5　「パワースポット」

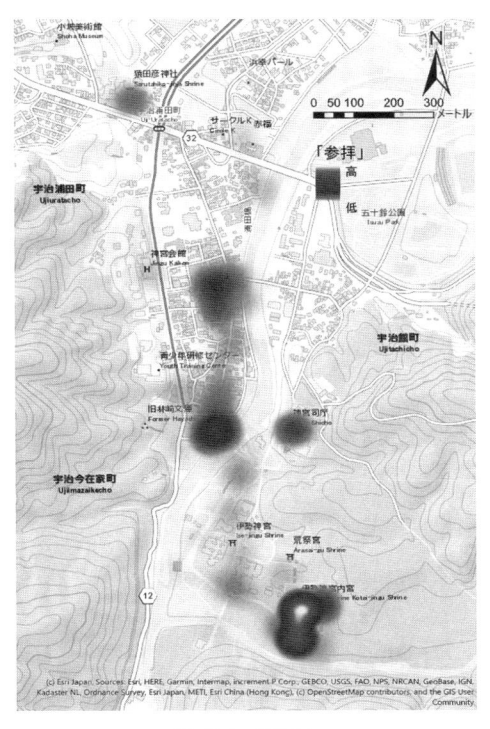

図13.4　「参拝」

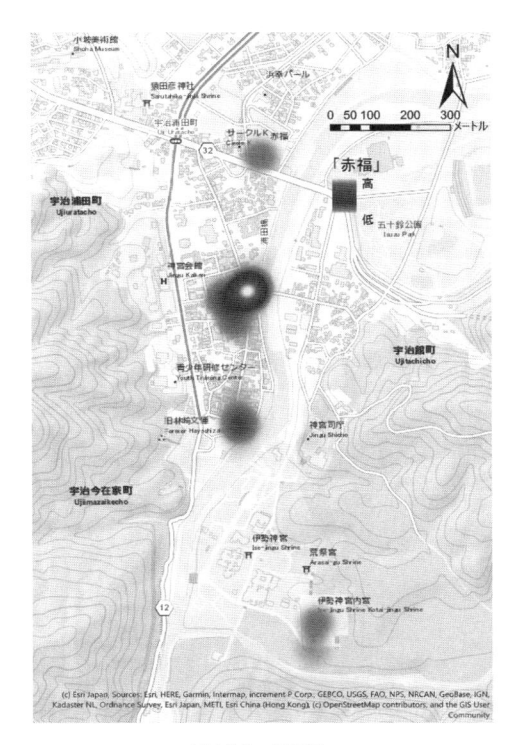

図13.6　「赤福」

表 13.4 出雲大社周辺の頻出語上位 50 語

順位	抽出語	出現回数	順位	抽出語	出現回数
1	出雲	5,716	26	ww	262
2	大社	4,287	27	A	261
3	笑	1,759	28	さ	259
4	場所	579	29	蕎麦	254
5	W	572	30	令	251
6	行く	572	31	旅	246
7	今日	567	32	本殿	244
8	来る	539	33	前	242
9	島根	526	34	Izumo-Taisha	240
10	人	510	35	良い	238
11	写真	385	36	殿	233
12	島根	360	37	スる	232
13	見る	359	38	年	231
14	参拝	353	39	ありがとう	229
15	浜	336	40	Just	228
16	思う	316	41	出る	226
17	縁結び	305	42	posted	223
18	投稿	300	43	今年	222
19	縁	298	44	割	220
20	神様	296	45	神在	218
21	稲佐	295	46	photo	217
22	月	282	47	神社	214
23	食べる	273	48	あ	209
24	子	269	49	神	206
25	明日	268	50	時間	202

13.3　出雲大社でのツイート

13.3.1　KH Coder によるテキスト分析

出雲大社周辺のツイッターデータは、2012 年 2 月 1 日から 2018 年 3 月 31 日の期間に、3 次メッシュ（53320563・53320564・53320565・53320573・53320574・53320575・53320583・53320584・53320585）内で発信された総数 17, 838 のツイートを対象とした。

KH Coder を用いて、前処理を行った結果、総抽出語数（使用語数）は 283,404（115,777）語、異なり語数は 18,212（15,931）語であった。

これらのうち、頻出語の上位 50 語をあげたのが表 13.4 である。「出雲」「大社」を中心とし、それ以外の小さな複数の群を見いだせる。「出雲」「大社」を中心とした群は、「参拝」「場所」「来る」「殿」などで構成されるツイートを含むだろう。「出雲（5,716 回）」「大社（4,287 回）」「笑（1,759 回）」「場所（579 回）」「W（572 回）」「行く（572 回）」「今日（567 回）」「パワースポット」については、「パワー（148 回）」が 71 位で「スポット（107 回）」が 98 位であった。

これらの出現パターンを KH Coder の共起ネットワーク（最小出現回数 105、共起上位 120）を用いて示したのが図 13.7 である。図から語の中心性と共起関係をとらえると、「出雲」「大社」を中心とした群

KWIC コンコーダンスでこれらの語を含むツイートを検索すると「出雲大社参拝で初詣「出雲大社」へ正武参拝で…60 年後にしか入れないエリアまで入り、参拝させていただけました。感謝、感謝。有り難い事です！」「午後に早速出雲大社を参拝。本社から末社まで参拝。夜に神楽殿で参拝を受ける。」「60 年に一度の出雲大社に健康祈願で伊勢神宮と出雲大社へのご参拝が叶い、365 日分の 7 日の神在月に参拝が出来て有難いかぎりです」という文を確認できた。

その他の群では、「稲佐」「浜」「割」「子」「神様」「縁結び」で構成される群や、「蕎麦」「食べる」「美味しい」で構成される群などがある。同じくこれらの語を含むツイートを検索すると、前者は、「一昨日の神在祭。この稲佐の浜から神様が上がってくると言われる。」「ずーっと来たかった出雲に来た 稲佐の浜 八百万の神様がここに着いて、ここから出雲大社に向かうのだ」「日本の神様が集まるところ #神在祭 #稲佐の浜 #日本海」という文を確認できた。後者は、「出雲大社の五色縁子蕎麦「へ」さんおすすめのお蕎麦屋さんで割子そば。外が暑いからさらっと食べられるの嬉しい、おいしかった一」「今日のお昼ご飯はコレ。割子蕎麦、行くならこの名店へ！たしかに美味いけどね。」という文を確認できた。

ちなみに「パワー」「スポット」は、伊勢神宮と同様にそれぞれの関係性は強く、「パワースポット」として使用されているものの、上記の群と比べると出現回数は少なく、やや独立した文脈で使われていることを推測できる。

ここで、「パワー」に関連する上位 30 語を関連語検索（Jaccard 係数順）から抽出すると、表 13.5 となった。

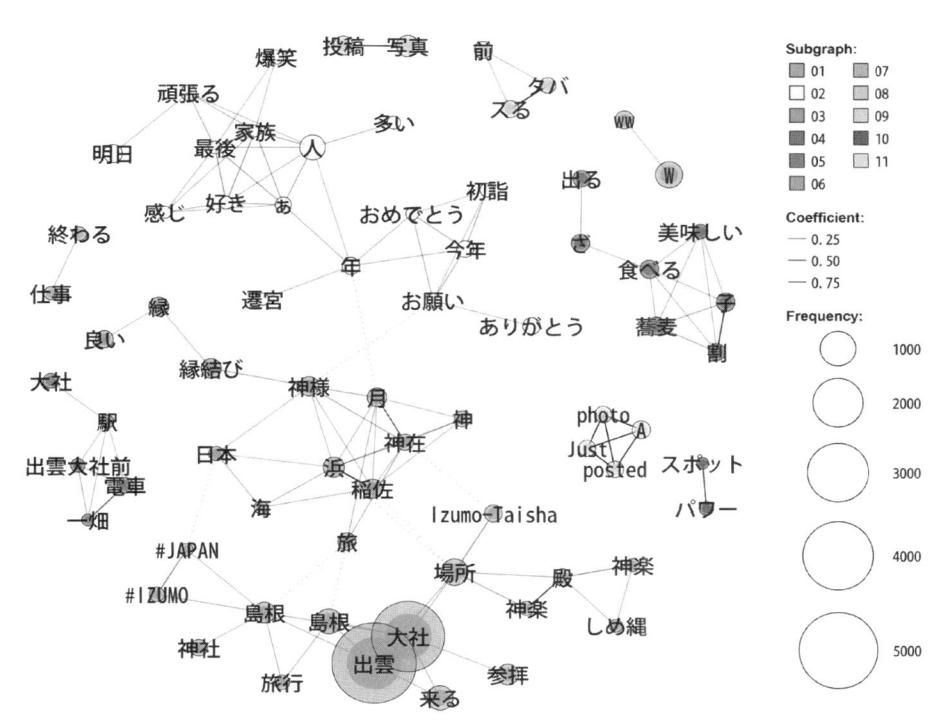

図 13.7　出雲大社周辺の頻出語共起ネットワーク

表 13.5　出雲大社「パワー」関連語上位 30 語

順位	抽出語	品詞	全体	共起	Jaccard
1	スポット	名詞	106 (0.006)	90 (0.662)	0.5921
2	神様	名詞	266 (0.015)	18 (0.132)	0.0469
3	縁結び	名詞	277 (0.016)	18 (0.132)	0.0456
4	神	名詞 C	186 (0.011)	14 (0.103)	0.0455
5	チャージ	サ変名詞	7 (0.000)	6 (0.044)	0.0438
6	感じる	動詞	59 (0.003)	8 (0.059)	0.0428
7	日本	地名	154 (0.009)	11 (0.081)	0.0394
8	尊	名詞 C	9 (0.001)	5 (0.037)	0.0357
9	エネルギー	名詞	10 (0.001)	5 (0.037)	0.0355
10	旅行	サ変名詞	159 (0.009)	10 (0.074)	0.0351
11	鳴	未知語	13 (0.001)	5 (0.037)	0.0347
12	古事記	名詞	14 (0.001)	5 (0.037)	0.0345
13	#JAPAN	未知語	122 (0.007)	8 (0.059)	0.032
14	素	名詞 C	29 (0.002)	5 (0.037)	0.0313
15	島根	地名	504 (0.028)	19 (0.140)	0.0306
16	社	名詞 C	33 (0.002)	5 (0.037)	0.0305
17	旅	サ変名詞	220 (0.012)	10 (0.074)	0.0289
18	紋	名詞 C	7 (0.000)	4 (0.029)	0.0288
19	#PowerSpot	未知語	8 (0.000)	4 (0.029)	0.0286
20	吸収	サ変名詞	10 (0.001)	4 (0.029)	0.0282
21	貰う	動詞	11 (0.001)	4 (0.029)	0.028
22	聖地	名詞	12 (0.001)	4 (0.029)	0.0278
23	羑	未知語	12 (0.001)	4 (0.029)	0.0278
24	神秘	名詞	18 (0.001)	4 (0.029)	0.0267
25	参拝	サ変名詞	328 (0.019)	12 (0.088)	0.0265
26	神社	名詞	177 (0.010)	8 (0.059)	0.0262
27	大社	名詞	3,709 (0.210)	96 (0.706)	0.0256
28	島根	名詞	346 (0.020)	12 (0.088)	0.0255
29	Izumo-Taisha	未知語	240 (0.014)	9 (0.066)	0.0245
30	稲佐	地名	249 (0.014)	9 (0.066)	0.0239

た．品詞別にみると動詞は，「感じる（6位）」「貰う（21位）」となる．名詞は，「縁結び（3位）」「古事記（12位）」が特徴的と思われ，「尊（8位）」「素（14位）」「戔（23位）」などの神名をイメージする語が並んだ．

　出雲大社周辺でのツイートのテキスト分析からは，「出雲」「大社」を中心に「参拝」「場所」といった宗教的聖地としての性格に，「稲佐」「浜」「神在」「月」「神様」「縁結び」といった，付随する祭礼の場や神話的な側面も強い．それとともに「割」「子」「蕎麦」といったツーリズム的な性格もあわせ持つ．またその中で「パワースポット」の関連性は伊勢神宮同様に必ずしも中心的とはいえない．しかしながら，神話や神名といったより神社らしい語との関連に特徴を持つ．

13.3.2　ArcGIS による空間分析

　次に，出雲大社周辺で発信された「参拝」「蕎麦」「縁結び」と「パワースポット」を含むツイートをポイントデータとして地図化した上で，ArcGIS Pro のヒートマップを用いてその密度を可視化した．

　その結果，図 13.8「参拝」，図 13.9「縁結び」と，

図 13.10「パワースポット」は，ほぼ同じ場所にツイートの密度を見ることができた．この場所は，出雲大社の最も聖性の高い場所の 1 つである大国主大神を

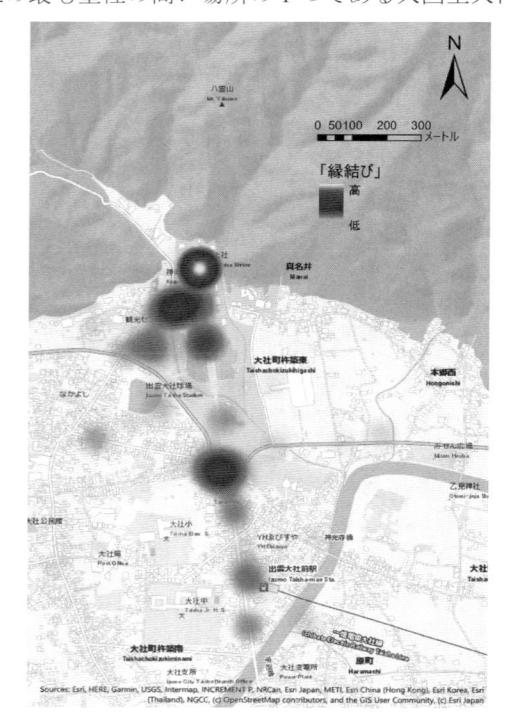

図 13.9　「縁結び」

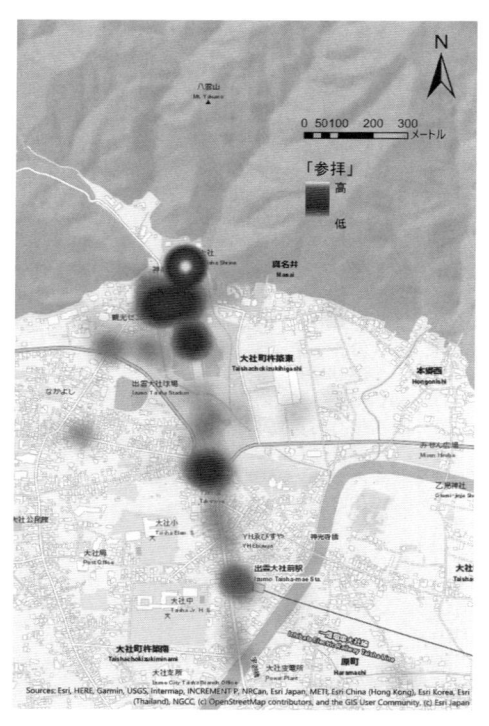

図 13.8　「参拝」

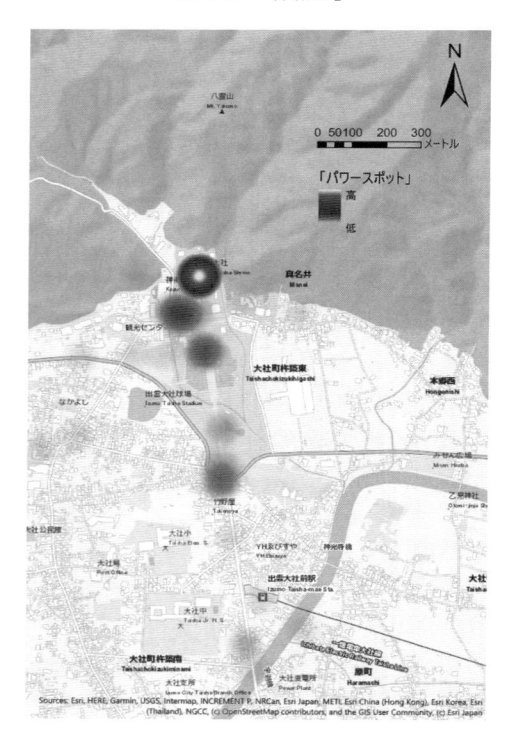

図 13.10　「パワースポット」

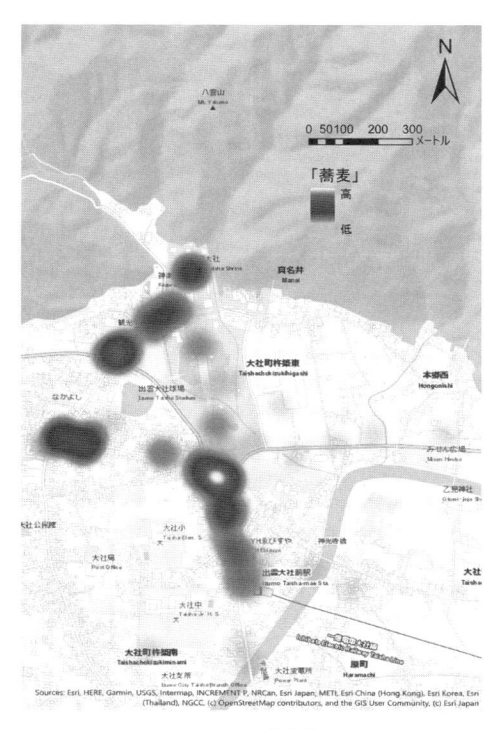

図 13.11　「蕎麦」

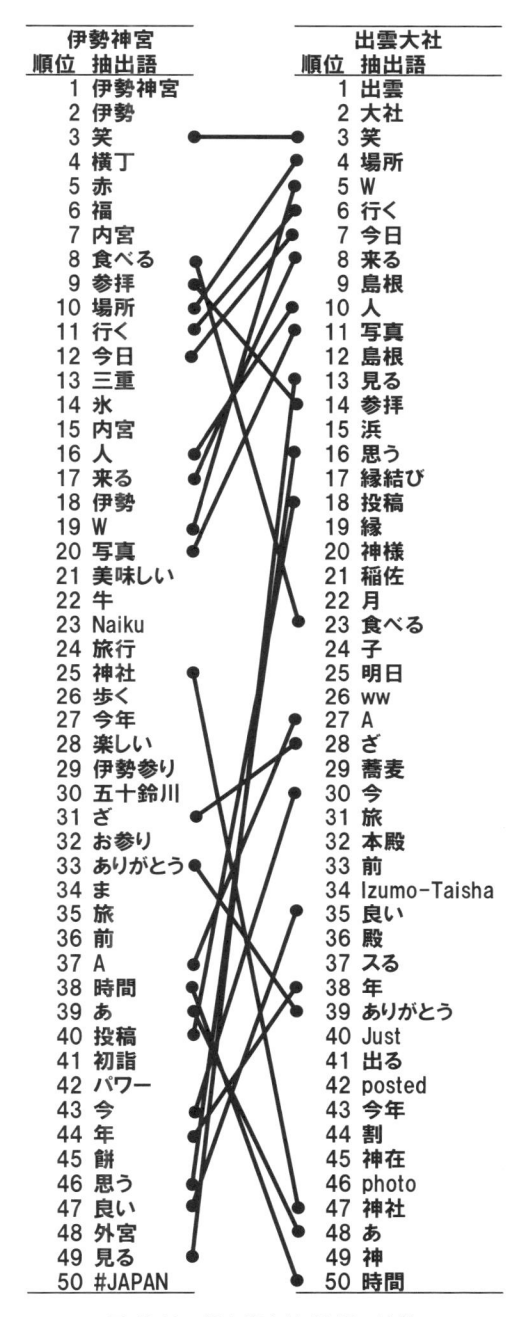

図 13.12　頻出語上位 50 語の比較

お祭りする御本殿や拝殿，神楽殿付近にあたる．その一方で，図 13.11「蕎麦」は，一畑電車の出雲大社前駅から出雲大社へ向かう参道付近でツイートの密度が高くなった．

　ヒートマップからは，「参拝」「縁結び」と「パワースポット」のツイートに，空間的な共通性を見出せる一方で，「蕎麦」とは空間的に違う脈絡を推測できる．

13.4　伊勢と出雲の比較

13.4.1　抽出語の比較

　伊勢神宮と出雲大社でそれぞれ抽出した頻出語上位 50 語の共通語と相違語を確認すると図 13.12 となる．

　共通語は，23 位以上と以下で，ある程度分類できるように見える．上位の共通語は，「笑」「場所」「行く」「今日」「来る」「人」「写真」「参拝」などで，下位では，「神社」「時間」「今」「年」「ありがとう」「良い」などが確認できる．

　その一方で相違語として，「伊勢神宮」「伊勢」「内宮」「出雲」「大社」は当然として，伊勢は，「横丁」「赤」「福」「牛」などツーリズム的な語が多く，出雲は，「蕎麦」などもあるものの「浜」「縁結び」「稲佐」などご利益や神話といった宗教的聖地に付随する語が目立つ．

ツイートのテキスト分析の結果を，山中（2012b）の提示した現代の聖地巡礼をとらえる4象限からあらためて考察すると，伊勢神宮も出雲大社も，「参拝」など宗教的聖地としての本質を保持する語を中心としながらも，「横丁」「蕎麦」といったツーリズム的な語が不可分に関係している．このことから，伊勢神宮と出雲大社が，「宗教的聖地」でありかつ「ツーリズム・文化財」の象限に位置しているといえる．

13.4.2 「パワー」に関連する語の比較

本章で注目した「パワースポット」について，伊勢神宮と出雲大社では，必ずしもツイートの中心的な語ではなかった．それでもそれぞれで脈絡を別にしながらも宗教的聖地として親和性の高い語と関連していた．また，「パワー」の関連語上位30語を比較すると，図13.13になる．

「スポット」を含む7つ（「感じる」「チャージ」「貰

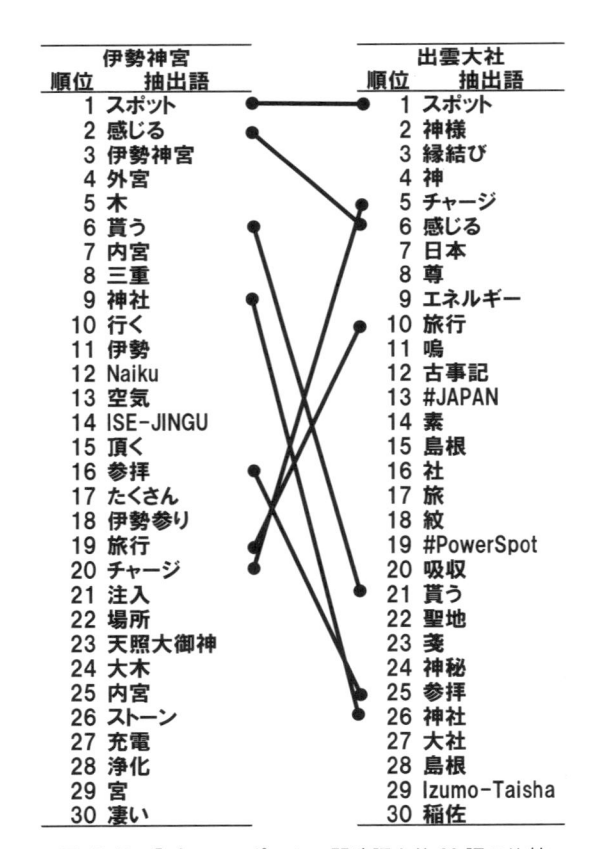

図13.13 「パワースポット」関連語上位30語の比較

う」「神社」「旅行」「参拝」）が共通した．その一方で相違する語を見ると，伊勢神宮は，「木」「空気」「大木」「天照大御神」「ストーン」などが並ぶのに対して，出雲大社は，「縁結び」「尊」「古事記」「素」「戔」「鳴」「稲佐」などのように，それぞれのお社の宗教的聖地に付随する要素に「パワースポット」が関連しているといえる．

13.4.3 空間性の比較

空間分析の結果を比較すると，「参拝」と「パワースポット」の密度は，伊勢神宮と出雲大社ともに同じ位置で高くなっており，いずれもご正殿やご本殿といった宗教的聖地としての中心であった．このことは，「パワースポット」が空間性において，宗教的聖地とかなり近い関係として認識されているといえる．一方で，ツーリズム的な要素である「赤福」や「蕎麦」とは，空間を分けて認識されている．

13.5 まとめ（今後の課題）

本章では，伊勢神宮と出雲大社の周辺で発信された位置情報付きツイッターデータを対象にテキスト分析と空間分析を行った．その結果，近年の爆発的な参者者の増加には，従来の宗教的聖地としての要素（「参拝」など）に加えて，「赤福」や「蕎麦」といったツーリズム的要素が密接に影響しており，そのことが多様で複雑な「伊勢神宮らしさ」「出雲大社らしさ」を成り立たせていた．また，そこに「パワースポット」が中心的ではないものの，祭礼の場や神話といった宗教的聖地に付随する要素と関連しながら，空間的に宗教的聖地として認識されていた．そのことからは，菅（2010）の指摘通り，伊勢神宮と出雲大社も「＜神社＝パワースポット＞」として意識されているといえる．

今後の課題として，分析対象聖地を増やしつつ，頻出語のうち，今回十分に対象とできなかった語の分析や，ツイートの時間推移や空間推移などを行うことによって，聖なるものの空間的把握を試みたい．

なお，本章は，2018年度皇學館大学篠田学術振

興基金による研究成果の一部である.

文献

岡本亮輔 2015.『聖地巡礼　世界遺産からアニメの舞台まで』中央公論新社.

神社本庁 2018.『第 4 回「神社に関する意識調査」報告書』神社本庁.

菅　直子 2010.　パワースポットとしての神社. 石井研士編『神道はどこへいくか』ぺりかん社 : 232-252.

樋口耕一 2014.『社会調査のための計量テキスト分析』ナカニシヤ出版.

星野英紀 2001.『四国遍路の宗教学的研究』法蔵館.

星野英紀・山中　弘・岡本亮輔編 2012.『聖地巡礼ツーリズム』弘文堂.

松井圭介 2003.『日本の宗教空間』古今書院.

山中　弘編 2012a.『宗教とツーリズム―聖なるものの変容と持続―』世界思想社.

山中　弘 2012b. 概説作られる聖地・蘇る聖地. 星野英紀・山中　弘・岡本亮輔編『聖地巡礼ツーリズム』弘文堂 : 1-11.

注

1)「平成 30 年伊勢市観光統計【資料編】」参照. https://www.city.ise.mie.jp/3025.htm（2019 年 3 月 1 日閲覧）.

2)「平成 24 年島根県観光動態調査結果」「平成 25 年島根県観光動態調査結果」のうち,「主要観光地観光入込客延べ数」の「出雲大社」参照. https://www.pref.shimane.lg.jp/tourism/tourist/kankou/chosa/kanko_dotai_chosa/（2019 年 3 月 1 日閲覧）.

おわりに

桐村　喬

1. ツイートデータの分析環境

　I 部で紹介してきたように，ジオタグ付きツイートデータは，誰でも簡単に，無料で入手できる地理的なビッグデータである．多少のプログラミング能力は必要になるものの，本書にはサンプルスクリプトを載せており，Python の実行環境さえあれば，サンプルスクリプトの内容を各自の環境に合わせて記述すれば，比較的容易にツイートデータを収集できるだろう．また，Python についても，インストールから基本的なスクリプトの実行に至るまでの流れは，様々なウェブサイトで紹介されている．加えて，バージョン 10.1 以降の ArcGIS がインストールされている環境であれば，原則として Python も同時にインストールされており，その場合はインストールすることなく，必要に応じてモジュールを追加インストールするだけで，ツイートデータの収集や分析作業も行える．空間分析やその結果の可視化に不可欠である GIS に関しても，ArcGIS だけでなく，QGIS などの無償で利用できる GIS ソフトウェアが普及してきている．ツイート内容の分析に必要となるテキストマイニングツールも，KH Coder をはじめとして，無料かつ高機能なツールが登場しており，Python を使えばワードクラウドなども簡単に作成することができる．また，対象地域よりも広い範囲のツイートデータを収集することで，ユーザーの居住地を推定することができ，分析の幅が広がる．居住地を判定する方法としては，最も多くツイートされた場所とするのが最も単純であるが，より厳密な方法としては，4 章で紹介したような手法も実用的である．このように，ジオタグ付きツイートデータの分析は，誰でも簡単に始められる状況になっているといえよう．

　しかし，ツイートデータは，ツイッター社が提供するサービスを通してユーザーが投稿したものを，ツイッター社が提供する API を通して入手できるものであり，ツイッター社の経営方針や戦略によって，データの性質や量に変化が生じる可能性がある．3 章で示した，2015 年 4 月に生じたポイントのジオタグ主体のデータから，ポリゴンのジオタグ主体のデータへの転換は，ツイッター社の方針転換による変化のわかりやすい例である．これによって，例えば遊園地の中でツイッターユーザーがどのように行動し，遊園地を出た後にどこに行ったのかというような詳細な行動は把握できなくなった．ポイントのジオタグ付きツイートデータは一定数存在するものの，チェックインに関するジオタグが中心であり，チェックインできる場所以外では，ユーザーの行動は見えづらくなっており，市区町村間の移動のような大きな空間的スケールでないと，ユーザー行動の分析は難しくなった．

　多くの場合，事前に情報が発表されるものの，API を通して提供されるツイートデータの変化が今後いつ生じてもおかしくはなく，ジオタグの質やジオタグ付きツイートデータの量が大きく悪化・減少してしまう可能性は捨てきれない．また，API 自体の仕様変更により，データの入手自体ができなくなってしまうこともありうる．執筆時点で直近の API の大幅な変更は，2018 年 8 月に実施され，それまで利用されてきた User streams API や Site streams API が廃止された[1]．1 章でも紹介している Public streams API は幸いなことに継続されている．このような方針の変更は，ツイッター社の経営戦略とも大きく関わっており，API の利用状況に応じて段階的な利用料を徴収する Account Activity API の提供を 2018 年 5 月に開始している[2]．ツ

イッター社は 2017 年 10 ～ 12 月期の決算で上場以来初の黒字となったものの[3]，以降のユーザーの増加ペースは落ちている[4]．研究者にとっても十分に利用価値があるツイートデータは，ツイッター社にとってはさらなる価値を生む資源であることは明らかであり，無料で公開し続けるよりは，学術研究目的であっても何らかの料金を取るほうがよいと考えることもありえる．

　そのような状況であっても，ジオタグ付きツイートデータは，世界中の人々の間で行われるコミュニケーションの内容とそれぞれの場所を含んだ，ほぼ唯一の公開データであり，研究者にとっては，利用できる限りは利用するべき地理的ビッグデータである．例えば，日本で特に普及している LINE のログデータには，様々な日常会話が収録されていると考えられるものの，公開されておらず，研究で活用することはできない．Facebook や Instagram も，API を通したデータの取得はできないため，実際のデータを利用したソーシャルメディアの研究は，実質的にはツイッター以外ではできない状況になっている．ツイートデータの空間分析を行う場合は，ツイッター社による API の仕様変更や，提供データの変更などの動向に常に注意しておく必要がある．

2. 様々な視点からの空間分析

　II 部の 7 ～ 13 章で行われた，ジオタグ付きツイートデータの空間分析は，ツイートデータを通して地域や社会の現在の姿を表した．7 章では，アニメファンによる聖地巡礼行動がどのように行われ，どのような特徴を持つのかが明らかにされた．観光行動に関する分析は，特定の観光地で行われることが多いが，日本全国のジオタグ付きツイートデータを活用することで，ある場所を訪れたユーザー群が他のどのような場所を訪れるのかという分析が可能になる．そのため，アニメファンに限らず，登山愛好者やスキー・スノーボード客などの分析への展開も考えられる．8 章では，ジオタグ付きツイートデータに URL として含まれる写真データを活用し，観光地への関心の高まりやその変化をテキストも併用した分析を通して明らかにしている．写真データを活用すれば，テキストだけでは把握しきれない，その場所での関心の対象を明らかにすることができる．また，時系列変化を分析することで，観光地や資源への関心がどのように変化してきたのかを知ることができ，変化する観光ニーズに即座に対応することもできるだろう．9 章では，ジオタグ付きツイートデータから把握できる日常的なユーザーの行動から，ネットワーク科学のコミュニティ検出手法によって地域分類を行い，パーソントリップ調査の結果データから得られるコミュニティ構造に類似した結果を得ており，人流解析におけるジオタグ付きツイートデータの有効性が示されている．パーソントリップ調査が行われている都市圏は限られており，また，より詳細な状況を把握できる携帯電話の GPS ログデータなどは，容易には入手，分析しづらいデータであることから，これらの欠点を抱えるデータの代替として，ジオタグ付きツイートデータを活用できる．

　テキスト内容に注目した分析である 10 ～ 13 章のうち，10 章では，テキストマイニングによってツイートに含まれる名詞を抽出し，その時空間的特徴を整理した．ツイートデータからは，ユーザーが特定の地名が実際の空間上でどこまでを指すのかを知ることができる．分析の結果，地名や駅名だけでなく，寺院名や神社名，祭りなどのイベント名が，空間的スケールに応じて，地名のような役割を果たしていることが明らかにされた．11 章は，ツイートにみられる言葉に注目した方言研究であり，大学生を対象とした方言アンケート調査の結果と，ジオタグ付きツイートデータの分析結果とを比較することで，方言研究の分析資料としてのジオタグ付きツイートデータの有効性を示した．なお，通常のテキストマイニング手法では，形態素解析のための辞書が必要になるが，方言の場合，方言ごとの辞書はあまりないことから，キーワード検索によっ

てジオタグ付きツイートデータの分析が行われた．方言研究の分析資料として活用できうることが示された
ことから，ジオタグ付きツイートデータから，方言に関するテキストマイニングのための辞書を作成するこ
ともできるかもしれない．12章では，インターネット上で用いられる感情表現のための記号である，「笑」
や笑顔の顔文字などに注目して，その地域差の存在を示した．分析の結果として，西日本で「笑」が多く，
東日本で「w」が多い分布パターンが示された一方，顔文字については明確なパターンはみられなかった．「笑」
と「w」の分布から方言周圏論について言及するのは飛躍のしすぎかもしれないが，今後，一定年数のデー
タの蓄積が進めば，新しい表現の発生とその広がり，すなわち伝播に関する分析を進めていくことができ，
理論的な説明ができるようになるかもしれない．最後の13章では，ツイッター上にみられるパワースポッ
トという言葉に注目して，伊勢神宮と出雲大社という2つの神社の周辺地域で分析し，現代の人々が神社に
求めるものがどのようなものであって，それが空間的に，どのように展開されているのかが明らかにされた．
ジオタグ付きツイートデータに関するこれまでの分析では，社会学的な視点はそれほど導入されておらず，
今後の研究の進展によって，新たな知見が得られることが期待できる．

3. ツイートから見える地域と社会

　本書で示した7つの研究事例から，ジオタグ付きツイートデータを通して，様々な地域・社会におけるツ
イッターユーザーの行動や空間認識，地域の文化や言語などを観察できた．また，地理学だけでなく，ネッ
トワーク科学や日本語学，社会学など，様々な分野でジオタグ付きツイートデータが活用できうることが示
されており，さらなる研究の展開が期待されよう．

　しかし，別の見方をすれば，ジオタグ付きツイートデータから見える地域や社会は，そこで暮らす人々の
うちのツイッターのユーザーで，さらにジオタグをツイートに付与するようなユーザーによるごく一部の世
界のみを切り取ったものかもしれない．1章での代表性の議論や，6章で紹介した地理的バイアスの議論を
踏まえれば，その可能性は非常に高く，ジオタグ付きツイートデータから得られた知見を，そのまま社会全
体，地域全体に適用することは難しい．ツイッターユーザーに限れば，という枕詞が常に必要になる．ソー
シャルメディアに限定された，観光行動や人々の行動，会話内容の分析や，ツイッターユーザーに向けたプ
ロモーションを行うなどであればそれほど問題にはならないが，分析結果を広く一般の人々に向けて政策的
に応用したり，ビジネスで活用したりする際は，地理的バイアスなどに十分に配慮する必要がある．とりわ
け日本においては，地理的バイアスに関する議論はほとんどみられず，研究者やコンサルタント，SNS デー
タの販売業者は，そのような問題がないかのように，ジオタグ付きツイートデータを活用してきたきらいが
ある．

　また，ジオタグ付きツイートデータの研究活用，特にユーザー行動に関する研究やユーザー属性を判定す
るための分析手法の精度が向上することは，ユーザーにとってはあまり好ましくない結果ともいえる．研究
者や分析者にとって，ジオタグ付きツイートデータは，実社会に配置されたセンサーのログデータともいえ，
そうしたセンサーを通して社会を監視しようとしているとも考えることができる．研究者からすれば，ユー
ザーの属性や行動が詳細に把握できれば，様々な現象の分析に活用できるようになることから，多くの場合
は歓迎されるが，ユーザーにとってはプライバシーが丸裸にされてしまう危険性が高まってしまう．研究を
進めていくには，研究者の視点だけでなく，ユーザー側のプライバシーにも十分配慮しておく必要があり，
分析結果の地図化や，分析データの公開などにあたっては，ユーザー ID を別の数字で置き換えるなどして，
匿名化する必要があろう．

4. ツイッターの空間分析が目指すもの

ツイッターが，良くも悪くも実社会に配置されたセンサーとしての役割を果たし，地域社会の状況をリアルタイムに記録したログデータとしてジオタグ付きツイートデータが存在しており，それがツイッター社によって公開されている限りは，地理的，空間的な視点からの分析は今後も積極的に展開されていくものと考えられる．

現時点で考えられうる課題はいくつか残されている．特に，日本においては，人文・社会科学の立場からのツイートデータの分析事例が少ないことが挙げられる．2016 年には『ツイッターの心理学』（北村ほか，2016）が刊行されているものの，なぜ，どのようにツイッターを使うのかに主眼が置かれており，データ自体の分析よりも，ツイッターユーザーの分析が主である．もちろん，ツイッター利用の結果がツイートデータに表れるため，どのようにツイッターを使っているのかを把握することは必要である．しかし，データがどのような特徴をもち，どのような問題を抱えているのかという点については，十分には議論されていない．

日本における現時点のジオタグ付きツイート研究を主導しているのは主に情報学，工学系であり，地理情報を扱うにも関わらず，人文地理学などの地理学者による研究はそれほど多くはなく，本書の執筆者が中心である．ジオタグ付きツイートデータが現実社会を適切に代表するデータであり，特定の地域に限らないようなデータであるのかを議論することに主導的な役割を果たすのは，実態としての地域を把握する方法を持つ，人文地理学者と考えられる．しかし，ジオタグ付きツイートデータを確認するためには，一定のプログラミング知識が必要であり，一定量のデータを扱う必要があることから，多くの場合，人文地理学者にとってはデータ自体へのアクセスが難しいことが多く，検証や批判自体が難しい．また，場合によってはデータに関する知識が不十分なままに，欧米を中心とする議論の引用に頼ってしまい，思い込みによる間違った解釈をしてしまうこともありうる．

本書では，誰でもとまではいかないにしても，なるべく多くの人々がツイートデータにアクセスし，分析できるように，Ⅰ部でその方法を解説した．それでも，ウェブ上のデータ解析の経験のない人文・社会科学系の研究者にはハードルが高いかもしれないが，そこまでの解説書を用意することは難しい．

ジオタグ付きツイートデータは，ソーシャルメディアの使われ方に関する地理的な研究の発展に必要不可欠であるだけでなく，使い方を間違えなければ，実社会の特定の地域において生じた様々な現象についての考察を深めるための手助けをしてくれるものである．ジオタグ付きツイートデータを通してユーザーを「監視」できてしまう一方で，そうした「監視」の結果から導き出すことのできる学術的な知見は社会の発展に寄与することもある．ユーザーへのプライバシーに配慮し，地理的なバイアスなどの問題も考慮しながら，我々はそれぞれの地理的，空間的な関心の対象に応じた適切な方法で，研究活用していく必要がある．

文献

北村　智・佐々木裕一・河井大介 2016.『ツイッターの心理学－情報環境と利用者行動』誠信書房.

Malik, M. M., Lamba, H., Nakos, C. and Pfeffer, J., 2015. Population Bias in Geotagged Tweets. *Standards and Practices in Large-Scale Social Media Research: Papers from the 2015 ICWSM Workshop.*

注

1) https://forest.watch.impress.co.jp/docs/news/1138187.html（2019 年 4 月 7 日閲覧）.

2）https://blog.twitter.com/developer/ja_jp/topics/tools/2018/AAA_e.html（2019 年 4 月 7 日閲覧）.

3）https://www.nikkei.com/article/DGXMZO26730170Z00C18A2TJ1000/（2019 年 4 月 7 日閲覧）.

4）https://jp.reuters.com/article/twitter-results-idJPKCN1PW1R3（2019 年 4 月 7 日閲覧）.

編者あとがき

　編者がジオタグ付きツイートデータに興味を持ったのは，2012 年 1 月のイギリス滞在中であり，ユニバーシティ・カレッジ・ロンドン（UCL）の高等空間解析センター（CASA）でセミナーを聴講したことがきっかけである．当時は，ツイートデータが入手できることも，それによってどのような分析ができるかもわからない状態であったが，自分でも入手できることがわかって，早速，PHP によるスクリプトを作成し，当時の所属であった立命館大学のウェブサーバー（地理学教室所有）上で，日本国内のジオタグを持つデータの収集を開始した．途中，サーバーの再起動や，突発的な再起動後のプログラムの起動忘れなどによる数日～ 10 日程度の中断があったものの，2013 年 3 月からは契約した外部サーバーでの収集に移行し，現在も収集を継続している．収集する際の矩形の範囲として，日本全国を覆うようにしているため，朝鮮半島のデータも含まれているが，まだ本格的な活用はできていない．日韓の国際的な人口移動や様々な交流の実態を，ジオタグ付きツイートデータから明らかにしていくこともできるだろう．

　収集開始当初は，単純な点分布やカーネル密度による可視化を行っていたものの，ESRI ジャパンユーザ会が毎年開催している GIS コミュニティフォーラムのマップギャラリーに 2013 年に出展し，賞を頂いて以来，観光行動分析を中心として，本格的に研究での利用を始めるようになった．一方で，1 人では可能な分析手法や視点にも限界があることから，他の研究者との共同研究も必要と考え，立命館大学時代の関係者や，学会発表で知り合った方々，東京大学，皇學館大学での同僚や大学院生など，本書の執筆者の方々を中心として，データを利用していただいている．

　ジオタグ付きツイートデータを活用した研究を進めるなかで，ツイートデータから把握できる様々な地域差への社会の関心の高まりを直接感じる出来事が何度かあった．本書の 12 章のもとになった「ハッピーマップ」は，2015 年の GIS コミュニティフォーラムに出展し，会場での投票などに基づいて第 1 位に選ばれた．12 章でも整理したように，「笑」や笑顔の顔文字の地域差自体の原因は未だ十分にはわかっていないものの，そのような地域差がはっきりと存在することがわかり，それに GIS コミュニティフォーラムの来場者も関心を寄せたことで，多くの人々がジオタグ付きツイートデータに興味を持っていることを実感した．また，共同研究者の岸江 信介 氏と峪口 有香子 氏を通して，NHK のラジオ番組に関与させていただく機会を 2018 年 8 月に得た．編者はその番組で，番組に寄せられた方言に関する地図化作業と，同じ語に関するジオタグ付きツイートデータの分析，可視化を行ったが，地域ごとにみられる様々な方言や，11 章でも触れられた「気づかない方言」に対するリスナーの感想から，ジオタグ付きツイートデータから読み取ることができる地域差への社会の関心の高さを感じ取った．

　ユーザーの行動の分析は，個人のプライバシーに密接に関わりやすく，ユーザー側にとっては，時として嫌悪感を抱くこともあるだろう．社会の関心の高さを考えれば，研究利用といえども慎重にならざるを得ない．一方で，「笑」や方言のような文化的な側面の地域差に関する分析の結果は，むしろ好意的に受け止められやすいように思われる．今後は，人文・社会科学の研究者がジオタグ付きツイート研究に積極的に参加することで，様々な問題や課題，それを解決できる方策を明らかにしながら，ユーザー行動分析だけでなく，文化的な側面の地域差についても積極的に研究を進めていくことが必要に思われる．

最後に，本書の作成にあたってお世話になった方々に感謝を記したい．まず，ご多忙のところ執筆を引き受けてくださった，東北大学の磯田 弦 准教授，東北大学大学院生の田中 誠也 氏，公益財団法人九州経済調査協会の渡辺 隼矢 研究員，東北大学の藤原 直哉 准教授，四国大学の峪口 有香子 講師，奈良大学の岸江 信介 教授，皇學館大学の板井 正斉 准教授には，分析内容や出版に関してもご助言いただいており，大変感謝する次第である．また，編者の立命館大学入学以来，大変お世話になってきた矢野 桂司 教授と中谷 友樹 教授（現・東北大学）からは，研究の着想からこれまでに，様々なアドバイスをいただいた．また，ツイートデータ収集のきっかけとなった UCL への派遣は，お二方をはじめとする関係者の方々のご尽力の賜物であり，感謝申し上げたい．加えて，古今書院の原 光一 氏には，本書の出版に際してご尽力いただいただけでなく，学部 1 回生の 2001 年以来，大変お世話になっており，感謝している．

なお，本書の出版にあたっては，公益財団法人吉田秀雄記念事業財団出版助成および皇學館大学出版助成を受けた．記して感謝申し上げる次第である．特に，公益財団法人吉田秀雄記念事業財団からは，本書に対する大変有益なコメントを頂いた．すべてに対応することは難しかったものの，一部については本書の内容に若干の修正を加えることで対応させていただいた．

2019 年 6 月

編者　桐村　喬

索 引

執筆者一覧

編者　桐村　喬（きりむら　たかし）　　皇學館大学文学部　准教授
　　担当：はじめに，1 章，2 章，3 章，5 章，6 章，9 章，10 章，12 章，おわりに

磯田　弦（いそだ　ゆづる）　　　　　東北大学大学院理学研究科　准教授
　　担当：4 章，7 章

板井　正斉（いたい　まさなり）　　　　皇學館大学文学部　教授
　　担当：13 章

岸江　信介（きしえ　しんすけ）　　　　奈良大学文学部　教授
　　担当：11 章

峪口　有香子（さこぐち　ゆかこ）　　　四国大学地域教育・連携センター　講師
　　担当：11 章

田中　誠也（たなか　せいや）　　　　　栗原市商工観光部ジオパーク推進室　ジオパーク専門員
　　担当：4 章，7 章

藤原　直哉（ふじわら　なおや）　　　　東北大学大学院情報科学研究科　准教授
　　担当：5 章，9 章，10 章

渡辺　隼矢（わたなべ　じゅんや）　　　公益財団法人九州経済調査協会　研究員
　　担当：8 章

書　名	**ツイッターの空間分析**
コード	ISBN978-4-7722-5329-1 C3055
発行日	2019 年 11 月 10 日　第 1 刷発行
	2021 年 10 月 1 日　第 2 刷発行
編　者	桐　村　喬
	Copyright ©2019 Takashi KIRIMURA
発行者	株式会社古今書院　橋本寿資
印刷所	株式会社太平印刷社
発行所	株式会社古今書院
	〒 113-0021 東京都文京区本駒込 5-16-3
電　話	03-5834-2874
Ｆ Ａ Ｘ	03-5834-2875
振　替	00100-8-35340
ホームページ	http://www.kokon.co.jp
	検印省略・Printed in Japan